Andreas Wagener

Künstliche Intelligenz im Marketing

Was sich hinter KI verbirgt und wie das Marketing von ihr profitieren kann

2. Auflage

Haufe Group
Freiburg · München · Stuttgart

Bibliografische Information der Deutschen Nationalbibliothek

Die Deutsche Nationalbibliothek verzeichnet diese Publikation in der Deutschen Nationalbibliografie; detaillierte bibliografische Daten sind im Internet über http://dnb.dnb.de/ abrufbar.

Print: ISBN 978-3-648-16957-5 Bestell-Nr. 17016-0002
ePub: ISBN 978-3-648-16958-2 Bestell-Nr. 17016-0101
ePDF: ISBN 978-3-648-16959-9 Bestell-Nr. 17016-0151

Andreas Wagener
Künstliche Intelligenz im Marketing
2. Auflage, März 2023

www.haufe.de
info@haufe.de

Bildnachweis (Cover): © Tarun Dhiman, Unsplash

Produktmanagement: Kerstin Erlich
Lektorat: Peter Böke

Künstliche Intelligenz im Marketing

Inhaltsverzeichnis

Abbildungsverzeichnis

Vorwort zur 2. Auflage

Die Entwicklung im Bereich der KI ist seit der erstmaligen Publikation dieses Buches im Jahr 2019 erheblich vorangeschritten. Standen die technischen Grundlagen, zumindest in der Theorie, damals bereits weitgehend fest, haben sich vor allem in der Anwendung der Technik viele Neuerungen ergeben. Für die hier vorliegende zweite Auflage wurde diesem fortschreitenden Reifeprozess von KI Rechnung getragen: Beispiele galt es zu aktualisieren, neue Trends aufzunehmen. Fortschritte waren in den letzten Jahren vor allem im Bereich der »maschinellen Kreativität« zu verzeichnen. Die Möglichkeiten der Generierung von Inhalten, visuell wie rein textlich, haben enorm zugenommen. Es wird damit zunehmend schwieriger, noch zwischen menschlicher und künstlicher maschineller Leistung zu unterscheiden.

Gleichzeitig festigen sich aber auch die Strukturen für den praktischen Einsatz der Technologie. Themenbereiche wie der verantwortungsvolle Umgang mit KI, Transparenz und Vertrauenswürdigkeit (*Trustworthy AI, Responsible AI* und *Explanaible AI*), verdienen inzwischen eine erhöhte Aufmerksamkeit, ebenso wie die Bemühungen, diese Prinzipien im Unternehmern zu institutionalisieren, etwa im Rahmen der *CDR – Corporate Digital Responsibility.*

Aber auch die Perspektiven bedürfen einer Neujustierung. Die Erweiterung von *Chatbots* und Sprachassistenten um visuelle Erscheinungsformen zu künstlichen, virtuellen Persönlichkeiten (*Virtual Beings*) beschreiben völlig neue mögliche Entwicklungspfade. An deren Ende könnte nicht zuletzt das viel beschworene *Metaverse* stehen, ein die physische und virtuelle Welt gleichermaßen umfassendes, übergreifendes Netz, in dem KI und Methoden des maschinellen Lernens eine entscheidende Rolle einnehmen dürften.

Die Berücksichtigung all dieser Aspekte führte zu einer deutlichen Erweiterung des ursprünglichen inhaltlichen Umfanges. Die Hoffnung besteht, dass mit dieser Neuauflage eine aktuelle Handreichung entstanden ist, die das – immer noch nicht ausgeschöpfte – Potenzial der Technologie auf leicht verständliche Weise veranschaulicht und erfassbar macht, ohne die Probleme, die fraglos auch mit KI verbunden sind, auszusparen.

Ich wünsche viel Spaß bei der Lektüre!

Andreas Wagener, im Februar 2023

Einleitung

Vor einigen Jahren betrat ein Mann in der Nähe von Minneapolis/USA einen Supermarkt der Handelskette *Target*. Er war außer sich und beschwerte sich lauthals bei den Mitarbeitern vor Ort: Seine sechzehnjährige Tochter hatte zuvor E-Mails erhalten, in denen Umstandsmoden, Babynahrung und Babykleidung beworben wurden. Seine Erregung gipfelte in der erzürnten Zuspitzung, ob man es eigentlich darauf anlege, damit seine Tochter zu einer Schwangerschaft als Minderjährige zu ermutigen. Die auf diese Weise konfrontierten Supermarktangestellten entschuldigten sich ausgiebig und entgegneten konsterniert, man könne sich das auch nicht erklären, vermutlich handele es sich hierbei um einen – gewiss nur einmaligen – Fehler in der Marketingabteilung des Unternehmens. Auch der Leiter des Supermarktes reagierte entsetzt, als er von dieser Geschichte erfuhr, und beschloss umgehend, sich nochmals telefonisch bei dem Mann zu entschuldigen, um die Wogen nachhaltig zu glätten. Bevor er dazu jedoch mit einem ausführlich Verweis auf die eigentlich hohen Unternehmensstandards und dem Versprechen, dass sich derartiges garantiert nicht wiederholen würde, ansetzen konnte, wurde er von einem reichlich zerknirschten Gesprächspartner am anderen Ende der Leitung jäh unterbrochen: »Nein«, entgegnete dieser, »um ehrlich zu sein: Ich bin es, der sich entschuldigen muss. Wir hatten gestern ein längeres Gespräch im Familienkreis. Offensichtlich gingen in meinem Haus einige Dinge vor sich, von denen ich selbst nichts wusste.« Mit anderen Worten also: Seine Tochter erwartete tatsächlich ein Kind.

Jenseits aller familiären Dramatik scheint bemerkenswert, dass dies gleichzeitig bedeutet, dass die Supermarktkette von der Schwangerschaft somit offenbar bereits vor der Familie »wusste« und folglich ein vermeintlich Außenstehender, ein Profit getriebenes Handelsunternehmen, von diesen sehr privaten Lebensumständen eine tiefergehende und frühere »Kenntnis« hatte und sich damit auf diese Weise mithin als »vertrauter« erwies als das direkte persönliche Umfeld. Aber – so stellt sich die Frage – wie ist das möglich?

Datenspuren im Internet

Die Pointe dieser Geschichte skizziert recht anschaulich, welche Rahmenbedingungen im Marketing heute gelten und welche Möglichkeiten sich für Werbetreibende im digitalen Zeitalter daraus ergeben. Dabei geht es im Übrigen gar nicht so sehr um das genaue »Wissen«. Auch der Supermarkt im hier beschriebenen Beispiel hatte natürlich keine Gewissheit über die Schwangerschaft der 16-Jährigen. Oft genügt im Marketing ja bereits ein ungefähres »Ahnen«, das sich dann durch weitere Analysen zu einer steigenden Gewissheit ausbauen lässt. Im Mittelpunkt stehen dabei stets Daten und ihre zielgerichtete Sammlung und Aufbereitung: Wenn wir uns informieren, um unsere Kaufentscheidungen vorzubereiten, hinterlassen wir Spuren. Im Internet werden unsere Schritte und die Inhalte, die wir dabei konsumieren, protokolliert. Es wird erfasst, wofür wir uns interessieren, um daraus abzuleiten, welche Produkte für uns in Frage kommen könnten. Die Sammlung und Verarbeitung solcher Informationen findet flächendeckend statt – zum Beispiel über unser Smartphone, auch um zu ermitteln, wo sich der jeweilige Benutzer gerade befindet, und sogar, wenn wir offline sind, etwa dann, wenn wir Kunden- oder Rabattkarten benutzen. Auf dieser Grundlage bemühen sich Unternehmen, uns möglichst individualisierte, maßgeschneiderte Angebote zu unterbreiten, die uns idealerweise genau dann erreichen, wenn unsere Konsumbereitschaft für exakt dieses Produkt am größten ist.

Eben dies ist auch in dem hier skizzierten Fall geschehen. Vielleicht haben die Systeme des Supermarktes registriert, dass sich der Teenager einen Schwangerschaftstest gekauft hatte – womit sich allein daraus schon eine gewisse Wahrscheinlichkeit für eine tatsächliche Schwangerschaft ableiten lässt. Wenn diese Informationen durch weitere »identifizierende« Daten angereichert werden – etwa wenn es gelingt, ein entsprechendes Mediennutzungsverhalten damit zu verknüpfen, beispielsweise das Lesen eines mit dem Thema korrespondierenden Online-Artikels – so ist es möglich, die Trefferquote damit weiter zu erhöhen. Denkbar wäre aber auch, dass die Informationsbasis zwar nicht derartige, eher offenkundige Zusammenhänge beschreibt, stattdessen jedoch ein bestimmtes Muster bei vergleichbaren Käuferprofilen belegen kann. Jeder, der schon einmal die *E-Commerce*-Plattform von *Amazon* besucht hat, kennt das Angebotsmantra des Onlinehändlers: »Kunden, die das gekauft haben, kauften auch ...«. Nicht nur unser eigenes Verhalten lässt sich also zur Beurteilung unserer Kaufbereitschaft heranziehen. Auch aus den Daten vorhergehender Käufer lassen sich Profile erstellen, die als Identifizierungskriterium genutzt werden können. Sofern wir mit diesen – auch unter Umständen auf den ersten Blick vermeintlich nicht relevant erscheinende – Ähnlichkeiten aufweisen, könnte dies ein Beleg für ähnliche Konsummotive und -motivationen sein.

Die skizzierte Geschichte ereignete sich bereits im Jahr 2012 – nach Maßstäben der digitalen Entwicklung also bereits vor einer Ewigkeit. In der Zwischenzeit hat sich viel getan. Die Fütterung von entsprechenden Algorithmen – programmierten Entscheidungsmechanismen – mit *Big Data* oder *Smart Data* ist im Marketing eine schon lange erprobte Vorgehensweise. Die automatisierte Klassifizierung und Profilierung auf der Grundlage von Informationen wird heute vielfach eingesetzt – nicht nur in der Werbung und im Verkauf –, oft ohne dass wir dies überhaupt bemerken. Die Grundlage all dessen ist die umfassende Sammlung und Auswertung von Daten.

Daten als Treibmittel und Grundlage für die Künstliche Intelligenz

Mit Intelligenz hat dies zunächst noch nichts zu tun. Daten bilden allerdings gleichfalls die Grundlage und das Treibmittel für Künstliche Intelligenz (KI). KI »lernt« durch die intensive Versorgung mit Daten, »intelligent« wird sie durch die eigenständige Anwendung und Weiterentwicklung des Erlernten. Die Differenzierung zwischen programmierten und menschlich vorgegebenen Entscheidungsalgorithmen einerseits und KI andererseits ist oft schwierig. Genau an dieser Stelle lässt sich aber womöglich der größte Unterschied festmachen: Die Intelligenz eines Systems bemisst sich in der Autonomie von menschlichem Einfluss. Je eigenständiger ein System agiert, um so zutreffender ist das Attribut der Intelligenz.

Nichtsdestotrotz sind für den Einsatz von KI im Marketing dieselben Wirkungszusammenhänge wie in dem beschriebenen Beispiel maßgebend.

Auch KI beruht auf der Erkennung von Mustern und der Vorhersage von Ereignissen sowie der Berechnung und Abwägung von entsprechenden Wahrscheinlichkeiten. Wenngleich dort für die Identifizierung einer Schwangeren als potenzieller Kundin für Babynahrung vermutlich herkömmliche, vorab durch den Menschen definierte Entscheidungsbäume, also statistische Algorithmen, zur Anwendung kamen, so zeigt dies doch die Parallelen mit dem Einsatz von KI im Marketing auf. Auch hier geht es um die Klassifizierung von Informationen und den Rückschluss aus diesen Datenstrukturen auf spezifische Erkenntnisse. Der Unterschied besteht lediglich in der Permanenz und in der Art und Weise, wie die Daten kontrolliert zugeführt, beziehungsweise im Detail verarbeitet werden.

Marketing, Vertrieb und Werbung, haben sich durch die Digitalisierung und vor allem seit dem Aufkommen des Internets Anfang der 1990er Jahre bereits grundlegend verändert. Vermutlich handelt es sich beim Marketing auch um denjenigen operativen Bereich der Ökonomie, der am weitgehendsten durch die digitale Transformation geprägt wurde. Der Einsatz von Künstlicher Intelligenz, maschinellem Lernen und künstlichen neuronalen Netzwerken führt zu einer weiteren Beschleunigung dieser Entwicklung. Die Potenziale, die durch den technologischen Fortschritt aufgedeckt werden, sind immens und immer noch schwer ihrer Bedeutung nach erschöpfend zu erfassen.

Was Ihnen dieses Buch bietet

Im Folgenden soll versucht werden, einen Überblick über die vielfältigen Anwendungsmöglichkeiten von Künstlicher Intelligenz im Marketing zu geben, die dahinterliegende Technologie und ihre Wirkungsmechanismen zu erklären sowie ihre Umsetzung anhand von zahlreichen Beispielen zu beschreiben. »Marketing« wird dabei nicht bloß als Synonym für »Werbung« begriffen, sondern als ganzheitlicher unternehmerischer Ansatz, der alle marktorientierten Aktivitäten umfasst und nach heutiger weitverbreiteter Lesart den Kunden dabei in den Mittelpunkt des Handelns stellt.

In **Teil A** werden die Grundlagen zum Verständnis von KI und des Marketingprozesses beschrieben. **Teil B** stellt die operativen Einsatzmöglichkeiten der Technologien auch anhand von zahlreichen Beispielen vor. **Teil C**, der sich mit den Perspektiven, Grenzen und Gefahren von KI beschäftigt, schließt den Band ab.

Teil A: Künstliche Intelligenz und Marketing – die Grundlagen

1 Was ist Künstliche Intelligenz?

1.1 Eigenschaften und Aufgaben von Künstlicher Intelligenz

1.1.1 KI – eine Annäherung

Sucht man heute nach einer einheitlichen, allumfassenden Definition für »Künstliche Intelligenz«, tut man sich in aller Regel schwer. An Versuchen zur Begriffsbestimmung mangelt es kaum. Aber wer sich intensiver mit der Thematik befasst, merkt schnell, dass es problematisch ist, den Reigen an Bereichen, Funktionen, Leistungen und Attributen, die hiermit verbunden zu sein scheinen, unter einen Hut zu bringen. Das liegt einerseits daran, dass die rasante Entwicklung insbesondere der letzten Jahre auf diesem Gebiet kaum eine Konsolidierung des Wissensstandes zulässt. Zum anderen sind wir uns noch nicht mal einig, was eigentlich überhaupt genau »Intelligenz« ist. Auf den Menschen bezogen verstehen wir darunter zwar allgemein in etwa die Fähigkeit, abstrakt und vernünftig zu denken, Zusammenhänge zu erkennen und Probleme zu lösen sowie daraus zweckgerichtetes Handeln abzuleiten. Allerdings ist unklar, welche Attribute und Eigenschaften uns zu diesen Leistungen befähigen und im Detail darunter zu erfassen sind. Zudem ist umstritten, ob und wie sich Intelligenz empirisch korrekt messen lässt.[1] Vor nicht allzu langer Zeit galt Intelligenz noch als angeboren und damit unveränderbar über die Lebenszeit hinweg. Heute wird oft auch nachdrücklich die Meinung vertreten, dass sich sehr wohl ebenso in späteren Lebensabschnitten die Intelligenz verändern kann und zwar durchaus in beide Richtungen, nach unten wie nach oben, abhängig vom Lebenswandel und der Bereitschaft, geistige Herausforderungen anzunehmen.

Während also die Deutungshoheit auf diesem Feld seit Jahrzehnten hart umkämpft ist, diskutieren wir heute parallel bereits über verschiedenste künstliche Formen von Intelligenz, ohne dass deren Kerngehalt abschließend geklärt zu sein scheint. Was daraus resultiert, ist ein definitorischer Flickenteppich, der nicht selten für Verwirrung und viele Unklarheiten sorgt.

Zum Begriff der Künstlichen Intelligenz

Grundsätzlich kann man KI als den Versuch beschreiben, klassische menschliche kognitive Funktionen sowie darauf basierende Entscheidungsstrukturen auf maschinelle und computerisierte Systeme zu übertragen.

1 Vgl. dazu https://magazin.sofatutor.com/schueler/2019/01/10/gibt-es-mehr-als-eine-intelligenz/

Schwache und starke KI

Unterschieden wird dabei oft zwischen »schwacher« und »starker« KI.[2] Der Begriff der »schwachen KI« (auch englisch *Applied Artificial Intelligence* (AAI), also »angewandte KI«) bezieht sich meist auf die mechanisierte Abwicklung einzelner Problemlösungen und Anwendungsbereiche durch »intelligente« Systeme, mit einem beschränkten Grad an Eigenständigkeit in der Entscheidungsfindung und bei der Ausführung von daraus abgeleiteten Handlungen. Er beschreibt auf diese Weise eher ein »Nachahmen« von Intelligenz und schließt dabei in der Regel die meisten der bekannten KI-Applikationen, wie etwa Bild- und Texterkennung oder die Sprachfunktionen von *Amazons Alexa* oder *Apples Siri* mit ein.

»Starke KI« (auch englisch *Artificial General Intelligence* (AGI), also »künstliche allgemeine Intelligenz«) umfasst hingegen die Vision einer tatsächlichen Nachbildung menschlicher Denkweisen und entsprechender Abstraktionsfähigkeiten sowie möglicherweise sogar die Entwicklung eines eigenen »Bewusstseins« – letztlich also die Vorstellung, KI könne perspektivisch die menschlichen Fähigkeiten vollständig nachbilden und eines Tages sogar übertreffen. Damit eng verbunden ist der vieldiskutierte Themenkomplex der Singularität, womit der Zeitpunkt umschrieben wird, an dem KI in Form von Softwaresystemen, Maschinen oder Robotern den Menschen hinsichtlich seiner geistigen Leistungsfähigkeit eingeholt hat (vgl. Teil C 1.2 und 4).

Die Diskussion um KI allgemein und insbesondere hinsichtlich der damit verbundenen Risiken und Chancen wird oft sehr emotional geführt. Auch innerhalb der »akademischen Standesgrenzen« besteht keineswegs immer Einigkeit, ab wann ein technisches System nun tatsächlich als »intelligent« zählen darf. Vielleicht macht es daher Sinn, sich über eine Beschreibung der Aufgaben und Erscheinungsformen von KI zu nähern.

Aufgaben und Erscheinungsformen von Künstlicher Intelligenz

Im Einzelnen lassen sich folgende Aufgabenbereiche und Erscheinungsformen von Künstlicher Intelligenz erfassen, die in den nächsten Abschnitten näher betrachtet werden sollen:

- Mustererkennung (*Pattern Recognition*)
- Prognosen und Mustervorhersagen
- Darstellung von Wissen und Informationen
- Planung und Optimierung von Abläufen
- Verarbeitung von menschlicher Sprache (*Natural Language Processing*)
- autonome Robotik und selbststeuernde Systeme
- Lernen und abgeleitete kognitive Fähigkeiten

2 Etwa: Ray Kurzweil: The Singularity is Near, New York, 2005 und BVDW: »Mensch, Moral, Maschine – Digitale Ethik, Algorithmen und künstliche Intelligenz«, https://www.bvdw.org/fileadmin/bvdw/upload/dokumente/BVDW_Digitale_Ethik.pdf

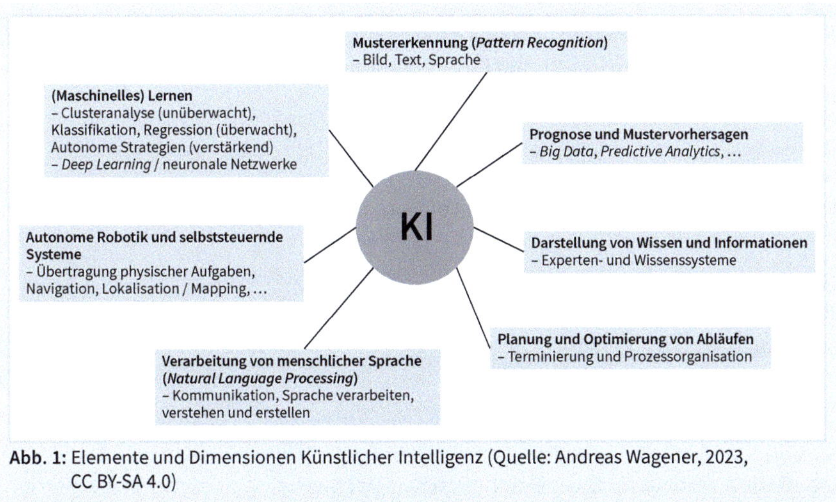

Abb. 1: Elemente und Dimensionen Künstlicher Intelligenz (Quelle: Andreas Wagener, 2023, CC BY-SA 4.0)

1.1.2 Mustererkennung (*Pattern Recognition*)

Die Erkennung von Mustern und Gleichmäßigkeiten in Datenstrukturen verkörpert ein wichtiges Grundprinzip von KI. Dabei werden aus großen Datenmengen statistische Häufungen analysiert und gruppiert, um Rückschlüsse auf allgemeingültige Zusammenhänge zu ermöglichen. Die Mustererkennung bildet damit auch die Grundlage für die Prognosefähigkeiten intelligenter Systeme und *Predictive Analytics* sowie für das maschinelle Lernen.

Spam-Mails identifizieren

Zu den Anwendungsgebieten zählt etwa die Identifizierung von Spam-Mails. Diese weisen im Vergleich zu E-Mails, die nicht als Spam klassifiziert werden, typische Besonderheiten und entsprechende Ähnlichkeiten auf, beispielsweise typische Schlüsselwörter im Text oder in der Betreffzeile (»Viagra«, …), bestimmte, bereits zuvor negativ aufgefallene Absender oder einfach entsprechende Spam-Markierungen anderer Adressaten. Von einem derartig trainierten System können diese dann automatisiert in den Junk-Ordner des E-Mail-*Clients* sortiert werden, ohne dass der unfreiwillige Empfänger diese zuvor zu Gesicht bekommt.

Einen wichtigen Beitrag zum digitalen Marketing leistet auch das Erkennen von Verhaltensmustern beim Surfen im Internet. Entsprechen die Inhalte der angesteuerten Webseiten oder das Klickverhalten einer einzelnen Person jenen einer größeren Vergleichsgruppe, kann dies als Indiz für eine weiterreichende Ähnlichkeit interpretiert werden. Dies wiederum ist relevant für das *Targeting* (vgl. Teil B 2.2.3), der zielgenauen Zuspielung von spezifischer Werbung.

1.1.3 Ableitung von Prognosen und Mustervorhersagen

Eng verwoben mit der Erkennung von Mustern ist die Ableitung von Voraussagungen und Prognosen. Ist es gelungen, maßgebliche übereinstimmende Eigenschaften von zwei Objekten oder Personen zu identifizieren, so lässt dies weitere Rückschlüsse auf Entwicklungen und auch zukünftige Verhaltensweisen zu. Im Prinzip kann man diese Zusammenhänge wie einen Dreisatz erklären: »Wenn A sich auf die gegebene Art und Weise verhält und gleichzeitig B wie A ist, dann wird sich auch B entsprechend wie A verhalten.« Das bekannteste Beispiel hierfür ist sicherlich der schon eingangs erwähnte *Amazon*-Algorithmus »Kunden, die das gekauft haben, haben auch gekauft …«.

Produktempfehlung für Einbrecher

In der Praxis kann dies bisweilen zu erstaunlichen Erkenntnissen führen: Berühmt ist etwa die Produktempfehlung des Onlinehändlers für Interessenten eines Glasrundschneiders. Krimi-Enthusiasten sollte dieses Produkt als hilfreiches Utensil für Einbrecher bekannt sein, lassen sich damit doch, dank Vakuumpfropfen und Zirkelklinge, kreisrunde Löcher in Fensterschreiben schneiden, und zwar geräuschlos und ohne spitze Scherben dabei zu verursachen. Kunden, die dieses Produkt erworben haben, hatten sich auch für die blickdichte und bis auf zwei Augenschlitze das Gesicht komplett verhüllende Sturmhaube, Marke »Balaclava« interessiert. Man kann wohl getrost davon ausgehen, dass die Heranziehung dieser Daten im Rahmen der Aufklärung einer Einbruchsserie – was natürlich mit deutschem Recht aus gutem Grunde nicht vereinbar wäre – wertvolle Hinweise zu den Tätern liefern dürfte.

Entsprechend gehört zu den bereits länger erprobten Anwendungen auf diesem Gebiet das sogenannte *Predictive Policing*, mit dem die Eintrittswahrscheinlichkeiten von Straftaten kalkuliert werden soll, um »vorab« entsprechende Gegenmaßnahmen zu deren Eindämmung oder Verhinderung einzuleiten. Entsprechende Kooperationen zwischen verschiedenen Polizeibehörden, etwa in New York, Memphis oder Chicago, sowie einschlägiger Anbieter, zu denen neben *IBM* auch das inzwischen hierzulande tätige, vom radikal-liberalen Investor Peter Thiel gegründete Unternehmen *Palantir* und selbst der Handelsriese *Amazon* gehören, sollen von durchschlagendem Erfolg gekrönt sein – zumindest nach übereinstimmender Angabe der Beteiligten (vgl. Teil C 1.2).

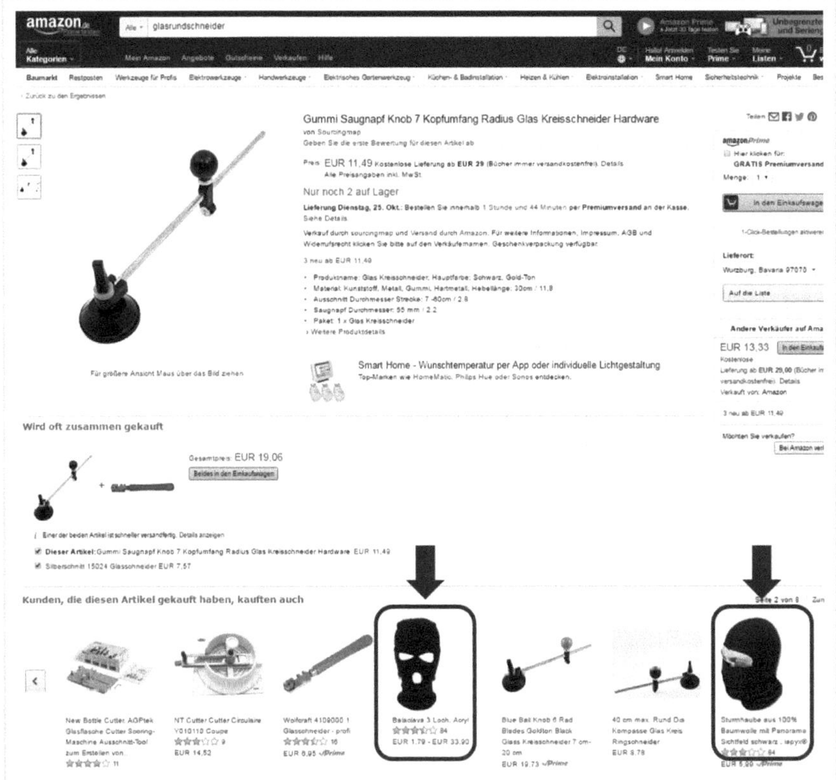

Abb. 2: *Amazon*: »Kunden die … kauften, kauften auch …« (Screenshot, Quelle: *Amazon*, 2016)

Vorausschauende Wartung von Industriemaschinen

Auf ähnlichen Funktionszusammenhängen beruht auch eine Anwendung aus dem zivilen Umfeld, die *Predictive Maintenance*, eine »vorausschauende Wartung« insbesondere von Industriemaschinen, deren optimaler Zeitpunkt auf Grundlage von bestimmten Messwerten vorhergesagt wird. Sensoren erheben Daten an den Maschinen, etwa im Rahmen von Schwingungsanalysen, um untypische Vibrationsausschläge zu erfassen, sowie in deren Umgebung, um Veränderungen von Luftfeuchtigkeit oder Temperatur zu identifizieren. In der Summe und durch das komplexe Zusammenspiel der einzelnen Faktoren lässt sich somit eine statistische Prognose hinsichtlich möglicher Verschleißzeitpunkte erstellen. Diese können dann dazu genutzt werden, den optimalen Wartungstermin anzusetzen – nicht zu spät, so dass eine aufwendige Reparatur vermieden wird, aber auch nicht zu früh, um die Wartungsintervalle ideal auszuschöpfen und so ebenfalls auf lange Sicht Kosten einzusparen.[3]

3 Weiterführende Informationen zu *Predictive Maintenance* finden Sie unter https://www.bigdata-insider.de/was-ist-predictive-maintenance-a-640755/

Predictive Maintenance in der Notfallversorgung

Vergleichbare Ansätze gab es auch bereits in der medizinischen Notfallversorgung. Als kritisch für die erfolgreiche Behandlung nach einem Herzinfarkt gilt ein umgehendes ärztliches Eingreifen und Behandeln. Diesem Umstand versuchte man mit der vorauseilenden Entsendung von Krankenwagen in Stadtbezirken, in denen ein erhöhtes Herzinfarktrisiko prognostiziert wurde, zu entsprechen.

1.1.4 Darstellung von Wissen und Informationen

Zu den Aufgaben ebenso wie zu den Bestandteilen und Voraussetzungen von KI gehört des Weiteren die Repräsentation von Wissen bzw. die Verarbeitung in sogenannten Wissens- und Expertensystemen.

Um Wissen zu nutzen, muss es entsprechend aufbereitet werden. Klassischerweise geschieht dies etwa in Form von Katalogen und Glossaren, um durch diese Form der Strukturierung den Zugang zu erleichtern. Dort, wo KI Wissen schafft, gilt es ebenfalls, eine geeignete Form der Darstellung zu finden, die dieses nutzbar macht. Eine entsprechende Ausgabeform stellen Expertensysteme dar, worunter man in der Regel Computerprogramme versteht, die den Menschen bei der Lösung komplexer Probleme unterstützen, etwa indem diese auf Grundlage der hinterlegten und verarbeiteten Informationen konkrete Handlungsempfehlungen ermöglichen oder eigenständig ableiten. Ein typisches Beispiel hierfür wären Diagnosesysteme in der Medizin, die auf Basis der Bildanalyse aus der Magnetresonanztomografie Tumore erkennen und womöglich dafür angemessene Therapieformen empfehlen.

Umgekehrt gilt es aber auch, Informationen so aufzubereiten, dass sie von KI-Systemen verarbeitet werden können. Insbesondere müssen oft die kausalen Zusammenhänge des menschlichen Wissens für das System beschrieben werden. Regelzusammenhänge wie »Wenn A, dann B«, die womöglich ein Mensch allgemein als offensichtlich begreift, sind für eine Maschine meist erst zu definieren (»regelbasierte Systeme«). Derartige logische Schlüsse könnte eine KI bei entsprechender Fallzahl zwar auch nach intensivem »Training« unter Umständen selbst ziehen (»fallbasierte Systeme«). Allerdings sprechen neben Effizienzgründen beispielsweise auch Qualitätsanforderungen für eine Kombination von beiden Ansätzen.

Opinion Mining – Analyse von Kundenmeinungen

Im *Opinion Mining* wird etwa versucht, die Einstellung von Konsumenten zu bewerten, wenn diese sich öffentlich im Netz, beispielsweise in den sozialen Medien äußern. Es ist relativ einfach, eine Erwähnung eines Produktes zu ermitteln. Ob sich jedoch eine Person positiv oder negativ dazu äußert, lässt sich hingegen deutlich schwerer bestimmen. Zwar könnte man spezifische Kennwörter definieren, die auf eine Tendenz oder Präferenz hinweisen – etwa »Schrott« oder »Top« im jeweiligen Kontext. Jedoch erweist sich ein solches, vorab definiertes Vorgehen in der Praxis oft als nicht zufriedenstellend. Die Sinnhaftigkeit oder eigentliche Bedeutung bestimmter Worte und Wortfolgen ergibt sich oft nur aus einem kontextuellen Verständnis, das sich dem Menschen in der Regel ohne Probleme erschließt, eine Maschine oder ein Computersystem jedoch vor große Herausforderungen stellt. Der Erfolg dieser Wissensverarbeitung beruht damit maßgeblich auf der intelligenten Kombination der durch den Menschen gesetzten qualitativen Regel mit der dann darauf fallweise trainierten Maschinenlogik (vgl. Teil B 1.2).

1.1.5 Planung und Optimierung von Abläufen

Der Bereich der Planung und Optimierung umfasst die Definition von Handlungsabfolgen und deren automatisierte Durchführung durch intelligente Systeme auf Basis der zuvor ermittelten Prämissen. KI-Anwendungen müssen in der Lage sein, Ziele zu setzen und den Weg zu beschreiben und nachzuverfolgen, der notwendig ist, diese zu erreichen. Dabei sollten sich unter Umständen verändernde Umweltbedingungen miteinbezogen und der Pfad der Zielerreichung darauf entsprechend erfolgswirksam angepasst werden.

Ein »emergentes« Planungs- und Steuerungsverhalten ist notwendig, wenn multiple Einflüsse unter Zeitdruck verarbeitet werden müssen, welche »Planung« zu einem sehr kurzfristigen Unterfangen machen, insbesondere in der Abstimmung mit Menschen oder anderen künstlichen Intelligenzen. Dies ist etwa relevant bei der Koordinierung von selbststeuernden Systemen, wie zum Beispiel autonomen Drohnenschwärmen oder selbstfahrenden Autos.

Autonome Steuerung von Marketingprozessen

Autonome Planung und Optimierung kennt man bereits aus der *Marketing-Automation* und dem sogenannten *Closed-Loop*-Marketing (vgl. Teil B 3.2). Hier geht es darum, die Marketingprozesse unabhängig vom menschlichen operativen Einfluss zu steuern. Im E-Mail-Marketing zum Beispiel ist es möglich, einen »geschlossenen Kreis« zu definieren, der sämtliche Aktionen und Handlungsoptionen zusammenführt. So kann vorab definiert werden, welche Betreuung spezifischen Kundengruppen zukommt und wie auf die jeweiligen Verhaltensweisen mit entsprechenden Werbemaßnahmen und Ansprachen reagiert werden soll. Automatisiert erhalten dann »Nicht-Öffner« von E-Mails dieselbe Nachricht zu einem späteren Zeitpunkt erneut. »Öffnern«, die ein beworbenes Produkt gekauft haben, wird im Nachgang ein Zusatzprodukt angeboten, während diejenigen, die das Produkt zwar angesehen aber nicht erworben haben, Werbung für eine adäquatere Variante zugesendet bekommen …

Natürlich kann man solche Aufgaben auch an eine KI übertragen, die je nach Ausprägung ihres Autonomiegrades agiert, Prognosen und *Conversion*-Wahrscheinlichkeiten erstellt und anhand von identifizierten Verhaltensmustern diesen Kommunikationsaufwand automatisch koordiniert und projektiert. Im Detail geht es dabei um die autonome Steuerung von Prozessen, die Terminierung von Aktionen sowie das Monitoring und die automatische Reaktion auf dynamische Entwicklungen.

Anwendungsgebiete im *Real-Time*-Marketing

Ein emergentes Steuerungsverhalten ist im *Real-Time*-Marketing gefragt, wo diese Prozesse tatsächlich in wenigen Millisekunden, in Echtzeit ablaufen. Es bedarf dabei eines Systems, das nicht nur seine Umgebung beurteilen und Vorhersagen treffen kann, sondern diese auch permanent bewertet und darauf basierend seine Einschätzungen ständig anpasst. Derartige Adaptionen findet man zum Beispiel im *Programmatic Advertising* und im *Real-Time-Bidding*-Verfahren für die auktionsmäßige Vermarktung digitaler Werbemittel (vgl. Teil B 2.2.4).

1.1.6 Verarbeitung von menschlicher Sprache (*Natural Language Processing*)

Die Fähigkeit einer Maschine, mit uns auf Augenhöhe zu kommunizieren, gehört ebenfalls zu den Merkmalen, die wir gemeinhin mit dem Vorhandensein von Intelligenz verbinden. Auch hier lässt sich womöglich eine allgemeine volkstümliche Vorprägung durch Science-Fiction nicht leugnen. Vielen mögen als Erstes dabei artifizielle Protagonisten wie der sprechende, um seine Abschaltung durch den Menschen besorgte Computer HAL9000 aus Stanley Kubricks »2001 – Odyssee im Weltraum« in den Sinn kommen.

Tatsächlich gehört die Verarbeitung von Sprache zu den wichtigen Indikatoren und Funktionen von KI, denn die Autonomie eines intelligenten Systems hängt ja gerade davon ab, dass eben nicht ein Mensch einen Steuerknüppel in der Hand hält oder komplette Abläufe »vorprogrammiert«. Stattdessen sollten KIs in der Lage sein, menschliche Anweisungen fallweise so zu decodieren und zu interpretieren, dass sie diese eigenständig ausführen können.

Das setzt voraus, dass Maschine und Mensch einen gemeinsamen »kommunikativen Nenner« finden. Während man einerseits traditionell versuchte, dies über Maschinen- und Programmiersprachen als Zwischenschritt der Interaktion zu lösen, bemüht man sich parallel auch seit geraumer Zeit, den kommunikativen Schwerpunkt weiter in Richtung Mensch zu verlagern und die natürliche Sprache als Standard für den Informationsaustausch zu etablieren.

Zweifellos setzt eine echte mehrseitige Kommunikation, ein Dialog zwischen zwei »Gesprächspartnern«, eine tiefergreifende Kompetenz voraus. *Natural Language Processing*, im Deutschen manchmal auch mit dem verwandten Begriff der Computerlinguistik umschrieben[4], verkörpert somit einen wichtigen Bestandteil von KI. Auch hier bilden die Mustererkennung und darauf aufbauendes maschinelles Lernen eine große Rolle. Das gilt sowohl für die Erkennung und Analyse von Sprache, also für den Input, als auch für den Output, die natürliche Sprachausgabe und das eigenständige Kommunizieren.

Maschinelle Verarbeitung von menschlicher Sprache

Menschliche Sprache wird entweder akustisch, in Schallwellen, oder schriftlich, also in Buchstabenverkettungen, übermittelt. Zur Interpretation durchläuft der übermittelte Sprachinput einen schrittweisen Interpretationsprozess: Schallinformation gilt es zunächst in Textform umzuwandeln. Dies ist Ausgangspunkt der weiteren Zerlegung in Sätze und einzelne Wörter, worauf dann eine grammatikalische Analyse erfolgt und die zu den Wortverwendungen passenden Grundformen (wie im Lexikon: die Grundform zu »geht« ist »gehen«) sowie die Syntax bzw. Funktionsweisen der Wörter – als Prädikat, Objekt, Artikel etc. – ermittelt werden. Auf dieser Grundlage könnte dann die semantische Analyse erfolgen, also die Interpretation der inhaltlichen Bedeutung. Schließlich gilt es noch, die Beziehungen zwischen einzelnen Sätzen zu erkennen (zum Beispiel der Zusammenhang von Frage und entsprechender Antwort oder Argumentation und abgeleiteter Folgerung). Insbesondere die letzten beiden Schritte setzen ein intensives Training und entsprechend weitreichende qualitative Fähigkeiten zur Mustererkennung des KI-Systems voraus.

Schwierigkeiten ergeben sich naturgemäß vor allem bei der Erkennung der Bedeutung. Das beginnt bereits bei der Umwandlung von Akustik in Textform: Je nach Groß- und Kleinschreibung (»Er verweigerte Speise und Trank« oder »Er verweigerte Speise und trank«) und auch Betonung (»Er ist ein vielversprechender Politiker« oder »Er ist ein viel versprechender Politiker«) können ähnlich strukturierte Sätze sehr unterschiedliche oder sogar gegensätzliche Bedeutungen haben. Doch auch sprachlich korrekt übermittelte Zeichenketten bergen Spielraum für Interpretation. So lässt »Der Steuermann beobachtete den Kapitän mit dem Fernrohr« in seiner rein textlichen Form Interpretationen zu, wer von beiden das Fernrohr nun tatsächlich in den Händen hält. Auch um rhetorische Fragen und Scheinfragen (zum Beispiel: »Kann ich zahlen, bitte?« erwartet keine Antwort mit »Ja« oder »Nein«) zu erkennen, bedarf es eines höheren semantischen Verständnisses, das nur schwer technisch und allgemeingültig zu vermitteln ist. Ferner zählt zur semantischen Kompetenz auch, sprachliche Über- und Unterkategorien zu erkennen und zuordnen zu können. Zu einem intelligenten Text-

4 Eine umfangreichere Beschreibung des Begriffs findet sich u. a. bei Kai Uwe **Carstensen** / Susanne Jekat, Susanne / Ralf, Klabunde: Computerlinguistik – Was ist das? In: **Carstensen**, Kai Uwe et al. (Hrsg.) (2010): Computerlinguistik und Sprachtechnologie. Eine Einführung, Heidelberg, 2010, S. 1-25.

und Sprachverständnis gehört es schließlich auch, diese Beziehungen herzustellen und zu verstehen, dass zum Beispiel ein Rabe ein Vogel ist und Vögel zu den Lebewesen zählen.

Die Anwendung von *Natural Language Processing* erstreckt sich auf ein breites Feld. Am augenfälligsten sind vermutlich Sprachassistenten wie *Amazons Alexa, Apples Siri* oder *Google Home*, die auf menschliche akustische Aktivierung reagieren, einfache Aufgaben wie Informationssuchen übernehmen, aber auch beispielsweise im *E-Commerce* für die Entgegennahme und Weiterverarbeitung von Bestellungen zum Einsatz kommen und dabei in menschlich klingender, »natürlicher« Sprache kommunizieren (vgl. Teil B 3.4.3). Schon als legendär zu bezeichnen ist auch die Präsentation von *Google Duplex* im Jahr 2018, bei der demonstriert wurde, wie ein digitaler Sprachassistent (weitgehend) eigenständig telefonisch einen Friseurtermin vereinbarte, ohne als solcher vom menschlichen Gesprächspartner erkannt zu werden. Neben einer sehr natürlich wirkenden Stimme sorgten auch eingestreute, typische menschliche Verzögerungslaute (wie »mhm«, »ähm«) für eine hohe »humane« Authentizität.[5] Inzwischen bietet *Google*, in ausgewählten Betrieben, die sich dafür freischalten lassen können, auch Restaurantreservierungen über *Duplex* an.[6] Dazu fragt der *Google Assistant* nach der Anzahl der Gäste und der gewünschten Uhrzeit und nimmt auch Ausweichtermine entgegen, für den Fall, dass kein Tisch zu den genannten Bedingungen verfügbar ist. Auf dieser Grundlage ruft *Google Duplex* eigenständig das Restaurant an, gibt sich dabei zu Beginn des Telefonats als Bot zu erkennen und klärt dann die Details innerhalb des vorgegebenen Rahmens. Anschließend wird das Ergebnis an den Nutzer zurückgemeldet.[7]

Einsatz von *Chatbots* in der Kundenkommunikation

Die Nutzung in der Praxis auf ähnlichem Terrain bietet der Rückgriff auf *Chatbots* bei der automatisierten Kundenkommunikation (vgl. Teil B 3.4.3). Dabei wird der Dialog mit einem menschlichen Mitarbeiter simuliert, als Alternative zur herkömmlichen Kontaktmöglichkeit über Kontaktformular oder E-Mail. Auch hier spielt Spracherkennung und -analyse eine wichtige Rolle, allerdings derzeit oft noch auf sehr formalisierte und somit eingeschränkte Art und Weise, die es fraglich erscheinen lässt, ob man hier wirklich von einer künstlichen »Intelligenz« sprechen kann.

Andere computerlinguistische Anwendungsfälle erfolgen mehr im Hintergrund, sind deswegen aber keinesfalls weniger anspruchsvoll: angefangen bei automatisierten Übersetzungen, dem eigenständigen Verfassen von computergenerierten Texten

5 Hier im Video zu sehen bei der Vorstellung durch den Google-CEO Sundar Pichai: https://youtu.be/vWLcyFtni6U

6 Vgl. https://youtu.be/-qCanuYrR0g

7 Vgl. https://www.lifewire.com/use-google-duplex-for-restaurant-reservations-4684024

(»Robo-Journalismus«) (vgl. Teil B 2.1.2) und natürlich der Indizierung und Relevanzbestimmung von Inhalten im Rahmen der Suchmaschinenaktivitäten (vgl. Teil B 2.2.5).

1.1.7 Autonome Robotik und selbststeuernde Systeme

Eine intensive Nutzung erfährt KI im Bereich der Robotik und in der Automation und Selbststeuerung von Systemen. Es bestehen tiefgreifende Wechselbeziehungen zwischen diesen beiden Segmenten. Um Autonomie zu gewährleisten, ist das Training wiederkehrender Situationen, auch in abgeänderten Umweltbedingungen, notwendig. Methoden der visuellen Identifizierung wie auch der Spracherkennung und entsprechendes maschinelles Lernen spielen dabei eine große Rolle.

Humanoide Roboter

Roboter werden teilweise auch definiert als »menschliche Substitute«, da ihre Aufgaben vor allem auch in der Replikation menschlicher Handlungen liegen. Auch wenn Roboter natürlich alle möglichen Formen haben können, bleibt uns doch deren, dem Menschen nachempfundene Erscheinungsform am ehesten im Bewusstsein. Gewissermaßen könnte man davon sprechen, dass, sofern KI eine technologische Abbildung des menschlichen Geistes darstellt, dasselbe analog für humanoide Roboter und den menschlichen Körper gilt. Wohl in keinem anderen Bereich der KI scheint die allgemeine Wahrnehmung so stark von einschlägiger Science-Fiction-Kultur geprägt wie hier. Selbst der Begriff des Roboters hat in der fantastischen Literatur seinen Ursprung (bei Karel Čapek in seinem Schauspiel »R.U.R.«). Die Möglichkeit, dass Roboter eines Tages in der Lage sind, menschliches Verhalten zu adaptieren und menschenähnliche Regungen zu äußern oder nachzuahmen, wird bis heute immer wieder auf breiter Basis diskutiert.

Vielfältige Einsatzgebiete von Robotern

Die Nutzung von Robotern in der ökonomischen Praxis ist weitgefächert. Neben klassischen Einsätzen in der industriellen Fertigung gehören dazu auch Einsätze in für den Menschen gefährlichen oder sogar lebensbedrohlichen Situationen, zum Beispiel bei der Bomben- und Minenentschärfung oder als Tauchroboter im Tiefseeeinsatz.

Treiber in diesem Kontext ist vermehrt die militärische Anwendung, sei es beim Lastentransport in unwägbarem Gelände, hier zählt zu den führenden Anbietern die vormals zu *Google* gehörende Firma *Boston Dynamics*, welche vorzugsweise die Bewegungsabläufe von Lebewesen auf die Robotik adaptiert, oder gleichfalls perspektivisch im Kampfeinsatz, was zunehmend auch ethische Fragen aufwirft (vgl. Teil C 1.2). Aber auch im zivilen Einsatz, beispielsweise als »mit-anpackende« Arbeitskraft im Lager (»Atlas«) oder im Haushalt bei der Erledigung von Aufgaben des täglichen Lebens, als Saug- oder Rasenmähroboter und selbst für das Einräumen der Spülmaschine (wie der *SpotMini* von *Boston Dynamics*) haben sich eigenständige Roboter bereits als sinnvolle Helfer erwiesen. Derartige Maschinensysteme werden teilweise auch als »manipulative Intelligenz« bezeichnet, da sie auf eine intelligente Weise körperliche Arbeitshandlungen übernehmen und damit den Menschen von diesen entlasten.

Das Zusammenspiel mit KI beginnt dann, wenn diese außerhalb festgesetzter Regelwerke agieren, also auf autonomen Entscheidungen basierende Tätigkeiten verrichten. Die erwähnten Lastenroboter finden ihren Weg selbsttätig, sie bewegen sich in einem unvorhersehbaren Umfeld mit sich laufend ändernden Rahmenbedingungen. Eine Programmierung für jede Eventualität ist hier nicht möglich. Folglich müssen Entscheidungen fortwährend von der Maschine selbst getroffen werden.

Autonome Ortsbestimmung von Robotern

Dies markiert auch die Schnittstellen mit anderen selbststeuernden Systemen wie etwa selbstfahrenden Fahrzeugen Drohnen oder sogar Schiffen. Autonomes Fahren beruht auf der Lösung des sogenannten SLAM-Problems (englische Abkürzung für *Simultaneous Localization and Mapping*), der Herausforderung für ein System, zeitgleich eine Karte seiner direkten Umgebung zu erstellen und die eigene räumliche Lage und Position dabei zu bestimmen. Damit handelt es sich hierbei gewissermaßen um eine Henne-Ei-Problem, da ja zunächst weder Karte noch Position bekannt sind und diese gleichzeitig abzuschätzen sind. Die entsprechende Lösung soll über den Rückgriff auf verschiedene Algorithmen und Verfahren der Zustandsschätzung in dynamischen Prozessen erfolgen, etwa die sogenannte Monte-Carlo-Methode oder den (erweiterten) Kalman-Filter. Gefüttert werden diese durch extern erhobene Daten, wozu verschiedenste Sensortechniken Verwendung finden: etwa LIDAR (englisch *Light Detection And Ranging*),[8] eine auf Laserstrahlen basierte Methode der optischen Abstandsmessung, das auch bei der Ortsbestimmung von Smartphones zum Einsatz kommende satellitengestützte Navigationssystem GPS (englisch *Global Positioning System*) oder *Computer Stereo Vision*, bei der zwei Kameras analog zu den menschlichen Augen in einem bestimmten Abstand platziert werden, um den Effekt des räumlichen Sehens maschinell zu erzeugen.

Einsatzgebiet autonomes Fahren

Bei der Entwicklung autonomer Fahrzeuge kommen in der Regel neuronale Netzwerke und *Deep Learning* (vgl. Teil A 1.3.2) zum Einsatz, um die Vielzahl der notwendigen Informationen, gesammelt etwa auch unter lebensechten Bedingungen im Straßenverkehr, verarbeiten zu können.

Strenggenommen handelt es sich beim autonomen Fahren um eine Weiterentwicklung des automatisierten Fahrens, welches in den 50er-Jahren des letzten Jahrhun-

---

8 Eine vertiefende Erläuterung findet sich hier: Holger Ippen: »Mit Lidar fahren Autos selbstständig«, https://www.autozeitung.de/lidar-system-193594.html

derts mit der Erfindung des Tempomats seinen Ursprung hat. »Echtes« autonomes Fahren ist immer noch Gegenstand der Forschung, die meisten derzeit in der Praxis eingesetzten Systeme haben nach wie vor den Status als Assistenzfunktion im automatisierten Fahren, was bedeutet, dass diese zwar weitgehend eigenständig die Steuerung des Fahrzeugs übernehmen können, aber der Mensch immer noch die Rolle der letzten Kontrollinstanz innehaben muss, auch um die Verantwortung im Straßenverkehr abzubilden. Schließlich gab es schon eine Reihe von Unfällen selbststeuernder Autos, teilweise auch mit daraus resultierenden Todesfällen.

Damit wird ein Problem identifiziert, das die technischen Herausforderungen bei der Entwicklung von KI auf den Punkt bringt und das auch als das *Moravec Paradoxon* bezeichnet wird: Der österreichisch-kanadische KI- und Robotik-Forscher Hans Peter Moravec schrieb 1988 in seinem Buch »Mind Children«:

> »Es ist vergleichsweise einfach, Computer Intelligenztests auf Erwachsenenniveau absolvieren oder Dame spielen zu lassen, gleichzeitig ist es schwierig oder sogar unmöglich, ihnen die Fähigkeiten eines Einjährigen zu vermitteln, wenn es um Wahrnehmung und Mobilität geht.«

Betrachtete man in den Anfangszeiten der KI-Forschung noch die Simulation typischer intellektueller Fähigkeiten durch eine Maschine als größte Herausforderung, so hat sich diese Wahrnehmung inzwischen geändert. Vielmehr sind es einfache motorische und sensorische Fähigkeiten, die uns Menschen selbst als allzu simpel erscheinen, auch weil sie meist unbewusst ablaufen, die aber gleichfalls bei der künstlichen Reproduktion die größten Schwierigkeiten bereiten. Zurückgeführt wird dieses Phänomen darauf, dass körperliche Geschicklichkeit, im Gegensatz zur Fähigkeit, Dame spielen zu können, seit jeher Gegenstand der natürlichen, evolutionären Selektion war.

1.1.8 Lernen und abgeleitete kognitive Fähigkeiten

Wie eingangs schon beschrieben, existiert keine eindeutige, allgemeingültige Definition von KI. Die bereits betrachteten Erscheinungsformen und Aufgabenbereiche werden zwar regelmäßig als wichtige Bestandteile oder Indikatoren für das Vorhandensein von (künstlicher) Intelligenz in technischen Systemen gesehen. Es ist jedoch, wie schon ausgeführt, umstritten, ob diese bereits als hinreichende Merkmale zur Identifizierung von Intelligenz zu betrachten sind.

Lernfähigkeit als zentrales Intelligenzkriterium

Eine grundsätzliche Einigkeit scheint jedoch beim Lernen zu bestehen. Die Fähigkeit zu Lernen haben wir bisher immer mit Intelligenz verknüpft, nur intelligenten Lebewesen billigen wir diese Kompetenz zu: Ein Mensch erweitert im wörtlichen Sinne seinen Horizont, indem er lernt und neue Kenntnisse und Fertigkeiten erwirbt. Dies ist die Voraussetzung für ihn, in der Welt bestehen zu können, sich den Gegebenheiten des Lebens und der Umwelt anpassen zu können, neue Dinge zu entdecken, und um sich – auch evolutionär – weiterzuentwickeln. Ein Hund kann lernen zu apportieren oder auf bestimmte Befehle trainiert werden. Aber auch ohne menschliche Anleitungen entwickelt er eigenständig einen Erfahrungsschatz, auf den er bei der Beurteilung von Situationen zurückgreifen kann, um sich in ähnlichen Situationen ähnlich zu verhalten – und zwar jenseits von angeborenen Instinkten. Das unterscheidet ihn von anderen, weniger oder nicht »intelligenten« Tieren.

Lernfähigkeit und (künstliche) Intelligenz

Die Fähigkeit zu lernen ist für Menschen wie auch Tiere überlebenswichtig, sie ist gewissermaßen ein Wesensmerkmal natürlichen, intelligenten Lebens. Will man Intelligenz also künstlich reproduzieren, so scheint dies zwangsläufig dazu zu führen, dass dabei insbesondere auch das permanente Ansammeln von Wissen und Erfahrungen, das fortwährende Erkennen von Wirkungszusammenhängen sowie die Ableitung und Aufbereitung von Erkenntnissen daraus ein wesentlicher Bestandteil sein muss. Eine derartige »maschinelle Lernfähigkeit« gilt dann auch tatsächlich als der kleinste gemeinsame Nenner für die Definition von KI und deren wichtigste, charakterisierende Eigenschaft.[9]

Künstliche Intelligenz bei der Spielprogrammierung

Als Beispiel wird in diesem Kontext gewöhnlich der Sieg der von *Google DeepMind* entwickelten KI *AlphaGo* gegen den koreanischen Großmeister Lee Sedol im asiatischen Brettspiel Go im März 2016 angeführt.[10] Dieses Ereignis gilt gemeinhin als einer der ersten, zumindest aber als einer der augenfälligsten Belege der Wirksamkeit maschinellen Lernens und der potenziellen Überlegenheit künstlicher gegenüber natürlicher Intelligenz.

Zwar gab es in der Geschichte immer wieder Beispiele, in denen Computer über den Menschen in komplexen Spielen triumphiert haben. Ebenfalls für Aufsehen sorgte etwa insbesondere der Fall von *IBMs* Computer *DeepBlue*, der im Jahr 1997 den damals amtierenden Weltmeister Garri Kasparow im Schach bezwang. Doch nur auf den oberflächlichen ersten Blick weisen diese Ereignisse tiefergehende Gemeinsamkeiten auf. Auch wenn Schach angesichts seiner Komplexität zu den anspruchsvollsten bekannten Spielen zählt, ist Go schon aufgrund seiner geringeren Limitierung durch

---

9 Vgl. hierzu etwa: Bitkom e. V. / DFKI – Deutsches Forschungszentrum für Künstliche Intelligenz (Hrsg.): »Künstliche Intelligenz. Wirtschaftliche Bedeutung, gesellschaftliche Herausforderungen, menschliche Verantwortung«, https://www.dfki.de/fileadmin/user_upload/import/9744_171012-KI-Gipfelpapier-online.pdf, 2017, S. 28.

10 Vgl. Christian Stöcker: »Es geht um weit mehr als Go«, http://www.spiegel.de/netzwelt/gadgets/alphago-sieg-wendepunkt-der-menschheitsgeschichte-a-1082001.html. Weiterführende Informationen dazu finden Sie hier: https://deepmind.com/research/alphago/alphago-korea/

die Spielfeldgröße noch deutlich vielschichtiger. Go galt daher auch im Gegensatz zu Schach als nur schwer computerisierbar. Das zeigt sich schon darin, dass es zwar bereits spätestens seit den 80er-Jahren des letzten Jahrhunderts unzählige durchaus anspruchsvolle kommerzielle Schachcomputer und -programme gab, jedoch bis vor wenigen Jahren keine entsprechend ernstzunehmende Go-Simulation existierte. Das änderte sich erst mit der Verwendung von maschinellem Lernen und künstlicher neuronaler Netze (vgl. Teil A 1.3.2) bei der Spielprogrammierung.

Im Vergleich zu Schach, bei dem per Definition eine begrenzte Anzahl an Zugvariationen möglich und daher auch berechenbar ist, bestehen bei Go deutlich mehr Spielräume für intuitives Spielverhalten. Die Stärke von *DeepBlue* beruhte vor allem auf der enormen Rechenleistung, mit der die möglichen Varianten aus einer bestehenden Situation vorausbestimmt werden konnten. Dabei lag der Verdienst der Entwickler vor allem in der programmierten Auswahl und Bestimmung möglichst sinnvoller Rechenoperationen. Im Anschluss daran musste man »nur noch« die Regeln, insbesondere die Laufeigenschaften der einzelnen Figurenkategorien auf die Stellungen in der jeweiligen Spielsituation anwenden und die möglichen Optionen kalkulieren. Letztlich aber waren diese dem menschlichen Intellekt überlegenen Rechnerkapazitäten Ausschlag gebend dafür, dass auch ein Weltklassespieler wie Kasparow sich geschlagen geben musste. Mit »Intelligenz« im herkömmlichen Sinne hatte das gleichwohl vermutlich noch nichts zu tun.

Lernansätze verbessern die Künstliche Intelligenz

Im Unterschied dazu wurde *AlphaGo* so konstruiert, dass das System nicht allein vorprogrammierten Regeln folgte, sondern nach einer Fütterung mit 30 Millionen vorausgegangenen Go-Begegnungen eigenständig lernte, neue Strategien selbst zu entdecken, indem es unzählige Partien gegen sich selbst spielte und daraus per *Trial and Error*, Erkenntnisse zur Verbesserung seiner Fähigkeiten ableitete. Dazu nutzte man eine Kombination künstlich erstellter, der Funktionsweise des menschlichen Gehirns nachempfundener »tiefer neuronaler Netzwerke« (englisch *Deep Neural Networks*, vgl. Teil A 1.3.2): ein Regelnetzwerk (englisch *Policy Network*), welches potenzielle Züge ermittelt, und ein Bewertungsnetzwerk (englisch *Value Network*), das die entsprechenden Positionen und Optionen qualitativ beurteilt.

Zur Anwendung kamen dabei Lernansätze, die man so ähnlich auch aus der Psychologie kennt: überwachtes Lernen (englisch *Supervised Learning*), was Ähnlichkeiten mit dem angeleiteten Lernen in der Pädagogik aufweist, und bestärkendes bzw. verstärkendes Lernen (englisch *Reinforcement Learning*), also dem eher selbstständigen Wissenserwerb, vor allem über die heuristische Rückkoppelung mit Umweltreaktionen, beispielsweise über Belohnungen oder Bestrafungen, was dem Konzept der Verstärkung in der Verhaltensbiologie ähnelt. Des Weiteren wird heute auch unüberwachtes Lernen (englisch *Unsupervised Learning*) angewendet, bei dem KIs insbesondere Muster erkennen sollen, ohne dass es dabei eines externen Eingreifens bedarf (vgl. Teil A 1.3.1).

Letztlich gelang es *AlphaGo*, Lee Sedol mit 4:1 zu schlagen. Weltweit, aber insbesondere in den Go-verrückten Ländern, China, Japan und Südkorea, wo das Ereignis auch live übertragen wurde, sorgte die dabei teilweise sehr unkonventionelle Spielweise des Computergegners für Verwunderung. Tatsächlich zeigte *AlphaGo* Züge, die man so von Menschenhand bislang nicht gesehen hatte. Der eigentlich zu Beginn sehr siegessichere, aber im Laufe der Begegnung zunehmend konsternierte Sedol äußerte im Nachgang des Aufeinandertreffens, dass tatsächlich er selbst von der Spielweise der Maschine neue Erkenntnisse für sein eigenes Spiel ableiten, also lernen konnte.

Eine neue Kategorie von Computersystemen

Der 4:1-Sieg der Maschine über den Menschen markiert für viele eine nachhaltige Grenzmarke in der Entwicklung des Verhältnisses von künstlicher und natürlicher Intelligenz. Über die eigenständige Erkennung von Mustern im Wege des maschinellen Lernens und der technischen Reproduktion menschlicher Informationsverarbeitung, aber auch der darauf aufbauenden Weiterentwicklung dieser Fähigkeiten, ist hierbei etwas entstanden, was man getrost als eine neue Kategorie von Computersystemen bezeichnen kann, vielleicht die erste, die die Klassifizierung als »Intelligenz« wirklich verdient.

Im Dezember 2017 stellte *Google DeepMind* das Nachfolgesystem *AlphaGo zero* vor. Dieses wurde nicht mehr durch die Fütterung mit Datensätzen aus menschlichen Go-Partien trainiert, sondern allein durch Spiele gegen sich selbst. Seinen Vorgänger bezwang *AlphaGo zero* binnen drei Tagen mit der vernichtenden Bilanz von 100:0. Damit ist KI nun erstmalig nicht länger durch menschliche Restriktionen »gehemmt«, sondern in der Lage, sich aus sich selbst heraus – also gewissermaßen autodidaktisch – zu entwickeln. In der Version *Alpha zero* wurden diese Prinzipien auch auf andere Brettspiele wie Schach und das japanische Shōgi übertragen. Die jüngste Veröffentlichung, *MuZero*, weitet die Anwendung auch auf klassische Atari-Videospiele aus.

Bilderkennung mithilfe von digitalen Systemen

Maschinelles Lernen ist als Prinzip in der Computerwissenschaft schon länger etabliert. Eine Renaissance in jüngerer Zeit hat es aber wohl ursprünglich vor allem durch die Weiterentwicklung der Möglichkeiten der Bilderkennung durch digitale Systeme erfahren. Als wichtigsten Treiber in diesem Umfeld kann man vielleicht *Google* identifizieren. Das Unternehmen hatte bereits seit einigen Jahren Wettbewerbe auf diesem Gebiet ausgeschrieben oder unterstützt, mit dem Ziel, damit die Entwicklung entscheidend voranzubringen.

Die Ursache und Motivation dürfte in der ursprünglichen Fixierung von Suchmaschinen auf die Textform von Informationen liegen. Demnach wurde die Relevanz eines Textes zu einer bestimmten Eingabe eines Begriffs in der Suchfunktion oft daran bemessen, wie häufig dieser im Text Erwähnung fand. Auch wenn Suchmaschinen heute deutlich intelligenter agieren (vgl. Teil B 2.2.5), sind doch immer noch viele ihrer Algorithmen sehr textbasiert. Das liegt vor allem daran, dass entsprechende Zeichenverkettungen leicht durch einen Computer zu verarbeiten sind. Traditionell große Schwierigkeiten bereitete hingegen die Einordnung von Bildern und die Beschreibung und Erfassung dessen, was sie darstellten. Wollte man, dass ein Bild zu einer entsprechenden Suche gefunden wurde, so bestand lange Zeit die einzige sinnvolle Lösung darin, entsprechende Bildbeschreibungen in Textform zu verfassen, die Bilddatei mit dem anvisierten *Keyword* zu benennen oder den Umgebungstext suchmaschinengerecht zu optimieren. Den Inhalt des Bildes selbst konnten die Suchmaschinen jedoch nicht erkennen.

Die von *Google* betriebenen Wettbewerbe zielten damit genau in diese Richtung: Es ging darum, Wege zu finden, Text als einzigen oder den Haupt-Input abzulösen und auch andere Quellen den Such- und Relevanzalgorithmen zugänglich zu machen. Für *Google* stand damit letztlich also die Sicherstellung und der Ausbau des eigenen Geschäftsmodells im Mittelpunkt. In diesem Fahrwasser entstand die gegenwärtige Euphorie um maschinelles Lernen, *Deep Learning* und artifizielle neuronale Netze (vgl. Teil A 1.3.2). Man kann somit durchaus mit Recht die insbesondere in der deutschen Forschungslandschaft nicht gern gehörte These aufstellen, dass der Quantensprung bei der Entwicklung von KI in den letzten Jahren in erster Linie kommerziellen Ursprungs ist.

Einen frühen, Aufsehen erregenden Versuch hatte *Google* 2012 durchgeführt.[11] Dabei wurden einer KI wahllos *Youtube*-Stills, also Einzelbilder aus *Youtube*-Videos, vorgelegt, die diese dann sortieren sollte – und zwar, ohne dass man ihr die entsprechenden Kategorien vorgegeben hatte. Das ist in etwa vergleichbar damit, dass man uns Menschen verschiedenste Fotos in die Hand drückt, mit der Bitte, diese in verschiedene Stapel aufzuteilen, wobei man sich die Kriterien hierzu selber zu überlegen habe. Vermutlich würden wir uns dann an bestimmten gemeinsamen Merkmalen orientieren, die wir meinen, auf den Bildern entdecken zu können, zum Beispiel ähnliche Motive, Farben oder Vergleichbares.

Genau so, diesem Setting entsprechend, ging auch das mit Bildern gefütterte künstliche neuronale Netzwerk vor, das *Google* selbst als »Simulation eines kleinen, neugeborenen menschlichen Gehirns« bezeichnete. Tatsächlich konnte die KI ähnliche Objekte in den Bildern ausmachen und sortierte diese entsprechend. Dabei entwickelte das System eigenständig Prüfkriterien, indem besonders häufig auftretende

11 Vgl. hierzu: Jeff Dean / Andrew Ng: »Using large-scale brain simulations for machine learning and A.I.«, https://googleblog.blogspot.com/2012/06/using-large-scale-brain-simulations-for.html und für einen tieferen Einblick: Quoc, Le, et al.: »Building High-level Features Using Large Scale Unsupervised Learning http://static.googleusercontent.com/media/research.google.com/de//archive/unsupervised_icml2012.pdf

Merkmale übereinandergelegt und verstärkt wurden. Anhand der so entstandenen Prüfmuster erfolgte die Kategorisierung von Einzelbildern je nachdem, wie hoch die KI deren Übereinstimmungen mit den Merkmalen der Vergleichsexemplare bewertete.

Auf diese Weise legte das System drei Klassifizierungen fest: Tatsächlich gelang es ihr, Menschen auf den Bildern zu identifizieren und sogar Geschlechter zu unterscheiden. Das ist insofern bemerkenswert, als dass der KI das Konzept Mensch überhaupt nicht klar sein konnte. Ohne zu wissen oder zu verstehen, was ein Mensch ist, war sie dennoch in der Lage, diesen – als offenbar sinnvolle – Bilderkategorie zu identifizieren und sogar Geschlechtsmerkmale dabei zu unterscheiden. Als noch erstaunlicher erwies sich jedoch die dritte Kategorie, die die KI bestimmte: Katzen.

Männer, Frauen und Katzen ...

Ein dem menschlichen Gehirn nachempfundenes künstliches, »intelligentes« System sortiert das Internet eigenständig und ohne menschliche Hilfestellung in Männer, Frauen – und Katzen. Das ist zweifellos eine außergewöhnliche Leistung. Jeder, der sich mit den Grundzügen der Internetkultur, auch bloß am Rande, auseinandergesetzt hat und dem folglich der »Katzenfetisch« in den sozialen Medien ein Begriff ist – die Begeisterung für *cat content* im Netz wird manchmal mit der Bedeutung und der Verehrung von Katzen im alten Ägypten verglichen – dürfte in der Lage sein, die Ironie in diesem Kontext zu erkennen. Fraglos hat die KI hier durch pures, rohes Lernen am Beispiel zuvor identifizierter Muster, sehr menschlich anmutende Züge offenbart – natürlich jedoch bedingt durch die menschliche Vorsortierung, die allein durch die Bereitstellung der Inhalte auf der Videoplattform gegeben war. Nichtsdestotrotz simulierte dieser Versuch auf künstlich-technische Weise erfolgreich die Mechanismen, wie sie womöglich bei Neugeborenen und Kleinkindern ablaufen, die ihre ersten und durch angeleitetes Lernen noch wenig beeinflussten Schritte in einer für sie neuen Welt unternehmen. *Google* verwendete in diesem Kontext auch den Begriff des maschinellen »autodidaktischen Lernens«.

Aufschlussreich war jedoch auch die weiterführende Analyse dieser Methodik.[12] Da, wie oben beschrieben, auf den Bildern bestimmte Merkmale verstärkt und mit identifizierten Mustern verglichen wurde, untersuchte man gespannt, wie die KI wohl mit Bildern umgehen würde, auf denen zumindest für das menschliche Auge »nichts« zu sehen war, auf denen also keine optischen Strukturen und Konturen erkannt werden konnten. Und tatsächlich wendete das System die gleiche Vorgehensweise an: Auf einem Foto, auf dem ein Mensch nicht mehr als womöglich ein »weißes Rauschen« erblicken konnte, verstärkte die KI von ihr wahrgenommene Elemente und glich diese

12 Vgl. hierzu: Alexander Mordvintsev et al.: »Inceptionism: Going Deeper into Neural Networks«, https://research.googleblog.com/2015/06/inceptionism-going-deeper-into-neural.html

mit anderen, bekannten Bildbestandteilen ab. Auf diese Weise justierte die KI schrittweise ihre Entscheidung über das, was sie in dem Bild wahrnahm und passte darüber den Output, ein zunehmend vom Ausgangszustand »verfremdetes« Bild, schrittweise an. Das Ergebnis hatte mit dem Original optisch nichts mehr gemein, ein völlig neues Bild war somit entstanden.

Künstliche Intelligenz und Kreativität

Ein Vergleich von Ausgangs- und Endpunkt offenbarte keinerlei Ähnlichkeit oder Verwandtschaft: Die KI hatte etwas Neues geschaffen, sie war somit gewissermaßen kreativ tätig geworden. Auch wenn, wie bereits beschrieben, zuvorderst die Fähigkeit des Lernens – die wir vor allem dem Menschen und den Säugetieren zuschreiben – mit dem Vorhandensein von Intelligenz verbunden wird, besteht vermutlich eine weitreichende Einigkeit, dass Kreativität ein zutiefst menschliches Kompetenzmonopol darstellt, welches ohne das Vorhandensein von »Geist« und die entsprechenden intellektuellen Voraussetzungen nicht denkbar erscheint. In unserer allgemeinen Wahrnehmung setzt Kreativität vermutlich noch stärker die Existenz von Intelligenz voraus, als das in Bezug auf die Lernfähigkeit der Fall ist. Umso erstaunlicher mutet es an, wenn nun, wie in diesem Fall, eine Maschine scheinbar Fähigkeiten erworben hat, mit denen neue Dinge erschaffen werden können.

In Folge dieser Erkenntnis ließ man der KI »gestalterisch« freien Raum. Daraufhin entstand eine schier unzählbare Menge an neuen, autonom durch Computer generierten Bildern, an KI-geschaffenen »Kunstwerken«, teilweise mit verblüffendem, scheinbar intellektuellem Tiefgang.

Autonomisierte Kreation von Inhalten

In einem weiteren Schritt wurden dieses Prinzip und die Vorgehensweise auf andere Bereiche ausgedehnt. Die neuronalen Netzwerke lernten ebenso, Musik zu komponieren wie auch mehr oder minder eigenständig fiktionale Texte mit prosaischem Anspruch zu verfassen. Heute ist die autonomisierte Kreation von Inhalten ein intensiv bearbeitetes Gebiet in der KI-Forschung (vgl. Teil A 1.3.2), mit entsprechenden Implikationen auch für das Marketing (vgl. Teil B 2.1.2).

Für die Entwicklung von Computersystemen und Algorithmen markiert die Fähigkeit zur Kreativität auf dem Weg zur »menschlich« werdenden Maschine sicherlich einen Meilenstein. Ähnlich wie das Lernen – oder sogar noch stärker – verkörpert dies eine Kompetenz, die wir intensiv und zwangsläufig mit dem Vorhandensein von Intelligenz verbinden. Natürlich laufen menschliche Kreativitätsprozesse auch auf andere, vielschichtigere und tiefergreifende Weise ab. Dennoch dürfte unser Blick auf KI und unsere Beurteilung ihrer aktuellen und zukünftigen Leistungsfähigkeit durch diese Wahrnehmung wesentlich geprägt werden.

Gewissermaßen im Vorbeigehen zeigt das beschriebene Beispiel zur Arbeitsweise künstlicher neuronaler Netzwerke aber vielleicht auch ganz gut, dass Kreativität nicht zwingend etwas Eigenständiges ist, dass niemand von sich aus kreativ ist, sondern gibt einen Hinweis darauf, dass dies womöglich auch beim Menschen aus der Weiterentwicklung von bekanntem Wissen, also letztlich auf der Grundlage von zuvor Erlerntem fußt.

1.2 Angrenzende Felder, Überschneidungen und Grenzbereiche Künstlicher Intelligenz

1.2.1 *Big Data*

Daten sind die Grundlage für KI und gewissermaßen ihr Treibstoff, mit dem sie gefüttert werden. Die Funktionsweise von KI und insbesondere im Bereich des *Deep Learning* und der künstlichen neuronalen Netze (vgl. Teil A 1.3.2) ermöglicht es, auch große Datenmengen zu verarbeiten und daraus zu lernen.

Zum Begriff *Big Data*

Der Begriff *Big Data* beschreibt dabei allgemein den Umgang mit Massendaten und damit immer auch implizit die Möglichkeit, aus deren Verarbeitung entsprechende Erkenntnisse abzuleiten. Zur Kennzeichnung dieser Thematik wird oft auf die diversen Vs verwiesen, die sie prägen. In der einfachsten Form die 3 Vs: *Volume* (Datenumfang), *Variety* (Datenvielfalt), *Velocity* (Datengeschwindigkeit). Manchmal findet sich auch eine Ergänzung um ein viertes oder weitere Vs, insbesondere *Veracity* (Datenaussagekraft oder Datenwahrhaftigkeit) ist hierbei als mögliches zusätzliches Merkmal zu nennen.

Damit wird auf die Herausforderungen Bezug genommen, die durch die Ansammlung immer größerer Mengen von Daten (*Volume*) sowie durch die Herkunft dieser Daten aus unterschiedlichsten Quellen (beispielsweise GPS-Daten, Daten aus der Nutzung von digitalen Mobilgeräten wie Smartphones oder Tablets, Daten von Desktop-PCs, Daten aus dem Internet der Dinge, Buchungsdaten, Transaktionsdaten usw.) entstehen (*Variety*). Um Erkenntnisse aus dieser Masse an Daten abzuleiten, gilt es, diese schnell (*Velocity*) zu verarbeiten, meist innerhalb eines eng gesteckten Zeitrahmens, um sie in darauffolgenden Prozessen gewinnbringend nutzen zu können. Dabei sieht man sich oft mit dem Problem konfrontiert, dass die Daten dafür nicht in der adäquaten Form aufbereitet – also unstrukturiert oder ungenau – sind und es daher eines zusätzlichen Prozessschrittes bedarf, um diese Daten in eine Form zu bringen, die zunächst überhaupt logische Zusammenhänge systematisch erkennbar macht (*Veracity*).

Die Aufgabe von *Big Data* besteht nicht nur in der effizienten Verarbeitung von vielfältigen und umfangreichen Datensätzen, sondern meist auch in der nachgelagerten zielgerichteten Auswertung, insbesondere in der Mustererkennung (vgl. Teil A 1.1.2) und damit in der Vorbereitung von *Data Mining* (vgl. Teil A 1.2.2). Damit überschneidet sich der Themenkreis mit den Ansätzen zur KI, bei der die Identifizierung von Datenmustern und die Verarbeitung großer Datenmengen – zum Beispiel beim *Deep Learning* – ebenfalls eine maßgebliche Rolle spielen. Aus der Perspektive des heutigen Entwicklungsstandes könnte man *Big Data* als Vorstufe, grundlegenden Bestandteil oder auch als ein elementares Wesensmerkmal (als eines von mehreren) von KI beschreiben.

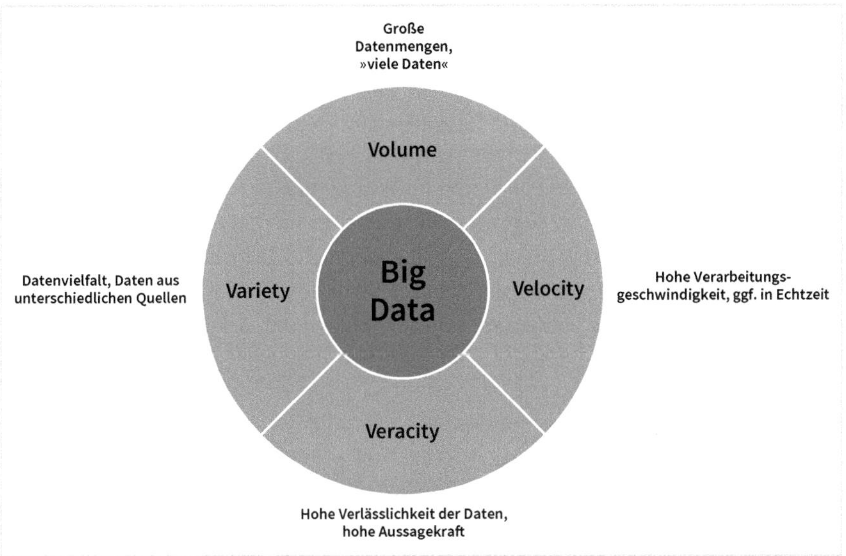

Abb. 3: *Big Data*: Die 4V – *Volume*, *Variety*, *Velocity*, *Veracity* (Quelle: Andreas Wagener, 2023, CC BY-SA 4.0)

Der Begriff *Big Data* unterscheidet sich in der akademischen Informatik etwas vom umgangssprachlichen Gebrauch oder dessen Verwendung in der wirtschaftlichen Praxis. Das zeigt sich unter anderem an der Definition der Schwelle, ab wann Datenmengen wirklich als groß (»*big*«) gelten. Im IT-Umfeld gilt diese Voraussetzung meist frühestens ab mehreren Hundert bis Tausend Terrabyte als erfüllt und laufend wird die Zahl nach oben korrigiert.[13] Im unternehmerischen und insbesondere im Marketingkontext fällt es jedoch oft schwer, derartige Mengen an Daten an einer Stelle zu erheben oder zu bündeln. Dennoch lassen sich auch aus diesen begrenzten Informationsumfängen Schlüsse ziehen, analog zu den *Big-Data*-Verfahren. Hierfür findet dann oft der alternative Begriff *Smart Data* Verwendung.[14]

13 Vgl. hierzu: Katrin Hofmann: »Ab wann kann man von Big Data sprechen?«, https://www.it-business.de/ab-wann-kann-man-von-big-data-sprechen-a-393405/

14 Zum Begriff: https://www.bmwi.de/Redaktion/DE/Artikel/Digitale-Welt/smart-data.html

1.2.2 *Data Mining*

Zum Begriff *Data Mining*

Data Mining umfasst im weitesten Sinne die Identifizierung von Erkenntnissen aus großen Datenbeständen (*Big Data*, vgl. Teil A 1.2.1), also die auf den Erfassungs- und Strukturierungsprozess folgenden Schritte der Identifikation und Analyse von verborgenen Zusammenhängen, Mustern und Trends in den Daten.

Oft wird in diesem Kontext auch von *Knowledge Discovery in Databases* (auch KDD, deutsch: »Wissensentdeckung in Datenbanken«) gesprochen, wobei KDD eigentlich neben der Identifikation von Gesetzmäßigkeiten und der Aufdeckung von Wirkungszusammenhängen auch den vorgelagerten Prozess der Datenvorbereitung inhaltlich miteinschließt. Als Begriff im Marketing und der ökonomischen Praxis hat sich jedoch *Data Mining* etabliert.[15] Gemeint ist damit meist die weitgehend automatisierte musterorientierte Analyse von Daten im Wege statistischer Verfahren und unter Verwendung entsprechender Algorithmen. Ziel ist es hierbei etwa, spezifische Kundengruppen, sowie deren Verhaltensauffälligkeiten und Gemeinsamkeiten zu identifizieren oder Gesetzmäßigkeiten aus Daten zu erkennen, die dann eine Interpolation, also gewissermaßen eine Voraussage von zukünftigen Entwicklungen zulassen (Zeitreihenanalyse).

Aufgaben und Spezialformen von *Data Mining*

Zu den Aufgaben von *Data Mining* gehören:

- die Clusteranalyse
- die Regressionsanalyse
- die Durchführung verschiedenster Formen der Klassifizierung von Daten
- die Assoziationsanalyse (vgl. Teil A 1.3.2 a)
- die Erkennung von Anomalien und Ausreißern

Mit diesen Aufgaben und Formen deckt sich *Data Mining* mit den wichtigen Kernbereichen und Instrumenten des maschinellen Lernens (vgl. Teil A 1.3.1). Auch in diesem Fall lässt sich der Begriff also nicht scharf vom Themenkreis der KI trennen, sondern verkörpert einen Teilaspekt davon, der aber auch in anderen Umfeldern relevant ist.

Verwandte Begrifflichkeiten sind *Text Mining*, *Opinion Mining* (vgl. Teil B 1.2) und *Web Mining*.

15 Vgl. zum Begriff: https://www.bigdata-insider.de/was-ist-data-mining-a-593421/

Text Mining

Text Mining beschreibt die Suche nach Mustern und Strukturen in Texten und Wortansammlungen. Anwendung findet dies etwa bei der Analyse von Schreibstilen und der Zuordnung von Texten zum Verfasser. Auch die strukturierte Auswertung eigentlich unstrukturiert vorliegender Daten beispielsweise aus qualitativen empirischen Erhebungen, wie etwa Experteninterviews, ist denkbar.

Opinion Mining

Opinion Mining, das manchmal auch etwas unscharf als *Sentiment Analysis* bezeichnet wird, versucht Texte nicht nur »wörtlich«, sondern auch auf ihre Bedeutung, Aussage und Wertung hin zu analysieren. Dies ist etwa beim Monitoring in den sozialen Medien relevant, wenn es gilt, nicht nur die relativ leicht zu erkennende Erwähnung eines Unternehmens, einer Marke oder eines Produktes zu erfassen, sondern auch die dabei zum Ausdruck gebrachte Einstellung oder Haltung – positiv oder negativ – diesem gegenüber.

Web Mining

Im Rahmen des *Web Minings* werden Informationen gesammelt und strukturiert, die beispielsweise Aussagen über ähnliche Inhalte auf unterschiedlichen Websites zulassen (*Web-Content-Mining*), die Verknüpfungsstrukturen, Verlinkungen, innerhalb einer Website und nach außen, mit anderen Internetauftritten, beschreiben und einordnen (*Web-Structure-Mining*) oder Muster bei deren Nutzung aufdecken (*Web-Usage-Mining*), etwa um Nutzerprofile für die zielgenaue Werbeansprache zu erstellen (vgl. Teil B 2.2.3).

Auch diese Spezialformen des *Data Minings* stellen heute schon, vor allem aber perspektivisch, typische Anwendungsfelder für KI dar. Die Unterscheidung, ob es sich dabei noch »bloß« um *Mining*-Verfahren oder doch »schon« um den Einsatz intelligenter Systeme handelt, verwischt häufig und ist nur schwer zu treffen.

1.2.3 *Predictive Analytics*

Unter *Predictive Analytics* wird in der Regel ein Teilbereich der *Business Intelligence*, dem Instrumentarium der Unternehmensanalyse verstanden. Dabei stehen Prognosen über zukünftige unternehmensrelevante Entwicklungen im Zentrum. Der Unterschied zum klassischen Forecasting im Controlling liegt in der statistischen Fundierung und der feineren Granularität der Aussagen, da für jedes betrachtete Teilelement einer Organisation ein Wahrscheinlichkeits-Score ermittelt werden kann. Methodisch fußt der Ansatz gewöhnlich auf der Mustererkennung (vgl. Teil A 1.1.2) in den bereitgestellten und verarbeiteten Datenmengen. In aller Regel kommen dabei auch

Data Mining und maschinelles Lernen zum Einsatz. Algorithmen steuern die Anwendung der aus den Daten gewonnenen Erkenntnisse.

Predictive Analytics im Marketing

Anwendungsfälle für *Predictive Analytics* finden sich auch im Marketing, beispielsweise bei der Einsteuerung von *Next-Best-Offer*-Kampagnen (vgl. Teil B 3.1.1), in deren Rahmen einem Kunden »optimale« Angebote – etwa per E-Mail oder durch *Re-Targeting* (vgl. Teil B 2.2.3) – auf Grundlage einer Analyse der individuellen Abschlusswahrscheinlichkeit unterbreitet werden. Auch in der Kundenbindung, im *Retention Marketing*, kommt der Ansatz zum Tragen (vgl. Teil B 3). Aus der Analyse der Kundenverhaltensweisen gilt es, Vertragskündigungen zu antizipieren und rechtzeitig Gegenmaßnahmen wie Rabattaktionen einzuleiten, um den Kunden zu halten (vgl. Teil B 4).

1.3 *Machine Learning, Deep Learning* und künstliche neuronale Netzwerke

1.3.1 Die Grundlagen des maschinellen Lernens

Wie schon erwähnt, dürfte das Lernen eine der wichtigsten Eigenschaften künstlich geschaffener Intelligenz sowie auch deren wichtigstes Wesensmerkmal sein. Die Zusammenhänge von maschinellem Lernen (englisch *Machine Learning*), von *Deep Learning* und künstlichen neuronalen Netzen sind vielschichtig. Auch hier wird ausgiebig über Begrifflichkeiten, deren Bedeutungen und Abgrenzungen diskutiert.

Machine Learning

Mit *Machine Learning* wird in der Regel die Fähigkeit eines Systems verbunden, automatisch zu lernen, ohne dabei fest auf die Ergebnisausgabe programmiert zu sein – also ohne hierzu auf ein menschlich vorgegebenes, statisches Regelwerk zurückzugreifen oder einzelne Elemente einfach auswendig zu lernen. Vielmehr geht es darum, Erkenntniszuwächse eigenständig aus der Identifizierung von Mustern zu erzielen (vgl. Teil A 1.1.2) und bestimmte Gesetzmäßigkeiten aus bereitgestellten Datensätzen abzuleiten. Damit wird das System in die Lage versetzt, auch Vorhersagen (vgl. Teil A 1.1.3) über bestimmte Muster zu treffen, indem auf Basis der erkannten logischen Zusammenhänge Algorithmen modelliert werden, die dann automatisiert typische Datenprofile ermitteln und/oder Anomalien in der Datenstruktur aufdecken.[16]

16 Ein kostenfreier Crashkurs zu *Machine Learning* wird von *Google* angeboten: https://developers.google.com/machine-learning/crash-course/

Unterschieden werden zunächst meist drei unterschiedliche Ansätze:

1. das **überwachte** bzw. **beaufsichtigte Lernen** (englisch *Supervised Learning*)
2. das **bestärkende Lernen** bzw. **verstärkende Lernen** (englisch *Reinforcement Learning*)
3. das **unüberwachte** bzw. **unbeaufsichtigte Lernen** (englisch *Unsupervised Learning*)

Bei diesen drei Ansätzen handelt es sich nicht nur um unterschiedliche Verfahren, sondern sie haben auch grundsätzlich unterschiedliche Ziele, wie die folgenden Ausführungen zeigen.

Überwachtes Lernen

Von »überwachtem Lernen« spricht man, wenn das Ergebnis – die Erkenntnis – bereits vorliegt und lediglich der Weg dorthin »trainiert« werden soll. Dies geschieht anhand von schon existierenden »Input-Output-Paaren«: Es liegen also ein Input-Signal und ein entsprechendes Output-Signal vor, beide haben einen kausalen Zusammenhang, d.h. das Input-Signal, eine bestimmte Ausgangslage, führt zwangsläufig zu einem bestimmten Output, also einem vorhersagbaren Ergebnis. Es geht somit darum, bekannte Gesetzmäßigkeiten nach- bzw. abzubilden, oft in Form von sogenannten Entscheidungsbäumen (»Wenn, dann ...«). Die Ergebnisse des Lernprozesses lassen sich mit den bekannten, »richtigen« Ergebnissen vergleichen, also überwachen. Ziel ist es, dem System die Fähigkeit anzutrainieren, Assoziationen herzustellen.

Grundsätzlich unterscheidet man zwischen Regressions- und Klassifikationsproblemen. Letztere beziehen sich auf die Einsortierung einer qualitativen Erkenntnis, wie dies etwa bei der Identifizierung von Spam-Mails Anwendung findet (vgl. Teil A 1.1.2). Der Begriff »Regression« bezieht sich hingegen auf quantitative Ergebnisse. Hier geht es also um die Bestimmung eines Zahlenwertes, etwa zur Prognose von Preisentwicklungen oder zur Festlegung bestimmter Eintrittswahrscheinlichkeiten – wie zum Beispiel der Voraussage von Kündigungszeitpunkten oder des *Customer Life Time Values* (des Kundenwertes, vgl. Teil B 1.2).

In gewisser Hinsicht eine Sonderform des überwachten Lernens stellt das *Reinforcement Learning* dar. Dieses unterscheidet sich vom herkömmlichen überwachten Lernen jedoch dadurch, dass keine vorgegebenen korrekten Input-Output-Paare Verwendung finden; die Systematik ist weniger starr. Das Training erfolgt eher situativ und dynamisch, auf der Grundlage von *Trial and Error.*

Ähnlich wie beim menschlichen Verstärkungslernen, wird das System dazu animiert, eigenständig eine Strategie zu entwickeln, um »Belohnungen« zu maximieren. Dazu wird ihm nicht explizit angegeben, welche Handlung in einer spezifischen Situation die beste ist, sondern zu bestimmten Zeitpunkten werden »Belohnungen« oder auch »Bestrafungen« erteilt, je nachdem, inwieweit der eingeschlagene Weg als richtig einzuschätzen ist. Daraus leitet es näherungsweise eine Nutzenfunktion ab, auf deren Grundlage versucht wird, die kausalen Zusammenhänge zu identifizieren.

Bestärkendes Lernen

Bestärkendes Lernen kommt auch insbesondere dann zum Einsatz, wenn ein Endergebnis noch gar nicht eindeutig bestimmbar ist, sich jedoch ein Trend hin zu Erfolg oder Misserfolg ausmachen lässt. Anwendung findet dieses Lernprinzip zum Beispiel beim autonomen Fahren, beim schon erwähnten SLAM-Verfahren (vgl. Teil A 1.1.7), aber auch *AlphaGo* (Zero) wurde laut *Google DeepMind* im Wege des *Reinforcement Learnings* trainiert. Insbesondere bei Spielen lässt sich diese Methodik gut anwenden, da hier Belohnungen – der Sieg gegen einen Gegner oder hohe Punktzahlen als anzustrebende Ziele – leicht zu definieren sind.

Imitationslernen

Als Weiterentwicklung überwachten und auch bestärkenden Lernens könnte man das Imitationslernen (*Imitation Learning*) betrachten. Dieser Ansatz orientiert sich an der Fähigkeit intelligenter Lebewesen, Tätigkeiten nachzuahmen. Ähnlich wie ein Kleinkind, das die erlebten Verhaltensweisen seiner Eltern kopiert, lernt ein KI-System aus der Beobachtung von Abläufen. Ziel ist es dabei, zu den selben Ergebnissen wie der Originalprozess zu gelangen. Es geht also nicht um eine bloße Kopie der Methodik, sondern eher um eine Adaption. Durch die Einbeziehung der beobachteten Vorgehens- und Verhaltensweisen lässt sich die Komplexität für das System reduzieren, da der Rahmen für die Entscheidungsfindung damit deutlich enger abgesteckt wird und nicht mehr sämtliche Optionen abzuprüfen sind. Dies kann beispielsweise bei Situationen hilfreich sein, in denen herkömmliches Training ansonsten nur durch den Rückgriff auf große Datenmengen möglich ist oder wenn die notwendigen Daten gar nicht vorhanden sind. Insofern eignet sich Imitationslernen insbesondere für das Erlernen komplexer Vorgänge, etwa die Nachbildung menschlicher Bewegungsabläufe.

Unüberwachtes Lernen

Beim *unüberwachten Lernen* liegen hingegen, im Gegensatz zum überwachten oder bestärkenden Lernen, keinerlei vorgegebenen Datenpaare oder zu erreichende Zielwerte vor, mögliche kausale Zusammenhänge sind zunächst unbekannt. Stattdessen geht es gerade darum, das Vorhandensein von Mustern und Strukturen in den Daten aufzudecken und Regeln daraus abzuleiten. Dafür werden gewöhnlich sehr große Datenmengen benötigt. Unüberwachtes Lernen spiegelt sich etwa auch in der Vorgehensweise beim *Data Mining* wider (vgl. Teil A 1.2.2).

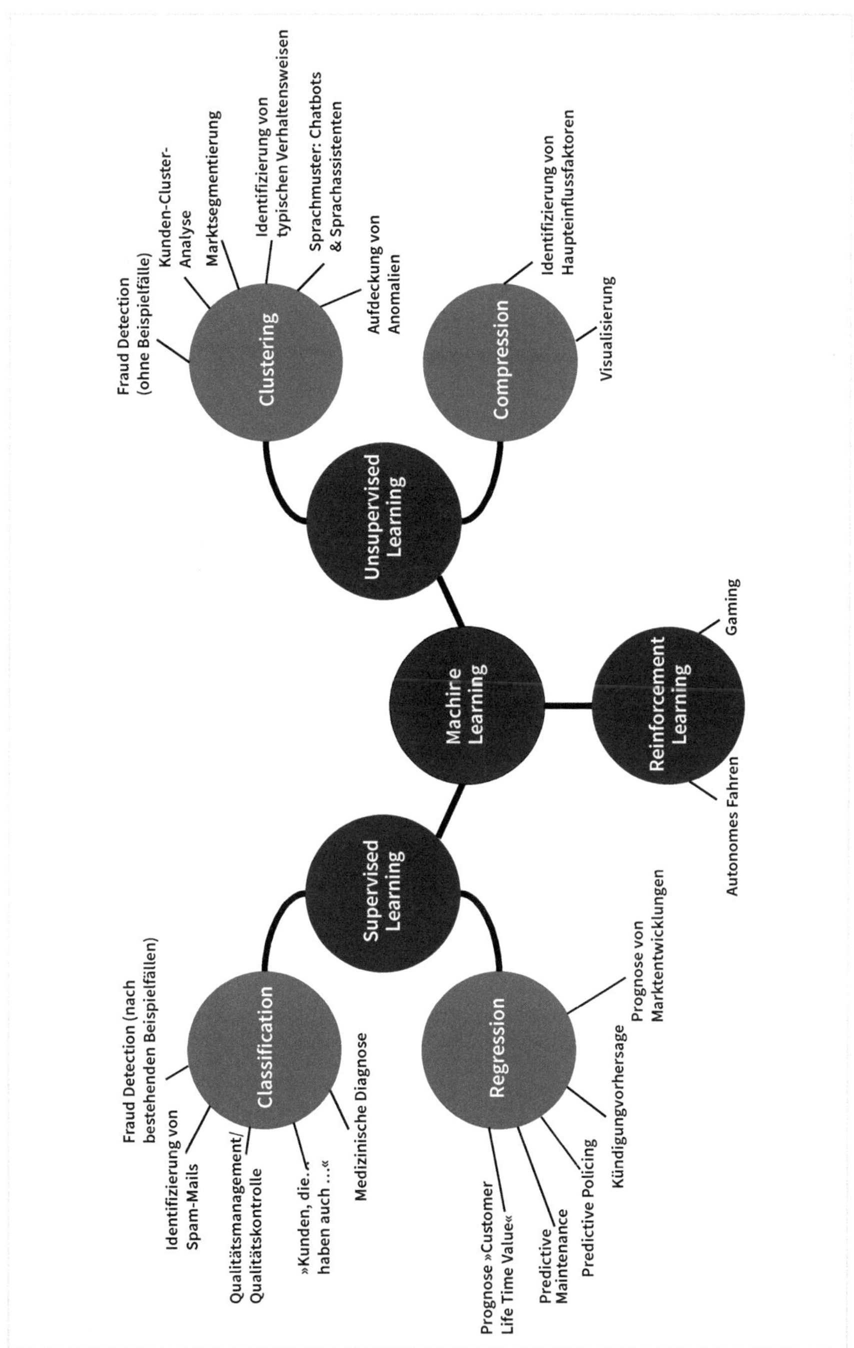

Abb. 4: Maschinelles Lernen und seine Anwendungen in der Praxis (Quelle: Andreas Wagener, 2023, CC BY-SA 4.0)

Typische Anwendungsfälle liegen einerseits in der Segmentierung bzw. im Clustering, andererseits in der Komprimierung bzw. Dimensionsreduktion.

Segmentierung von Daten

Segmentierung hat die Gruppierung der Daten nach Gemeinsamkeiten zur Aufgabe – wie man es von einer Marktsegmentierung oder klassischen Clusteranalyse kennt. Das System erstellt also eigenständig Kriterien zur Kategorisierung und sortiert die Daten entsprechend. Dies kommt beispielsweise bei der Aufdeckung von Anomalien, etwa auch in der frühzeitigen Krebserkennung durch die Analyse von computertomografischen Körperscans zum Einsatz. Im Bereich des Marketings ist hier die automatisierte Identifizierung spezifischer Kundengruppen zu nennen, für die dann in einem nächsten Schritt maßgeschneiderte Werbemittel erstellt oder zielgenaue Produktempfehlungen abgegeben werden können (vgl. *Targeting*, Teil B 2.2.3).

Komprimierung von Daten

Komprimierung hat das Ziel, eine Vielzahl von Eingabewerten in einer kompakteren Form darzustellen, ohne wesentliche Teilinformationen dabei zu verlieren, also die Datendimensionen zu reduzieren und sich auf die Hauptkomponenten von Zusammenhängen zu konzentrieren, ohne Einbußen in der Aussagekraft hinnehmen zu müssen. Abgesehen von der Möglichkeit, auf diese Weise Rechenoperationen einfacher und damit handhabbarer zu gestalten, eröffnet dies auch Ansätze wie die Haupteinflussfaktoren einer bestimmten Entwicklung zu identifizieren, etwa die Aufdeckung bestimmter, besonders wesentlicher und unter Umständen nicht offensichtlicher Motive für die Kündigung von Kunden.

1.3.2 Künstliche neuronale Netzwerke und *Deep Learning*

a) Grundlagen künstlicher neuronaler Netzwerke

Künstliche neuronale Netzwerke (englisch *Artificial Neuronal Networks* (ANN)) orientieren sich grundsätzlich an der Funktionsweise des menschlichen Gehirns. Ähnlich wie beim Säugetier sollen Verbindungen von einzelnen Neuronen zur Lösung von spezifischen Problemen eingesetzt werden. Gleichwohl haben diese, im Gegensatz zu natürlichen neuronalen Netzwerken, die ähnliche Verbindungen zwischen Nervenzellen im Gehirn und im Rückenmark aufweisen, bislang nicht die Komplexität der letzteren erreicht.

Wie Neuronen in einem biologischen Gehirn werden beim künstlichem neuronalen Netzwerk verschiedene *Nodes* (Knotenpunkte) miteinander vernetzt. Jede so entstandene Verbindung, ähnlich wie die natürlichen Synapsen, übermittelt Informationen zwischen den einzelnen Neuronen. Ein typisches künstliches neuronales Netzwerk besteht aus einer Vielzahl solcher *Nodes*, die Übermittlung und Bearbeitung von Informationen bedarf mit zunehmender Komplexität einer sehr hohen Rechenleistung. Das war mit ein Grund dafür, warum die Forschung auf diesem Gebiet lange Zeit stagnierte und erst in den letzten Jahren, eben auch mit der Entwicklung besonders leistungsfähiger Hardware, wieder deutlich an Fahrt aufnahm.

In der Informatik gilt ein Neuron gewöhnlich als Element, das aus verschiedenen »Inputs« und deren logischer Verknüpfung, meist auf Basis eines Schwellwertes, einen »Output« ausgibt. Wenn also die Summe der Inputwerte, mit denen das Neuron »gefüttert« wird, einen bestimmten Wert erreicht, dann führt dies auch zu einer bestimmten Ergebnisausgabe – zum Beispiel »wahr« oder »falsch«.

Das Perceptron von Frank Rosenblatt

Eine frühe Anwendung dieser Zusammenhänge stellte das 1957 vorgestellte, sogenannte *Perceptron* des Psychologen und KI-Forschers Frank Rosenblatt dar. Eigentlich als Software für die Bilderkennung programmiert, gilt dies heute als wegweisender Lernalgorithmus, der als die Grundlage für die Entwicklung von *künstlichen neuronalen Netzen* und von *Deep Learning* verstanden werden kann. Dieses *einlagige Perceptron* war bereits in der Lage, bestimmte Lerneffekte zu simulieren. Dazu wird die Relevanz der einzelnen Inputs, also der einzelnen Ausgangsdaten, durch eine Gewichtung beziffert. Der Output des Systems kann mit bereits existierenden Musterzusammenhängen verglichen werden – im Rahmen des überwachten Lernens. Je nach Treffergenauigkeit wird diese Gewichtung dann »iterativ«, durch »Ausprobieren«, durch das System selbst angepasst. Das heißt, auf Basis des menschlichen Feedbacks – zum Beispiel »korrekt« oder »nicht korrekt« – durchläuft das *Perceptron* den Prozess erneut, aber mit anderen, justierten Gewichtungen. Dieser Vorgang wird solange wiederholt, bis es nicht mehr zu fehlerhaften Einschätzungen kommt. Damit ist die Systematik geeignet, simple, logische Zusammenhänge zu erfassen und daraus Regeln abzuleiten, die auf ähnliche Fälle angewandt werden können. In diesem einfachen, eindimensionalen Modell gibt es nur eine Ebene oder »Schicht« von Neuronen, die zugleich den »Output« liefern. Neuronale Netzwerke bestehen aber beim Menschen oder auch in ihrer künstlichen Form gewöhnlich aus vielen verknüpften Ebenen von Neuronen – eben einem umspannenden Netz.

Derartige künstliche neuronale Netzwerke finden heute bei allen denkbaren maschinellen Lernverfahren – überwachtes Lernen, unüberwachtes Lernen und bestärkendes Lernen – Verwendung. Die einzelnen Neuronen werden dazu in verschiedene Ebenen, sogenannten *Layers* (deutsch »Schichten« oder »Lagen«) gruppiert. Signale werden vom ersten zum letzten *Layer* geschickt und dabei schrittweise verarbeitet. Oft bestehen zwischen den *Layern* nur eine Verbindung zur Vorgängerebene und eine zum nachfolgenden *Layer* (man spricht dann auch von einem *Feedforward*-Netz im Gegensatz zum »rekurrenten neuronalen Netz«). Unter anderem das unterscheidet in der Regel künstliche von menschlichen neuronalen Netzwerken, bei denen die Neuronen in vielfacher Weise miteinander verbunden sein können. Gleichwohl findet sich aktuell auch eine Reihe von Forschungsvorhaben, die genau an dieser Stelle ansetzen, um die Leistungsfähigkeit von künstlichen neuronalen Netzwerken zu erhöhen.

Im Prinzip lassen sich so drei Arten von Ebenen identifizieren, die hierarchisch die Informationen verarbeiten:

- Der ***Input Layer*** erhält als initiale Schnittstelle des neuronalen Netzwerkes die Daten,
- die dann vom darauffolgenden ***Hidden Layer*** verarbeitet werden. Hier findet das eigentliche »Lernen« bzw. die Anwendung des »erlernten« Wissens statt.
- Der ***Output Layer*** gibt das Endergebnis dieser Prozesse aus. Die Verbindungen zwischen zwei Neuronen werden wie beim einfachen Perceptron gewichtet, das heißt, dem übergebenden Wert wird je nach Relevanz ein Einflussfaktor mitgegeben, der den Anteil dieser Teil-Information am Ergebnis beziffert. Diese Gewichtungen verändern sich im Laufe des »Lernprozesses«, sie werden entsprechend des »Lernfortschrittes« angepasst. Ein Gewicht von »0« bedeutet, dass es keinerlei Verbindung zwischen zwei Neuronen gibt.

Beziehungen zwischen Neuronen – neuronale Plastizität

Entsprechend der Hebb'schen Lernregel (englisch: *Hebbian Learning Rule* auch *Hebbian Theory*) aus der (menschlichen) Neurowissenschaft werden auf diese Weise Beziehungen zwischen Neuronen aufgedeckt. Dieses Prinzip geht auf den Psychologen Donald Olding Hebb zurück, der bei der Untersuchung von Neuronen mit gemeinsamen Synapsen herausfand, dass, je öfter zwei Neuronen gleichzeitig aktiv sind, es umso wahrscheinlicher ist, dass diese aufeinander reagieren – oder, wie Hebb es in seinem Werk »The Organization of Behavior« formulierte: »What fires together, wires together« (zu Deutsch etwa: »Was gleichzeitig aktiv ist, verbindet sich«). Er lieferte damit die Grundlage für die sogenannte neuronale oder auch synaptische Plastizität.

Neuronale oder synaptische Plastizität

Unter der neuronalen oder auch synaptischen Plastizität wird die Eigenschaft von Synapsen und Neuronen beschrieben, sich zur Optimierung von laufenden Prozessen anatomisch und auch in ihrer Funktion zu verändern. Heute gehen wir davon aus, dass sich das menschliche Gehirn auch im Erwachsenenalter immer noch – eben auch plastisch – verändert.

Bei den künstlichen neuronalen Netzwerken spiegelt sich diese Veränderung in der dynamisch angepassten Gewichtung der Neuronen in den *Hidden Layern* und der Modifizierung der Verknüpfung zwischen diesen wider. Im Rahmen eines Lernprozesses werden die Gewichtungen und damit die Stärken der Verbindungen nach und nach, etwa durch *Trial and Error*, justiert.

Je mehr *(Hidden) Layers* in einem neuronalen Netzwerk verwendet werden, desto tiefer (englisch *deep*) kann der Lernvorgang bezeichnet werden. Daher spricht man in diesem Kontext auch von *Deep Learning*.[17] *Deep Learning* kann als spezifische Metho-

17 Zum Begriff und seiner Entstehung: Nicola Jones: »Wie Maschinen lernen lernen«, vgl. https://www.spektrum.de/news/maschinenlernen-deep-learning-macht-kuenstliche-intelligenz-praxistauglich/1220451

de des maschinellen Lernens verstanden werden, die in aller Regel auf der Verwendung von künstlichen neuronalen Netzwerken beruht und dabei auf eine Vielzahl von maschinellen Lernalgorithmen zurückgreift. Diese zeichnet sich dadurch aus, dass sie eine lange Kette kausaler Verbindungen (von *Node* zu *Node*) – vom *Input-Layer* zum *Output-Layer* – abbilden kann. Daher wird in diesem Kontext teilweise auch der Begriff *Deep Neural Networks* benutzt.

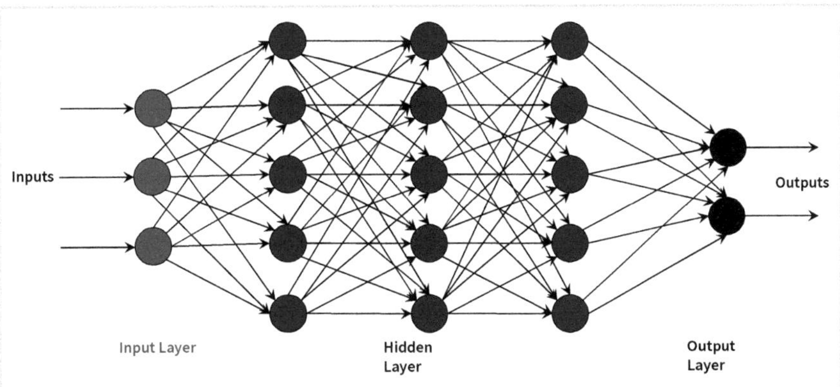

Abb. 5: Künstliches neuronales Netzwerk: *Input Layer, Hidden Layer, Output Layer*

Convolutional Neural Networks

Deep Learning greift oft auf *Convolutional Neural Networks* (CNN oder ConvNet) zurück, insbesondere bei der Bilderkennung und der Verarbeitung von Audio- und Videodaten. Auch beim Training von *Google DeepMinds AlphaGo* (vgl. Teil A 1.1.8) fand diese besondere Form von künstlichen neuralen Netzwerken Verwendung, um die jeweiligen Spielsituationen zu erfassen und zu analysieren.[18]

Convolutional Neural Networks »falten« (*convolution* bedeutet »Faltung«) Informationen in sogenannte »Filter« auf. Ein ConvNet ist somit in der Lage, Inputs in Form einer Matrix und mehrdimensional zu verarbeiten, bei Bildern zum Beispiel in der Informationskombination aus Höhe, Breite und Farbkanälen. Ein normales neuronales Netzwerk stellt dies hingegen als einfachen Vektor, als lange Zeichenkette, dar. Dadurch sind diese jedoch nicht in der Lage, Objekte in einem Bild unabhängig von deren Position im Bild zu erkennen, denn das gleiche Objekt an einer anderen Stelle hätte auch einen anderen Vektor.[19]

18 Vgl. Jonathan Hui: »AlphaGo: How it works technically?«, https://medium.com/@jonathan_hui/alphago-how-it-works-technically-26ddcc085319 und Surag Nair: »A Simple Alpha(Go) Zero Tutorial«, https://web.stanford.edu/~surag/posts/alphazero.html

19 Vgl. hierzu Stephen Barter: »Convolutional Neural Net in Tensorflow«, https://blog.goodaudience.com/convolutional-neural-net-in-tensorflow-e15e43129d7d

Auch ein *Convolutional Neural Network* umfasst mehrere Schichten. Am Anfang steht zunächst der *Convolutional Layer*, der die Filter beinhaltet. Diese »scannen« einen Input, wie ein Bild, »pixelweise«, um eine Input-Matrix zu erstellen. Die Filter sind nicht handgemacht, sondern »lernen« und verfeinern sich automatisiert allein durch das »Betrachten« der Daten. Der *Convolutional Layer* erzeugt im Prinzip verschiedene »Karten« (englisch *maps, mapping*). Das sind in Einzelteile zerlegte Versionen eines Bildes, die jeweils bei einem anderen Filtermerkmal einen Schwerpunkt setzen. Diese Karten zeigen an, wo die Neuronen des Netzwerkes Hinweise auf ein Element »wahrnehmen«. Bei der Bilderkennung wird dabei meist schrittweise vorgegangen: In einer ersten Ebene werden einfache Strukturen wie Linien, Kanten, Farbsegmente identifiziert, in einer darauffolgenden zweiten findet eine Kombination dieser Elemente zu komplexeren Formationen wie Kurven oder einfachen Formen statt. Dieser Vorgang kann weiter andauern, bis schließlich eine Ebene erreicht wird, in der die Neuronen klassifizierende Merkmale – wie zum Beispiel menschliche Augen oder charakterisierende Eigenschaften eines Apfels oder einer Birne – identifizieren und auseinanderhalten können.

Auf den *Convolutional Layer* folgt ein *Pooling Layer*, der die Ergebnisse der Vorebene zusammenfasst und dabei jeweils nur das stärkste Signal weitergibt. Dieser Pool soll bei den Signalen gewissermaßen die Spreu vom Weizen trennen, also nur die relevantesten an die nächste Schicht weitergeben, um eine einfachere, abstraktere Inhaltserfassung zu ermöglichen und auch um die Informationen mit der nächsten Ebene kompatibel zu machen. Der *Fully Connected* oder auch *Dense Layer*, über den der Output erfolgt, ist nämlich schließlich wieder ein »normales« neuronales Netzwerk. Die Matrix-Struktur der vorangegangen Ebene wird dazu »geplättet« (englisch: *flattened*), um die Informationen in einfacher Vektorform darzustellen.[20]

Auf diese Weise lassen sich mit *Convolutional Neural Networks* Lösungen für Probleme finden, welche sich zuvor für Computersysteme und Maschinen als sehr komplex erwiesen haben, die durch den Menschen aber intuitiv oder unterbewusst angegangen werden. Sie sind vor allem für die Beantwortung von Fragestellungen bei der räumlichen Orientierung, etwa im Bereich der schon erwähnten autonomen Steuerung von Systemen oder eben für die Identifizierung von Bildinhalten sowie zur Spracherkennung und -analyse geeignet. Damit decken *Convolutional Neural Networks* einen Bereich ab, der als merkmalsprägend für das Vorhandensein von Intelligenz überhaupt aufgefasst wird und der lange Zeit eine scharfe Grenze zwischen künstlich reproduzierter und natürlicher Intelligenz markiert hatte.

---

20 Vgl. hierzu Roland Becker: »Convolutional Neural Networks. Aufbau Funktion und Anwendungsgebiete«, https://jaai.de/convolutional-neural-networks-cnn-aufbau-funktion-und-anwendungsgebiete-1691/

Erstellung künstlicher fotorealistischer Bilder

In jüngerer Zeit rückten zudem sogenannte *Generative Adversarial Networks* (GAN) zunehmend in den Fokus, die insbesondere bei der Erstellung künstlicher fotorealistischer Bilder zum Einsatz kommen. Der Begriff *adversarial*, zu Deutsch »kontradiktorisch« oder »gegensätzlich«, bezieht sich auf die dabei zur Anwendung kommende Gegenüberstellung zweier miteinander interagierender Netzwerke. Das eine, der Generator, erzeugt Elemente, die vom zweiten, dem Diskriminator, bewertet werden. Das Generatornetzwerk erhält als Input ein zufälliges Signal und erzeugt daraus ein Bild. Das Diskriminatornetzwerk muss aus dem Vergleich mit »echten« Bildern entscheiden, ob es sich bei dem vom Generator übergebenen Bild um einen Teil dieser Gruppe oder um ein künstlich erzeugtes handelt. Das »Trainingsziel« des generativen Netzwerkes besteht darin, die Fehlerrate des diskriminierenden Netzwerkes dabei sukzessive zu erhöhen, es also zu täuschen, so dass Letzteres die synthetischen Bilder als »echt« einstuft. Da beide Netzwerke ihre Fähigkeiten im Laufe des Prozesses erhöhen – also auch der Diskriminator immer strengere Maßstäbe für die Einstufung eines Bildes als »echt« anlegt –, verbessert sich damit auch automatisch die fotorealistische Qualität der erzeugten Bilder. Die Netzwerke trainieren sich auf diese Weise gegenseitig.[21]

Auch *Meta* (vormals *Facebook*) ist intensiv auf diesem Gebiet aktiv und zeigte unter anderem Anwendungsmöglichkeiten des Ansatzes in der Bildoptimierung auf. So konnten Personen, die auf einem Profilfoto die Augen geschlossen hatten, auf synthetische Weise offene Augen oder auch ein Lächeln ins Gesicht »generiert« werden. Anschließend durchgeführte Tests belegten, dass die technische Fälschung der Fotos von den menschlichen Probanden nicht zu erkennen war.[22]

Wer die Leistungsfähigkeit dieser Technik selbst erproben möchte, kann dies auf der Website whichfaceisreal.com tun. Dort werden dem Besucher Fotopaare von menschlichen Gesichtern gezeigt, eines davon zeigt einen »echten« Menschen, das andere ist ein künstlich erzeugtes Bild. Der Betrachter muss nun versuchen zu erraten, welches von beiden tatsächlich einen natürlichen Ursprung hat.

21 Vgl. Ian Goodfellow et al.: »Generative Adversarial Networks«, https://arxiv.org/abs/1406.2661

22 Vgl. Soumith Chintala / Yann LeCun: »A path to unsupervised learning through adversarial networks«, https://code.fb.com/ml-applications/a-path-to-Unsupervised-learning-through-adversarial-networks; Devin Coldewey: »Facebook's new AI research is a real eye-opener«, https://techcrunch.com/2018/06/16/facebooks-new-ai-research-is-a-real-eye-opener/

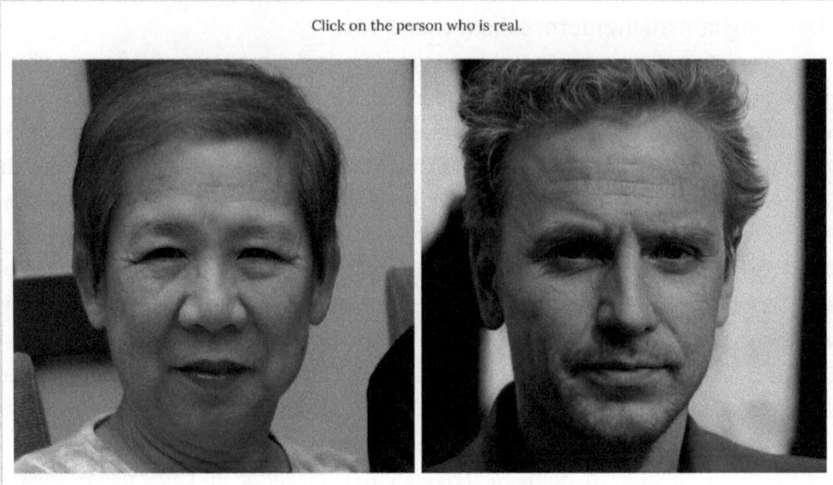

Abb. 6: Erstellung künstlicher Gesichter (Quelle: Whichfaceisreal.com)
Auflösung: Das linke Bild ist das »echte«, das rechte wurde von einer KI generiert.

Für Aufsehen sorgten aber auch Programme, die, mittels maschinellen Lernens, Bilder allein aus Textanweisungen erstellen können. Die von *OpenAI* entwickelte Plattform Dall-E[23] generiert aus einer Beschreibung des Nutzers ein entsprechendes Bild. Dabei kann es sich sowohl um fotorealistische Darstellungen als auch um abstrakte Gemälde in bestimmten Kunststilen handeln. Dazu wurde das dahinterliegende Modell mit Millionen von im Internet verfügbaren Bildern trainiert. Die Textschnittstelle basiert auf dem ebenfalls von *OpenAI* entwickelten *Generative Pre-trained Transformer 3* (*GPT-3*), einem Textgenerator, der in der Lage ist, sowohl beschreibende als auch kreative Texte und Textzusammenfassungen zu verfassen (vgl. Teil B 2.1.2).

Abb. 7: Die Textaufforderung an *Dall-E*, »ein barockes Ölgemälde einer Frau mit VR-Brille und Mobiltelefon« zu erstellen – und deren Ergebnis (Quelle: https://labs.openai.com/e/c4Akkg5TiF4ctOOprJ6nmUZH)

23 Vgl. https://openai.com/dall-e-2/

Interessant und bisher nicht abschließend geklärt ist in diesem Zusammenhang die Frage nach dem Urheberrecht. Schließlich handelt es sich ja bei diesen Bildern nicht um gänzlich eigenständige »Neukreationen«. Stattdessen beruhen diese auf komplexen Neukombinationen und Verfremdungen, die zwar am Ende eines äußerst vielschichtigen Prozesses stehen, aber eben doch dabei auf bereits bestehende Werke zurückgreifen. Allerdings ist das ein Vorwurf – so ließe sich ebenfalls argumentieren –, den man genauso gegenüber vielen großen (menschlichen) Künstlern erheben könnte. Schließlich hat auch ein Picasso im Laufe seiner Schaffensphasen zahlreiche Stile kopiert und sich kreativ andernorts bedient. Laufen derartige Prozesse zur Entstehung von Kreativität tatsächlich so viel anders ab?

Das KI-Portrait von »Edmond de Belamy«

Eine erhöhte Aufmerksamkeit erzielte dieses Verfahren, als die Künstlergruppe *Obvious* damit Portraits der erfundenen Familie »de Belamy« schuf. Ein Generatornetzwerk erzeugte handgemalt erscheinende Bilder, denen der verwendete Diskriminator im Vergleich mit anderen, tatsächlich menschlich geschaffenen Kunstwerken trotz der tatsächlichen synthetischen Erstellungsmethode gerade noch einen künstlerischen Ursprung zusprach. Das Portrait von »Edmond de Belamy« wurde 2018 beim Auktionshaus *Christie's* in New York versteigert und erzielte einen Preis von über 432.000 US-Dollar.[24]

b) Maschinelle Lernverfahren in künstlichen neuronalen Netzwerken

Beim überwachten Lernen übergibt man dem neuronalen Netzwerk einen bestehenden Musterzusammenhang, um das Ergebnis mit den Ausgangsmustern vergleichen zu können. Aus dem wiederholten Abgleich von Soll- und Ist-Ausgabe wird auf die Anpassung der Regularien in den *Hidden Layern* geschlossen.

Zur Verdeutlichung soll folgendes Beispiel aus der Bilderkennung herangezogen werden: Nehmen wir an, wir verfügen über eine große Anzahl Fotos, die entweder Äpfel oder Birnen zeigen. Diese wurden von Menschenhand »gelabelt«, also als Apfel oder Birne identifiziert und entsprechend etikettiert. Diese Information werden nun in ein künstliches neuronales Netzwerk eingespeist, das die Bilder zunächst in wahrgenommene grundlegende Komponenten zerlegt (Formen, Kantenverläufe, Kurven, Farben etc.). Das Netzwerk prüft dann Verbindungen zwischen verschiedenen Elementen auf verschiedenen Bildern. Die erhobenen, extrahierten Informationen breiten sich über das Netz aus. Dabei werden diese Grundkomponenten kombiniert, um abstraktere Konstrukte zu bilden – zum Beispiel wiederum bestehend aus Formen, Verläufen, Farben etc. –, die, wenn sie weiter verdichtet werden, die Form einer Birne oder eines Ap-

24 Hier finden Sie einen Bericht zur Auktion und weiterführende Informationen: James Vincent: »Christie's sells its first AI portrait for $432,500, beating estimates of $10,000«, https://www.theverge.com/2018/10/25/18023266/ai-art-portrait-christies-obvious-sold; http://obvious-art.com/; https://www.christies.com/features/A-collaboration-between-two-artists-one-human-one-a-machine-9332-1.aspx

fel zu haben scheinen. Am Ende dieses Prozesses versucht das System, Vorhersagen darüber zu treffen, was das jeweilige Bild zeigt. Diese Prognosen werden ständig optimiert. Die Fehlerabweichung des Outputs von der Realität kann durch eine Funktion beschrieben werden (Englisch: *cost function* oder *loss function*). Eine Abweichung von »0« bedeutet, dass das Ergebnis korrekt ist, also dem Trainingsdatensatz und damit in der Regel auch der menschlichen Wahrnehmung entspricht.

Während am Anfang ein reiner Zufallsoutput erfolgt, lernt das System nach und nach dazu: Zeigte das Eingangsfoto eine Birne, wurde aber »Apfel« prognostiziert, so müssen die Regelfunktionen entsprechend angepasst werden – im Rahmen eines automatisierten, schrittweisen, sich ständig wiederholenden Prozesses. Dieser erfolgt oft im Wege der sogenannten *Backpropagation* (was im Deutschen gewissermaßen mit »Zurückverbreitung« übersetzt werden kann), wonach der Fehler im System durch das Netzwerk idealerweise bis zur Fehlerquelle zurückgeführt wird. Dabei gilt es, für jedes Neuron individuell den Anteil zu bestimmen, den dieses am »gesamten« Fehler hatte. Die Gewichtung jedes einzelnen entsprechenden Inputs wird dann ein kleines Stück in die jeweilige Richtung angepasst, die dem Fehler entgegenwirkt. Dieser Vorgang wiederholt sich immer und immer wieder, bis die Prognosen eine maximale Genauigkeit erreichen und sich offensichtlich nicht mehr verbessern lassen.

Beim *verstärkenden Lernen* oder *Reinforcement Learning* stehen dem künstlichen neuronalen Netzwerk weniger Informationen zur Verfügung als beim überwachten Lernen. Das Netzwerk erhält lediglich Auskunft darüber, ob das Ergebnis richtig oder falsch klassifiziert wurde. Die Leistung, das richtige, passende Ausgabemuster zu finden, muss es selbst erbringen. Dies wird, wie schon erwähnt, über Belohnungen oder Bestrafungen geregelt, was etwa auch durch den »Sieg« oder die »Niederlage« des Systems bei einem Spiel oder durch die Erreichung oder Nicht-Erreichung einer bestimmten Punktzahl dargestellt werden kann. Eine Bestrafung führt zu einem Überdenken und einer Justierung der gewählten Strategie, eine Belohnung zu einer Bestärkung in der Vorgehensweise beziehungsweise zu einer Verfestigung des eingeschlagenen Weges.

Künstliche neuronale Netzwerke lernen über »Erfahrungen«

Man könnte damit sagen, dass neuronale Netzwerke beim verstärkenden Lernen über gemachte Erfahrungen und nicht über Vorgaben lernen. Aufbau und Wirkungsweise der neuronalen Netzwerke beim verstärkenden Lernen ähneln dabei jedoch wieder jenen des überwachten Lernens, eben nur mit dem Unterschied, dass kein bekannter Musterzusammenhang zu Beginn übergeben, sondern stattdessen der Erfolg einer Verfahrensweise bewertet wird. Entscheidend ist dabei, dass das System nicht nur kurzfristige Erfolge erkennt und danach handelt, sondern das Gesamtziel, im Auge behält – also beispielsweise im Schach nicht nur den umgehenden Erfolg, eine gegnerische Figur schlagen zu können, sondern den anvisierten zukünftigen Erfolg, den

Gegner matt zu setzen, anstrebt. Dazu wird in der Regel eine entsprechende Funktion erstellt, die auch die erwarteten zukünftigen Belohnungen berücksichtigt, genauer gesagt »diskontiert«. Diese Funktion (teilweise »Q-Funktion« genannt) dient dann der Voraussagung von Handlungsvarianten und der Berechnung der optimalen Verhaltensweise des künstlichen neuronalen Netzwerkes.

Verstärkendes Lernen auf dem Gebiet der Verkehrssimulation

Ein anderes Beispiel für verstärkendes Lernen eines künstlichen neuronalen Netzwerkes findet sich in der Verkehrssimulation. Um ideale Lösungen in der Verkehrsorganisation zu finden, wird dem Netzwerk beispielsweise ein bestimmtes Ziel vorgegeben – etwa in einer virtuell erstellen Umgebung, angereichert mit einer Vielzahl von Hindernissen, von A nach B zu gelangen. Je schneller dieses Ziel erreicht wird, umso mehr Erfolgspunkte werden dem System gutgeschrieben. Indem das künstliche neuronale Netzwerk unzählige Varianten dabei durchspielt, entdeckt es auf diese Weise Ergebnisse – erfolgreiche Verkehrsstrategien –, die menschlichen Planern aufgrund der hohen Komplexität womöglich nicht in den Sinn gekommen wären.[25]

Beim *unüberwachten Lernen* werden ebenfalls nicht wie beim überwachten Lernen vorab etikettierte Datensets verwendet. Es bestehen gewöhnlich nur Inputs, dazugehörige Output-Muster liegen zu Beginn nicht vor. Mit der Einspeisung von Daten ändert sich das neuronale Netz unabhängig und eigenständig. In der Regel hat dies zum Ziel, dass die KI autonom logische Einordnungen vornimmt beziehungsweise Zusammenhänge oder Cluster erkennt (vgl. Teil A 1.3.1). Da es also keine Vergleichsgrößen gibt, ist es oft schwierig zu beurteilen, ob das System mit seinen Outputs richtig liegt, ob es also tatsächlich einen sinnvollen Zusammenhang erlernt hat. Nicht selten wird unüberwachtes Lernen einem überwachten Ansatz vorausgeschickt, um Daten entsprechend zu präparieren und zu lernende Muster überhaupt erst einmal zu identifizieren.

Dabei kommen oft typische Instrumente des *Data Mining* (vgl. Teil A 1.2.2) zum Einsatz, insbesondere die Clusteranalyse sowie die Assoziationsanalyse.

Clusteranalyse

Im Rahmen der Clusteranalyse findet vor allem die Gruppe der *k-means*-Algorithmen Verwendung: Die verschiedenen Varianten des *k-means*-Algorithmus – *means* steht hier für die englische Bezeichnung von »Mittel« – versuchen für eine bestimmte Anzahl (nämlich die zuvor per Hand festgelegte Menge »k« von Datengruppen) jeweils ein Zentrum zu finden – sogenannte *centroids*. Diese ergeben sich im Prinzip durch die wiederholte Berechnung eines Durchschnitts relevanter Datenpunkte. In einem

25 Vgl. Christian J. Meier: »Testfahrt durch den Datendschungel«, https://www.heise.de/tr/artikel/Testfahrt-durch-den-Datendschungel-4093900.html

nächsten Schritt werden die einzelnen Datenpunkte mit den jeweiligen *centroids* verknüpft. Dabei erfolgt eine Gruppierung nach der Distanz – also der (geringsten) Abweichung vom Mittel – eines Datenpunktes zu diesen ermittelten Schwerpunkten. Maßgebend für das Clustering der Daten in ähnliche Gruppen ist also die Abstandsmessung zwischen den Datenpunkten und den *centroids*. Dabei gilt: Je geringer der Abstand, desto ähnlicher sind die Merkmale.[26]

Assoziationsanalyse

Die Assoziationsanalyse – manchmal in diesem Kontext auch als *Frequent Pattern Mining* bezeichnet – wird im Rahmen des unüberwachten Lernens oft vom *Apriori-* oder dem *FPGrowth*-Algorithmus (*Frequent Pattern Growth*-Algorithmus) geprägt. Dabei geht es um das Auffinden von häufigen Mengen und, in einem darauffolgenden Schritt, um die daraus abgeleitete Bestimmung von Assoziationsregeln, etwa in Form von Wenn-dann-Verknüpfungen. Im Rahmen des unüberwachten Lernens stellt die KI selbstständig Zusammenhänge zwischen Input-Daten und existierenden, aber womöglich als kausal zunächst nicht offensichtlichen Outputs her. So lässt sich beispielsweise die Frage analysieren, welche Art von Kunden – basierend etwa auf Merkmalen wie Alter, Geschlecht, Branche, Wohnort, Einkaufhistorie – tendenziell welche Produkte kaufen.

1.3.3 Evolutionäre Algorithmen: Die nächste Entwicklungsstufe?

Im Kontext von *Deep Learning* und künstlichen neuronalen Netzwerken wird zunehmend auch das sogenannte *Evolutionary Computing*, die »Neuroevolution« und die Verwendung »genetischer« oder »evolutionärer Algorithmen« (englisch: *Evolutionary Algorithms*) diskutiert.[27] Dieser Themenkreis bezieht sich auf einen eigentlich schon älteren Ansatz in der KI-Forschung, der versucht, aus dem natürlichen Prinzip der Evolution Ableitungen für die Lösung von Computerproblemen zu finden.

---

26 Vgl. Miroslav Stimac: »Machine Learning anhand von drei Algorithmen erklärt«, https://www.golem.de/news/random-forest-k-means-genetik-machine-learning-anhand-von-drei-algorithmen-erklaert-1810-136755-2.html; Prasad Patil: »K Means Clustering: Identifying F.R.I.E.N.D.S in the World of Strangers«, https://towardsdatascience.com/k-means-clustering-identifying-f-r-i-e-n-d-s-in-the-world-of-strangers-695537505d

27 Vgl. Dennis Wilson et al. (2018): »Evolving simple programs for playing Atari games«, https://arxiv.org/abs/1806.05695; Babak Hodjak: »Evolutionary algorithms are the living, breathing AI of the future. https://www.technologyreview.com/s/611568/evolutionary-algorithm-outperforms-deep-learning-machines-at-video-games/; https://venturebeat.com/2018/02/13/evolutionary-algorithms-are-the-living-breathing-ai-of-the-future/; Kenneth Stanley / Jeff Clune: »Welcoming the Era of Deep Neuroevolution«, https://eng.uber.com/deep-neuroevolution/

Von der biologischen Evolution zum *Evolutionary Computing*

In der biologischen Evolution werden die Gene von Organismen ständig natürlichen Mutationen unterzogen, was in der Folge zu genetischer Vielfalt führt. Aus einer aufgrund von Fortpflanzung entstandenen Erbengeneration nehmen diese Mutationen auf und kombinieren deren Erbgut womöglich. Im Abgleich mit herrschenden Umweltbedingungen entsteht ein Anpassungsdruck, der zur (natürlichen) Selektion – beziehungsweise zur Eliminierung – führt, so wie es in Charles Darwins Postulat des *Survival of the Fittest* zum Ausdruck kommt.

In einer vereinfachten Art und Weise übernimmt das *Evolutionary Computing* in der Informatik dieses Prinzip und wendet es meist auf die Lösung von Optimierungsproblemen an. Als Vorteil wird dabei gesehen, dass es damit zwar möglich ist, eine Vielzahl unterschiedlicher Fragestellungen zu verfolgen, gleichwohl lediglich eine vergleichsweise geringe Menge spezifischen Problemlösungswissens dazu vonnöten ist. Stattdessen muss nur eine Fitness-Funktion aufgestellt werden, die auf die möglichen Lösungskandidaten bezogen werden kann und die es dabei gilt, zu optimieren. Aus der Fitness-Funktion lässt sich die Güte oder Passgenauigkeit eines Lösungskandidaten ableiten. Sie beurteilt diesen also daraufhin, wie gut er zur Lösung des Optimierungsproblems geeignet erscheint.

Evolutionäre Algorithmen in künstlichen neuronalen Netzwerken

Als Alternative zur bereits skizzierten *Backpropagation* finden Evolutionäre Algorithmen auch innerhalb künstlicher neuronaler Netzwerke Verwendung. Der Unterschied der beiden Verfahrensweisen liegt darin, dass bei *Backpropagation* ein Gradientenverfahren (englisch *gradient descent*) Anwendung findet, wobei die Ergebnisse stetig verbessert werden, indem die Lösung gewissermaßen durch einen Zick-Zack-Kurs schrittweise immer enger eingekreist wird – also die Gewichtungen der Inputs nach und nach entsprechend der Fehleranalyse und Ursachenforschung justiert werden (vgl. Teil A 1.3.2 b).

Im Gegensatz dazu agieren evolutionäre Algorithmen deutlich zufälliger bei der Änderung der Gewichtungsparameter, was ihnen oft den Vorwurf der Ineffizienz einbrachte. Die Parallelität der Aktionen ermöglicht jedoch auch eine breiter ausgelegte und weniger starre Anwendung. Dazu wird zunächst, weitgehend per Zufall, ein »Genom« festgelegt, das dann, abhängig davon, wie gut es sich einpasst – also: wie gut es ein spezifisches Problem löst – mit anderen »Phänotypen« und »Mutationen« »reproduziert« wird. Dies geschieht nicht nur mit einem Genom, sondern mit vielen Varianten gleichzeitig. Diese lassen sich miteinander kombinieren, also gewissermaßen veredeln. Anders als bei der *Backpropagation* werden schlechte Bestandteile nicht an ihrer »Wurzel bekämpft«, sie »mendeln« einfach aus, das heißt: Ähnlich der biologischen Evolution findet eine Selektion lediglich nach der Passgenauigkeit, dem Ergebnis des Mutationsprozesses, statt.

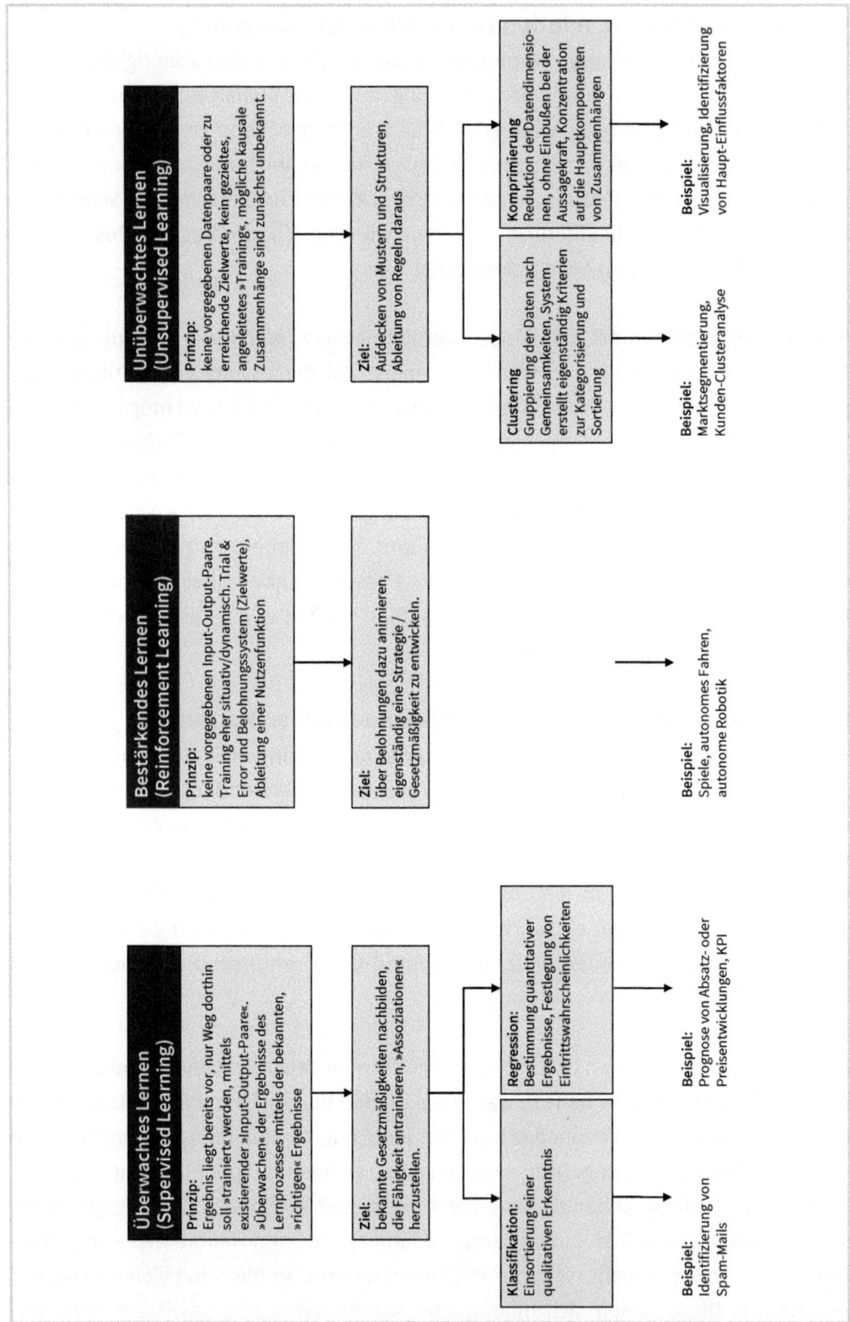

Abb. 8: Maschinelles Lernen – ein Überblick (Quelle: Andreas Wagener, 2023, CC BY-SA 4.0)

Während *Backpropagation* oft nur mit dem überwachten Lernen in Verbindung gebracht wird, können evolutionäre Algorithmen auch im Rahmen des unüberwachten Lernens, bei der Mustererkennung, und vor allem des *Reinforcement Learnings* Anwendung finden. Schließlich geht es ja auch in der Evolution darum, neue, noch nicht bekannte oder existierende Lösungen zu finden oder durch die Belohnung der Selektion einen Anreiz für Passgenauigkeit zu identifizieren.

Derzeit ist noch umstritten, welche Rolle diese evolutionären Ansätze bei der weiteren Entwicklung von KI spielen werden, ob sie insbesondere auch ein Gegenentwurf oder eher eine Ergänzung zu *Deep Learning* und der aktuellen Funktionsweise von künstlichen neuronalen Netzwerken oder möglicherweise eine neue Entwicklungsstufe darstellen. Für manche verkörpern sie sogar einen wichtigen Meilenstein zu einer künstlichen Reproduktion »echter« menschlicher Intelligenz, die sich auch verändernden Umweltbedingungen flexibel anpassen kann.

2 Künstliche Intelligenz im Marketing

2.1 Zum Begriff des Marketings

Auch wenn in der ökonomischen Praxis der Begriff des Marketings nicht selten eine Gleichsetzung mit dem der Werbung erfährt, greift dieses Buch gleichwohl auf ein weitergefasstes Verständnis zurück.

Zum Begriff *Marketing*

Als *Marketing* werden hier sämtliche *auf den Markt gerichtete* Aktivitäten begriffen. Neben der Verbreitung von Informationen zu und über angebotene Produkte oder Dienstleistungen gehören dazu auch weiterführende Vertriebsaktivitäten, der eigentliche Verkauf, aber auch die Aufgaben der Preisfestsetzung bis hin zu den Tätigkeiten um die eigentliche Produktentwicklung.

Der Marketing-Mix

In der Betriebswirtschaft schlägt sich diese Kategorisierung der Aufgabenbereiche des Marketings in der Gliederung in die englischsprachigen 4P nieder – *Promotion, Place, Price* und *Product*. Im Deutschen spricht man vom Marketing-Mix und der deckungsgleichen Aufteilung der Marketingaktivitäten in den Bereich der Kommunikationspolitik, der Distributions- oder Vertriebspolitik, der Preis- und Angebotspolitik sowie in das Segment der Produktpolitik.

Kundenbedürfnisse im Zentrum der Marketingaktivitäten

Schon seit Längerem hat sich parallel zum Verständnis des Marketing-Mix und seiner verschiedenen Dimensionen eine Betrachtungsweise etabliert, die die Kundenbedürfnisse in das Zentrum der Marketingaktivitäten stellt. Da dem Kunden als Käufer letztlich die maßgebliche Rolle bei der Absatzgenerierung zukommt, scheint es sinnvoll, sämtliche Marketingaktivitäten fokussiert auf dieses Ziel auszurichten. Kaum eine festgeschriebene Unternehmensmission kommt dementsprechend heute noch ohne einen Zusatz aus wie »Im Mittelpunkt unseres unternehmerischen Handelns steht stets der Kunde«. Ob hier Anspruch und Wirklichkeit immer zusammentreffen, ist zwar eine andere Frage, gleichwohl ist nicht zu bestreiten, dass dieses Denken in jüngerer Zeit gerade auch mit der fortschreitenden Digitalisierung des Marketings zunehmend Einzug in den Entscheider-Etagen gehalten hat.

Der Kundenzyklus

Die kundenzentrische Sichtweise unterteilt die »Arbeit am Kunden« meist in verschiedene Phasen des Kundenzyklus – etwa, in einem einfachen Modell, in Gewinnung (Anbahnungsphase), After-Sales-Aktivitäten und Maßnahmen zur Bindung des Kunden (Kundenbindungsphase) und einer abschließenden Trennungsphase, welche die

Abwanderungs- oder Kündigungsbereitschaft sowie idealerweise damit verbundene Halte- oder Rückgewinnungsmaßnahmen seitens des Unternehmens umfasst.

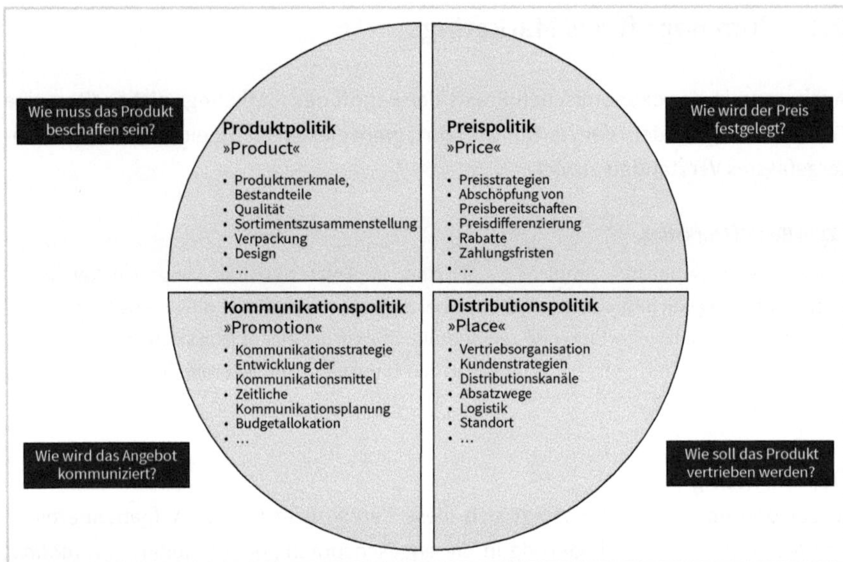

Abb. 9: Der Marketing-Mix (4P): alle auf den Markt gerichteten Aktivitäten

Insgesamt wird damit eine zuvor rein transaktions- beziehungsweise absatzbasierte Sichtweise im Marketing um eine beziehungsorientierte Perspektive erweitert. Dies findet Berücksichtigung etwa in den verschiedenen Ausprägungen des *Customer Relationship Managements* (CRM) (zu Deutsch »Kundenbeziehungsmanagement«). Insbesondere durch die Bearbeitung zunehmend digitalisierter Märkte und den damit verbundenen Möglichkeiten der digitalen Vermessung der Kundenbeziehungen hat diese Auffassung an Verbreitung gewonnen. Dies schlägt sich etwa in vielerlei Konzepten wie dem der Notwendigkeit zur Schaffung einer positiven *Customer Experience* oder zur Nachverfolgung der *Customer Journey* wider (vgl. Teil B 3.4.2). Vor allem im *E-Commerce* sind derartige Ansätze, die jeden einzelnen Schritt der Kundschaft minutiös beobachten, mit dem klaren Ziel, die Kundenbeziehung auf jeder Ebene auf Ertrag zu optimieren, weit verbreitet. Die Einsatzmöglichkeiten von KI im Marketing lassen sich auch entlang der Kundenbeziehung und ihrer einzelnen Phasen erfassen und veranschaulichen. Dies soll in einem eigenen, noch zu beschreibenden Modell erfolgen (vgl. Teil A 2.3).

Messung des Werbeerfolgs

Ohne Zweifel hat die Digitalisierung in den letzten Jahrzehnten das Wesen des Marketings deutlich verändert. Analysen, Schlussfolgerungen, auch in automatisierter Form, aus der vorliegenden und rechnerisch begründbaren Faktenbasis heraus gehören heute selbstverständlich zum Tagesgeschäft eines guten Marketeers. Das einstige Image von der »weichen« Disziplin innerhalb der Betriebswirtschaft dürfte heute kaum noch angebracht sein. Berühmt ist das – mal Henry Ford, mal dem frühen Marketing-Guru des 19. Jahrhunderts, John Wanamaker, zugeschriebene – Zitat »Ich weiß, dass eine Hälfte meiner Werbeausgaben verschwendet ist. Das Problem ist: ich weiß nur nicht welche«. Gerade im Bereich der digitalen Werbung lassen sich Wirkungszusammenhänge von Werbeaktionen und Absatzerfolgen durch exaktes Messen der *Conversions* von Interessenten in tatsächliche Käufer und die lückenlose Rekonstruktion der *Customer Journey*, vom ersten Kontakt eines späteren Kunden mit einer Werbebotschaft bis zum tatsächlichen Kauf, inzwischen recht gut bestimmen. Der *Return on Investment* (ROI) von Marketingmaßnahmen, also die Gewissheit, welche Hälfte des Budgets tatsächlich sinnvoll eingesetzt wurde, lässt sich heutzutage immer besser überprüfen und belegen.

Anknüpfungspunkte für den Einsatz von KI ergeben sich überall dort, wo bisher schon Daten und deren Analyse eine große Rolle spielten. Auch weiterhin dürften die Maßgaben des digitalen Marketings gelten, wonach umfassend und schnell eine Vielzahl unterschiedlicher Daten mit der notwendigen Aussagekraft für eine entsprechend sinnvolle Weiterverarbeitung gesammelt werden müssen (vgl. Teil A 1.2.1). Der Rückgriff auf KI erfordert in diesem Kontext zunächst »nur« eine andere Form dieser Verfahrensweise. Insofern bleiben die Rahmenbedingungen und Anforderungen des Marketings zwar – zumindest einstweilen – unverändert, gleichwohl ändern sich die Prozesse der Datenverarbeitung grundlegend. Erst dies führt zur Konsequenz, dass intelligente Systeme bessere Ergebnissen liefern können.

»Echte« künstliche Intelligenzen, deren Funktionsweisen und Leistungsfähigkeiten über diejenigen bereits existierender Ansätze des Daten getriebenen Marketing hinausgehen, werden die bisherigen Aufgaben nach und nach absorbieren. Dabei sind diese Anwendungsfälle eben nicht nur auf die Kommunikation und die Beobachtung des Kundenverhaltens begrenzt, sondern berühren sämtliche Facetten des Marketings.

2.2 Aufgaben von Künstlicher Intelligenz im Marketing

2.2.1 Überblick

Die vielfältigen Einsatzmöglichkeiten von KI im Marketing lassen sich in drei grundlegende Aufgabengebiete einteilen, die gleichzeitig auch als aufeinander aufbauende, zeitlich versetzte Phasen zu betrachten sind.

Diese »3 A« des KI-Marketings umfassen:

- Analysieren
- Automatisieren
- Autonom agieren

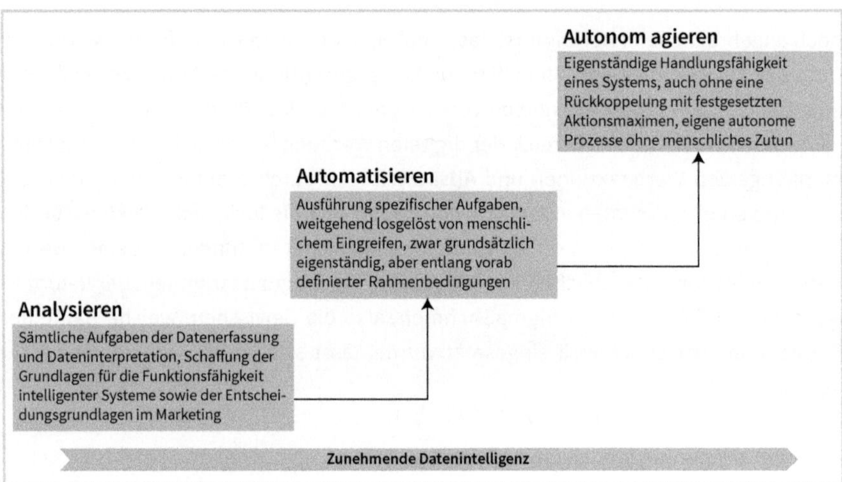

Abb. 10: Die »3 A« des KI-Marketings (Quelle: Andreas Wagener, 2023, CC BY-SA 4.0)

Alle drei Kategorien beschreiben grundlegende Einsatzbereiche für KI. Die Grundlage dafür bildet stets eine zunehmend angereicherte Form der Datenverarbeitung. Die hinter dieser Leistung stehende »Intelligenz« nimmt dabei schrittweise zu.

- Der Aspekt des **Analysierens** umfasst sämtliche Aufgaben der Datenerfassung und Dateninterpretation. Damit wird zugleich die Grundlage für die Funktionsfähigkeit intelligenter Systeme geschaffen sowie auch die für jede Form von Marketing wichtige Funktion der Informationserhebung und Schaffung von Entscheidungsgrundlagen beschrieben.
- Das **Automatisieren** bezieht sich auf die darauf aufbauende Fähigkeit, weitgehend losgelöst vom weiteren individuellen Eingreifen, eben automatisch, zwar grundsätzlich eigenständig, aber entlang vorab definierter Rahmenbedingungen spezifische Aufgaben auszuführen.
- **Autonom agieren** beschreibt hingegen eine eigenständige Handlungsfähigkeit eines Systems, auch ohne eine Rückkoppelung mit festgesetzten Aktionsmaximen und die Befähigung, womöglich eigene autonome Prozesse ohne menschliches Zutun zu etablieren.

Im Detail soll dieses Stufenmodel im Folgenden beschrieben werden.

2.2.2 Analysieren: Daten sammeln und strukturieren, Muster und Gesetzmäßigkeiten ableiten

Die Verarbeitung von Daten zum Ziel der Informationsgewinnung im Marketing spielt schon seit Längerem eine zunehmend tragende Rolle. Das Diktum »Kenne Deinen Kunden!« prägt die Arbeit in den Vertriebs- und Werbeabteilungen vieler Unternehmen;

»Kennen« und »Kunde« haben den gleichen Wortursprung, sie sind etymologisch verwandt. Nur wenn die Vorlieben und Bedürfnisse und die Verhaltensweisen der Kunden bekannt sind, ist eine zielgerichtete Bearbeitung der Märkte möglich.

Gleiches gilt für die Anforderungen der Märkte selbst: Welche Bedingungen bestehen dort? Welche Konkurrenten existieren und wie verhalten sich diese? Zeichnen sich grundlegende Veränderungen und Trends ab, die das Marktgeschehen beeinflussen könnten? Diese und ähnliche Fragestellungen treibt Unternehmen nicht erst seit der Digitalisierung um. Die Analyse von Datenmaterial steht am Anfang aller KI-Tätigkeit. Daten bilden gewissermaßen die Nahrung künstlicher Intelligenz, mit ihnen werden künstliche neuronale Netzwerke gefüttert, auf ihrer Basis können Algorithmen lernen und zielgerichtete Ergebnisse liefern. Wenn wir also von KI im Marketing sprechen, so bezieht sich dies zwangsläufig auf eine Form der »Daten getriebenen« Marktbearbeitung – mindestens unterstützt oder auch maßgeblich gesteuert durch intelligente, autonom agierende Systeme. Die »intelligente« Leistung besteht damit dann in der eigenständigen Prognose, nicht basierend auf menschlichen Annahmen und Dreisätzen, sondern darin, unabhängig davon Muster und Gesetzmäßigkeiten zu identifizieren.

Auf diese Weise werden nicht nur die Grundlage für automatisiertes oder autonomes Handeln geschaffen, sondern zugleich auch bereits wichtige Erkenntnisse für das operative Marketing gewonnen. Neben allgemeinen Informationen zu Kunden und Märkten und der Identifizierung von Trends finden diese beispielsweise bei der Ansprache potenzieller Vertriebskontakte und der Vermeidung von Streuverlusten durch die daraus resultierende Möglichkeit der Individualisierung und Personalisierung Verwendung (vgl. Teil B 3.1).

Auch unternehmensinterne Informationssysteme können durch KI unterstützt oder maßgeblich geprägt werden. Die Vielzahl an Daten unterschiedlichster Herkunft und Beschaffenheit – strukturiert oder unstrukturiert, in Text-, akustischer oder visueller Form – verhindert oft eine Erfassung und Auswertung nach herkömmlichen Methoden. Auch hier können Ansätze künstlicher Intelligenz womöglich Abhilfe schaffen. Diese in der Praxis teilweise auch als *Insight Engines* bezeichneten Systeme decken Zusammenhänge auf und machen Wissen auf eine Art und Weise zugänglich, wie dies zuvor bestenfalls bei *Googles Knowledge Graph* bekannt war, indem diese ohne menschliche Anleitung sinnhafte Beziehungen von einzelnen Informationen untereinander ermitteln und durch eine entsprechende Abbildung für den Menschen zugänglich und konsumierbar machen.[28]

---

28 Vgl. Kathrin Stadler: »What Are Insight Engines? Background und use case«, https://outsourcing-journal.org/what-are-insight-engines-background-and-use-case/ und ähnlich auf Deutsch: https://ki-marketing.com/insight-engine#more-278

Um überhaupt zunächst ein KI-System »füttern« zu können, bedarf es meist einer großen Anzahl von Datensätzen, die Rückschlüsse auf sinnvolle Kausalitäten und mögliche Wechselbeziehungen zwischen einzelnen Datenmerkmalen (*Items*) zulassen. Nur wenn die Datenbasis qualitativ wie quantitativ höchsten Anforderungen genügt, sind diese Systeme auch in der Lage, einen sinnvollen und substanziellen Beitrag zum Unternehmenserfolg zu leisten.

Der Vorteil maschinellen Lernens, insbesondere von *Deep Learning*, gegenüber klassischen Verfahren des *Data Minings* (vgl. Teil A 1.2.2) liegt in der Fähigkeit, große Mengen an Daten zu verarbeiten und dabei unter Umständen Zusammenhänge herzustellen, die bei herkömmlichen Vorgehensweisen nicht hätten erkannt werden können. Um dies sicherzustellen, ist es noch wichtiger als in der rein menschlichen veranlassten Algorithmik, dass die zugrunde liegenden Daten fehlerfrei vorliegen, denn mit steigendem Autonomiegrad eines Systems erhöhen sich auch die Schwierigkeiten, im Nachhinein eine unerwünschte oder schlichtweg »falsche« Ausgabe auf den eigentlichen Fehler zurückzuführen, da der Pfad der Ergebnisfindung womöglich nur noch schwer nachzuvollziehen ist (vgl. Teil C 1.2).

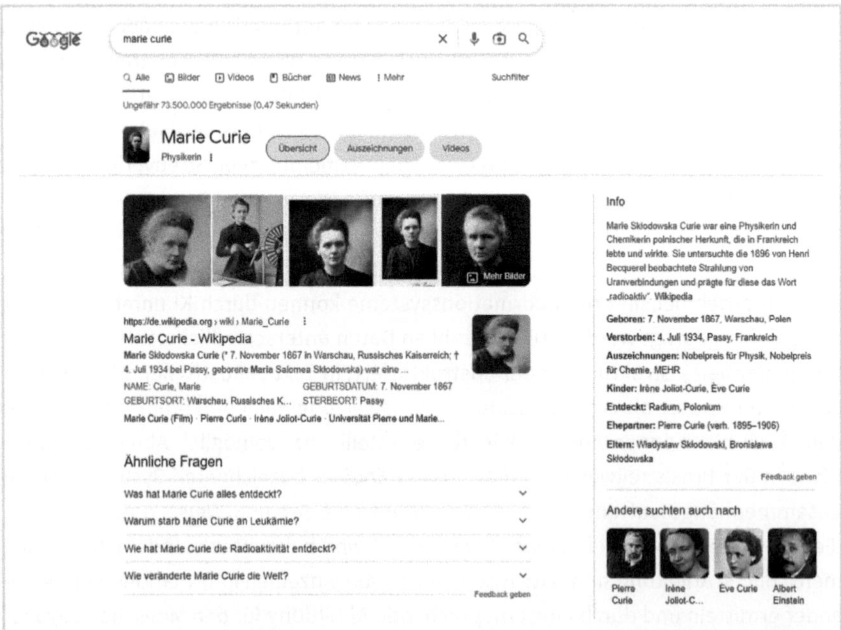

Abb. 11: Der *Knowledge Graph* von *Google*. Ohne menschliche Anleitung werden sinnhafte Beziehungen von einzelnen Informationen untereinander ermittelt und ausgegeben. (Screenshot, *Google* und das *Google*-Logo sind eingetragene Marken von *Google LLC* und werden mit Genehmigung verwendet.)

2.2.3 Automatisieren: eigenständig Aufgaben innerhalb eines definierten Handlungsrahmens erfüllen

Schon seit geraumer Zeit hat sich der Begriff der *Marketing-Automation* im digitalen Marketing etabliert. Dabei geht es um die weitgehend unabhängig vom menschlichen Eingriff ablaufende Abwicklung verschiedener, sich wiederholender Marketingprozesse in den einzelnen Segmenten des Marketing-Mix, wenngleich der Schwerpunkt in der Praxis auf der Verzahnung von Werbe- und Vertriebstätigkeiten liegt. Hier besteht seit Längerem ein wachsender Markt von gewerblichen Anbietern, deren Leistungsportfolio sich durch den Rückgriff auf Technologien aus dem KI-Umfeld zunehmend erweitert.

Grundsätzlich lässt sich *Marketing-Automation* in drei grundlegende Bereiche unterteilen:
- *Marketing Workflow Management*
- *Marketing Intelligence*
- *Marketing Dialogue Processing*

Marketing Workflow Management

Marketing Workflow Management beschreibt die Automatisierung der internen Marketingprozesse. Dazu zählen beispielsweise die Projektsteuerung im Marketing- und Vertriebsumfeld, also das Zuweisen von Arbeitspaketen, die automatisierte Erinnerung und die Überprüfung von zu erreichenden *Milestones*. Ebenso gehört die autonome Überwachung der Budgettreue dazu sowie der entsprechende Abgleich mit der Erfolgskontrolle auf Grundlage entsprechender Datensysteme. Auch das Management der Werbemittel und -formate (*Advertising Assets*) erfolgt im Rahmen mechanisierter Workflows. Das spielt insbesondere beim *Programmatic Advertising* und dem dafür notwendigen Management der Werbeausspielung über die sogenannten *Adserver* (vgl. Teil B 2.2.2) eine entscheidende Rolle.

Marketing Intelligence

Marketing Intelligence bezieht sich auf die automatisierte Sammlung und Auswertung von Daten, insbesondere Nutzer- und Kundendaten. Darunter fallen etwa sämtliche im Hintergrund ablaufende *Tracking*- und *Targeting*-Maßnahmen, die Auswertung der Surfhistorie von Internetusern, die Erfassung und Aufbereitung von Öffnungsraten, die Analyse von Stamm- und Kundendaten sowie letztlich die automatische Verknüpfung aller dieser Informationen zu aussagekräftigen Kennzahlen und Reportings.

Marketing Dialogue Processing

Marketing Dialogue Processing umfasst hingegen das automatisierte Abwickeln und/oder Steuern des Kundendialogs. Dieser Bereich kann also als eine Automatisierung des Kundenbeziehungsmanagements verstanden werden. Dazu gehört etwa auch das Sicherstellen eines funktionierenden *Closed-Loop-Marketings* (vgl. Teil B 3.2), bei dem das operative mit dem analytischen CRM verbunden wird: Auf Basis der zuvor gesammelten Daten zu aktuellen und potenziellen Kunden sowie zu den von diesen verwendeten Kommunikationskanälen gilt es dabei, die Kundenbedürfnisse sowie Muster im Kundenverhalten zu erkennen und daraus die notwendigen Marketingmaßnahmen abzuleiten, deren Einfluss und Wirkung im Anschluss – wiederum automatisiert – untersucht und optimiert werden. Durch diese fortwährende Verknüpfung von analytischer und operativer Tätigkeit entsteht ein geschlossener Regelkreis, dessen inhaltliche Bestandteile Modulcharakter aufweisen. Diese bilden die Grundlage, auf der ein intelligentes System eigenständig Maßnahmen der Weiterbearbeitung einleiten kann – je nachdem, welche zur Erreichung eines spezifischen Ziels angemessen erscheinen.

Gemein ist diesen Ansätzen, dass sie noch auf ein Rahmengerüst vorab menschlich definierter Anwendungsziele und Erfolgsziffern zurückgreifen – wenngleich auch derartige Systeme bereits eigenständig intelligent dazulernen können und auf diese Weise in der Lage sind, die Ergebnisse zu optimieren. Dies erfolgt in diesem Kontext dann meist über eine Form des *Reinforcement Learnings*, wonach eine Verbesserung bestimmter Kennzahlen, wie der *Conversion Rate* oder der Kündigungsquote, als Belohnungsanreiz zugrunde gelegt werden kann (vgl. Teil B 3.4.2).

2.2.4 Autonom agieren: eigenständige Handlungsfähigkeit und autonome Prozesse etablieren

Die Endstufe zum Einsatz von KI im Marketing markiert deren völlige Eigenständigkeit. Gleichwohl ist festzuhalten, dass natürlich der Nutzen eines vollständig autonomen Systems für die betriebliche Tätigkeit eines Unternehmens wohl kaum zielführend wäre, wenn nicht eine wie auch immer geartete Abgleichung mit dessen Zielen an irgendeiner Stelle stattfindet. Auch dürften derartige singuläre (vgl. Teil C 1.2) Fähigkeiten im Moment technisch noch schwer abbildbar sein. Nichtsdestotrotz zeichnet sich bereits jetzt schon ein fließender Übergang zwischen automatisierten und zumindest teilautonomen Ansätzen ab, insbesondere wenn der oben angeführte Ansatz des Verstärkungslernens zum Einsatz kommt. Eine exakte Klassifizierung nach »automatisiert« und »autonom« gestaltet sich somit allerdings schwierig.

Autonomie steht für Selbstbestimmung, was gleichbedeutend ist mit der Freiheit von extern aufgestellten Normen. In der Psychologie wird der Begriff auch mit dem Begriff der Willensfreiheit gleichgesetzt. Ein autonomes System ist nicht an zuvor definierte Regeln gebunden, sondern kann seinerseits neue Regelwerke aufstellen und diese selbsttätig zur Maßgabe des eigenen Handelns machen – oder auch wieder verwerfen, wenn sich eine andere Herangehensweise als sinnvoller erweist. Eine solche KI muss jedoch nicht zwingend einer der Science-Fiction entlehnten Zielvorstellung einer umfassenden, universalen künstlich geschaffenen Intelligenz entsprechen, die in der Lage ist, vollumfänglich menschliche Verhaltensweisen und Denkmuster nachzubilden. Ein hoher Autonomiegrad kann auch innerhalb bestimmter, abgegrenzter Funktionsfelder und für spezifische Aufgabenstellungen erzielt werden.

Derartige Ansätze, die auf eine hohe Eigenständigkeit des intelligenten Systems innerhalb eines definierten Aktionskorridors setzen, finden sich insbesondere in der intelligenten Verkehrssteuerung, beim autonomen Fahren, militärischen Anwendungen – Drohnen, militärische Robotersysteme – zählen ebenso hierzu. Auch diese werden natürlich nicht frei von jeglichen Regeln trainiert, sondern auf Basis eines vorab festgelegten Verhaltenskodex (beispielsweise Verkehrsregeln, Entschlüsselung und Bedeutung von Verkehrsschildern) angelernt.

Dabei steht beim Lernen dieser Systeme oft eine Ergebnisorientierung im Vordergrund. Je nach Aufgabe erscheint nicht zwingend der Weg hierzu entscheidend, sondern stattdessen ist allein oder in erster Linie die tatsächliche Erreichung eines in irgendeiner Form quantifizierbaren Zieles Ausschlag gebend. Daher stellt, wie bereits erwähnt, das *Reinforcement Learning* meist eine sinnvolle Trainingsmethode in diesem Kontext dar. Dieses kann aber durchaus zuvor, auf dem Weg zur Autonomie, durch die anderen Trainingsverfahren flankiert werden oder auf deren Ergebnissen aufbauen.

Von der *Marketing-Automation* zur Marketing-Autonomisierung

Im betriebswirtschaftlichen Aufgabenfeldern, insbesondere im Marketing, gingen entsprechende Entwicklungen lange Zeit sehr schleppend voran. Inzwischen hat die Entwicklung deutlich an Fahrt aufgenommen. Auch wenn wir uns offensichtlich immer noch sehr am Anfang des Weges von der *Marketing-Automation* zur Marketing-Autonomisierung durch KI befinden, zeichnen sich auch hier nun zunehmend Anwendungsmöglichkeiten ab. Intelligente Systeme, die eigenständig Kennzahlen und KPIs (*Key Performance Indicators*) aus einer Vielzahl an im Unternehmen vorliegender Daten ermitteln und deren Erfolgswirksamkeit von der KI selbst anhand der späteren Entwicklungen in der Realität autonom evaluiert wird oder auch wirklich intelligente und eigenständig handelnde Bots im Kundenservice oder Vertrieb, die nicht nur vorab fest definierten Protokollen folgen, sondern selbstständig durch *Trial and Error* erfolgreiche Prozeduren etablieren, dürften Beispiele hierfür sein.

2.3 Der Kundenzyklus im Marketing

Wie schon angedeutet, lassen sich die Einsatzmöglichkeiten von KI im Marketing nicht nur in das Raster der 4P des Marketingmix integrieren. Folgt man der insbesondere im digitalen Marketing oft verfolgten kundenzentrierten Sichtweise, so erscheint es sinnvoll, mögliche Anwendungsfälle auch entlang einzelner Kundenkontakt- oder Kundenbeziehungsphasen in der Marktbearbeitung abzubilden. Hierzu soll ein einfaches eigenes Modell herangezogen werden, welches sich an die gängigen Erklärungsmuster anlehnt.

Demnach lässt sich die Kundenbearbeitung in folgende Segmente aufgliedern:

- Analyse- und Planungsphase
- Kundengewinnungsphase
- Kundenbeziehungsphase
- Trennungsphase

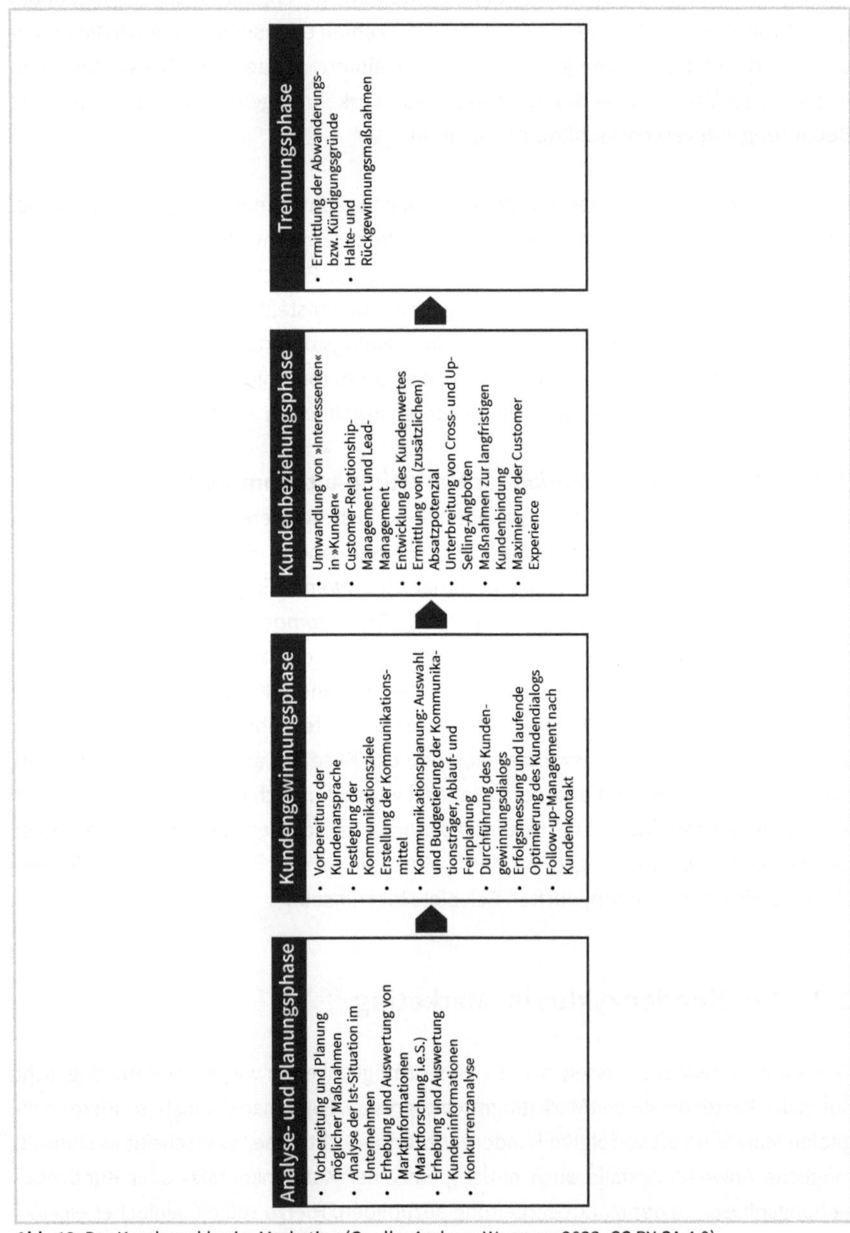

Abb. 12: Der Kundenzyklus im Marketing (Quelle: Andreas Wagener, 2023, CC BY-SA 4.0)

2.3.1 Analyse- und Planungsphase

Jegliche Marketingmaßnahmen sollten gut vorbereitet und geplant sein. Dies setzt eine umfangreiche Analyse der Ist-Situation voraus, auf deren Basis Entscheidungen über zukünftig einzuleitende Maßnahmen zu treffen sind. Entscheidungen und Maßnahmen der Vergangenheit lassen sich evaluieren und auf ihren Beitrag zur betrieblichen Wertschöpfung hin überprüfen und gegebenenfalls für die erneute Durchführung justieren. Dies gilt für die Ermittlung der Kundenbedürfnisse und das Verhalten von Kunden sowie insbesondere Nichtkunden, die zwar mit dem Angebot eines Unternehmens in Kontakt kamen, aber sich aus bestimmten – eben zu ermittelnden Gründen – gegen eine Nutzung entschieden haben.

Ferner ist Gegenstand der Analyse, wie Kontakte auf die Konfrontation der Werbebotschaften des Unternehmens reagiert haben, welche Budgets demnach sinnvoll eingesetzt wurden und wo und in welcher Form ein erneuter Rückgriff auf diese entsprechenden Werbemaßnahmen zielführend erscheint. Diese Erkenntnisse sollten in eine optimierte Planung der Kundenansprache und womöglich in eine angepasste Budgetverteilung bei den Werbeinvestitionen münden. Auch Rückschlüsse auf die Optimierung des Angebotes, etwa Sortimentsbereinigungen oder spezifische Produktempfehlungen für bestimmte Kunden sind dabei möglich.

Auf Grundlage der Analyse lassen sich Prognosen über das zukünftige Verhalten von Werbeadressaten und Kunden ableiten. Daraus können wiederum Benchmarks und Zielkennziffern bestimmt werden, etwa Mindestanforderungen an eine *Conversion Rate* oder an den *Return on Investment* von Werbemaßnahmen.

Schließlich umfasst diese Phase ebenso die Einschätzung grundsätzlicher Entwicklungen auf den bearbeiteten Märkten. Aus den zuvor erhobenen Daten lassen sich auch Voraussagen über allgemeine Marktentwicklungen treffen. Es besteht die Möglichkeit, Produkt- oder transaktionsbezogene Trends zu erkennen, welche für die Bearbeitung der Märkte relevant sind – also Marktforschung in einem weiter gefassten Sinne betreiben – und die ebenfalls bei der weiteren Planung der Kundenansprache berücksichtigt werden sollten.

2.3.2 Kundengewinnungsphase

Die Kundengewinnungsphase umfasst zwei zeitlich aufeinanderfolgende Abschnitte: Zunächst gilt es, die Adressierung und Ansprache zur Kontaktanbahnung mit dem potenziellen Kunden vorzubereiten. Dazu zählt insbesondere der Einkauf der Werbemittel und Werbeflächen auf Basis der zuvor durchgeführten Mediaplanung, also der Erstellung eines Ablaufplans und die entsprechende Budgetierung zur Durchführung der als zielführend identifizierten Kommunikationsmaßnahmen. Dies bildet dann unter anderem die Basis für die Steuerung und Überwachung der Kampagnen.

Darauf aufbauend schließt sich der Kundengewinnungsdialog und das eigentliche Kundengewinnungsmanagement an. Insbesondere im digitalen Marketing mit seinen Möglichkeiten der Erfolgsmessbarkeit ist dies als ein sich permanent wiederholender Prozess zu betrachten, in dessen Rahmen die Kundenansprache laufenden Optimierungen unterzogen wird. Dazu zählen Maßnahmen des *Targetings*, der sukzessiven »Zuspitzung« der Zielgruppen auf Basis zuvor gewonnener Erkenntnisse, Personalisierungen von Werbebotschaften und Angebotsdarreichungen sowie eine intensive Überwachung und Bewertung der *Customer Journey*, der Protokollierung der Kontaktpunkte eines Rezipienten mit dem Unternehmensangebot.

Diese Aktivitäten münden dann idealerweise in ein nachhaltiges Kontaktmanagement, das die Wertigkeit der gewonnenen Kontakte bestimmt und entsprechend spezifische Maßnahmen zu deren Umwandlung in zahlende Kunden ergreift.

2.3.3 Kundenbeziehungsphase

Der Übergang von Kundengewinnungsphase zu Kundenbeziehungsphase vollzieht sich heute oft fließend. Eine strukturelle Unterscheidung im Marketing zwischen einem Bestandskunden und einem potenziellen Kunden (*Lead* oder *Prospect*), der womöglich schon im Kontakt mit dem Kunden stand, aber (noch) nicht zu einem Käufer umgewandelt worden ist, besteht in einem qualifizierten Kundenmanagementsystem nicht. Auch einem bereits gewonnenen Kunden lässt man weiterführende Maßnahmen angedeihen, mit dem klaren Ziel, diese zu mehr Umsatz »zu veredeln«, etwa durch *Cross-* oder *Up-Selling*-Angebote. Entsprechendes gilt für Nichtkunden, denen man eine bestimmte Kaufwahrscheinlichkeit beimisst: Auch sie sind idealerweise weiterhin Gegenstand intensiver Bemühungen eines professionellen Marketings.

Ein systematisches Kundenbeziehungsmanagement betrachtet jeden Kontakt als grundsätzliche Möglichkeit zur Umsatzgenerierung. Das bedeutet, dass im Mittelpunkt der Aktivitäten stets die potenzielle Entwicklungsfähigkeit der Beziehung steht. Neben dem auf Absatz gerichteten Ausbau der Kundenbeziehung gehört selbstverständlich auch deren grundsätzliche Festigung zu den zentralen Aufgaben. Die Etablierung einer engen Kundenbindung gilt vielfach, angesichts oft teurer und schwieriger Gewinnungsmaßnahmen, als besonders erstrebenswert. Die Notwendigkeit, ansonsten diese Hürden immer und immer wieder nehmen zu müssen, um einen zahlen- und umsatzmäßig ausreichenden Kundenstamm zu erreichen, wird gerade in Geschäftsumfeldern mit hoher Kundenfluktuation nicht selten als Belastung und unternehmerischer Nachteil betrachtet.

Vorteile eines festen Kundenstamms

Ohne Zweifel lassen sich auf Grundlage einer hohen Loyalität und einer auf Langfristigkeit angelegten Beziehung zahlreiche Vorteile realisieren, sei es durch Wiederholungskäufe von Bestandskunden oder aufgrund von Synergieeffekten in der Ansprache und der Identifizierung der jeweiligen Bedürfnisse. Zudem lassen sich auch somit zumindest streckenweise unpopuläre Maßnahmen durchsetzen, wie etwa Preiserhöhungen. Wichtig dafür ist, dass die Kundenbeziehung nachhaltig und verlässlich gepflegt und die einmal geschaffene Erwartungshaltung nicht enttäuscht wird. Insofern lässt sich diese Phase auch als »Vertrauensmanagement« gegenüber aktuellen aber auch potenziellen Kunden auffassen.

Durch die Vernetzung und permanente Aktualisierung und Pflege der entsprechenden Datenbanksysteme und CRM-Instrumente sollte ein ständiges Monitoring der Kundenbeziehung erfolgen, das unter anderem Einsichten in die individuellen Bedürfnisse, Interessen und Befindlichkeiten, aber auch mittels einer Art Frühwarnsystem Erkenntnisse über Unzufriedenheiten und Kündigungswahrscheinlichkeiten ermöglicht. Die Auswertung dieser Erkenntnisse sowie gegebenenfalls die Einleitung entsprechender Gegenmaßnahmen sind ebenfalls zentraler Bestandteil eines effektiven Kundenbeziehungsmanagements.

Umgekehrt gilt es – gewissermaßen vorbeugend –, auch eine positive Wahrnehmung der Leistungen für den Kunden sicherzustellen. Der Wert der *Customer Experience* bemisst sich an den gemachten Erfahrungen der Kunden und den dabei empfundenen Vorteilen der Beziehung. Diese können in einem gelungenen Kundenservice begründet oder auf entsprechende Loyalitätsprogramme zurückzuführen sein. Auch Aspekte wie die *Usability* einer Website oder einer App sowie ganz allgemein ansprechende Markenerlebnisse zahlen auf den Wert der *Customer Experience* ein. Letztlich umfasst dies alle Facetten der Kundenzufriedenheit, welche somit gleichfalls Gegenstand eines eigenen Qualitätsmanagements an allen Berührungspunkten mit dem Kunden wird.

2.3.4 Trennungsphase

Die Trennungsphase beschreibt schließlich das Ende der Kundenbeziehung, die Abwanderung. Auch hier ist der Übergang hinsichtlich der möglichen Marketingaktivitäten von der Kundenbeziehungsphase fließend. Zeichnet sich eine Kündigung ab oder ist absehbar, dass ein Kunde nach einem Einmalkauf nicht erneut auf die Produkte des Unternehmens zurückgreift, so kann dies bereits der Ansatzpunkt für Halte- oder Reaktivierungsmaßnahmen sein – beispielsweise Rabatte oder andere Vorteilsangebote. Besteht auch dann keine Aussicht auf Erfolg, den Kunden zurückzugewinnen, gilt es zumindest, die Gründe für die Abwanderung in Erfahrung zu bringen, um unter Umständen daraus für zukünftige Situationen zu lernen und wirksamere Instrumente zu entwickeln. An dieser Stelle beginnt dann bereits wieder die anfängliche Analyse- und Planungsphase, da diese Erkenntnisse ebenso in die Formulierung neuer Angebote oder auch in gänzlich neue Kundenstrategien münden können.

KI-Instrumente für die »Arbeit am Kunden«

In allen diesen Phasen lassen sich intelligente Systeme und Instrumente zur »Arbeit am Kunden« einsetzen. Nimmt man das Mantra vom »Kunden, der ins Zentrum aller unternehmerischen Aktivitäten gestellt wird« ernst, so bedeutet dies, dass diesen KI-Anwendungen ebenfalls eine zentrale Rolle in der Marketingarbeit einnehmen können.

Die möglichen und tatsächlichen Einsatzformen von KI im Marketing sollen im Folgenden beschrieben werden.

Abb. 13: KI im Marketing entlang der Phasen der Kundenbearbeitung (Quelle: Andreas Wagener, 2023, CC BY-SA 4.0)

Produktpolitik	Beschaffung und Auswertung von Markt- und Umfeldinformationen; Produkt- und Sortiment-Insights; Automatische Content-Generierung (Produktbeschreibungen); Customer Insights (Produktinteressen); Recommendation Engines
Preispolitik	Beschaffung und Auswertung von Markt- und Umfeldinformationen; Churn-Management; Personalisierte / dynamisierte Preisbildung; Rückgewinnungsmanagement; Customer Insights (Preisbereitschaften)
Distributionspolitik	Customer Insights (Vertriebsinformationen); Personalisierung von Websites, Apps, E-Mails; Lead Management; Sprachassistenten; Closed Loop Automation; Chatbots; Automatische Content-Generierung (Vertriebskommunikation); Customer-Touchpoint-Analyse; Customer Journey Mapping
Kommunikationspolitik	Customer Insights (Kommunikationsansätze); ProgrammaticMedia Buying; Werbe-Targeting; Lead Management; Chatbots; Sprachassistenten; ClosedLoop Automation; Automatische Content-Generierung; Automatisierte Media Planung (Asset Management etc.); Customer-Touchpoint-Analyse; Customer Journey Mapping

Abb. 14: KI im Marketing nach dem Marketing-Mix (4P) (Quelle: Andreas Wagener, 2023, CC BY-SA 4.0)

Teil B: Operative Anwendungsformen von KI im Marketing

1 Analyse- und Planungsphase

1.1 Beschaffung und Auswertung von Markt- und Umfeldinformationen

Marktforschung gilt als eine der Schlüsselfunktionen im Marketing. Um in der Lage zu sein, Märkte aktiv zu bearbeiten, im eigenen Sinne zu beeinflussen und das Unternehmen entsprechend effektiv an den bestehenden Marktbedingungen auszurichten, gilt es, Informationen über die Märkte und die Wirkungen der eigenen Instrumente des Marketings zu sammeln und auszuwerten.

Der Einsatz von KI in der allgemeinen Marktforschung ermöglicht, über die Leistungsfähigkeit klassischer Verfahren hinaus, Erkenntnisse über die Beschaffenheit der Märkte und entsprechende Berührungs- und Ansatzpunkte für die eigene Arbeit zu liefern. Zur Identifizierung solcher Zusammenhänge gibt es inzwischen sogar *Statistik-Bots*, deren Aufgabe darin besteht, automatisch sinnvolle Datenbeziehungen aufzudecken und entsprechende Ergebnisdarstellungen zu generieren. Auf diese Weise können Prognosen über allgemeine Marktentwicklungen abgegeben oder Eintrittswahrscheinlichkeiten für spezifische Szenarios berechnet werden. Der Rückgriff auf derartige intelligente Systeme bei der Marktbeobachtung und Informationsbeschaffung kann sowohl das generelle Marktumfeld – die Makroebene – als auch auf das spezifische Unternehmensumfeld – die Mikroebene – zum Ziel haben, sich also sowohl auf die externe wie auch auf die interne Analyse beziehen.

Analyse der Marktbedingungen bei *Meta*

Ein Beispiel, wie grundsätzlich eine Analyse der Marktbedingungen erfolgen kann, lieferte *Meta* (vormals *Facebook*) mit der Herangehensweise bei seinem Projekt »Internet.org«[29], an dem auch andere Unternehmen wie *Samsung* oder *Qualcomm* beteiligt sind. Dessen Ziel ist es, die digitale Vernetzung auch in Gegenden der Welt zu bringen, die bisher vom World Wide Web abgeschnitten waren, und damit für das soziale Netzwerk auf diese Weise natürlich auch langfristig die Chance bietet, Wachstum und Reichweite sicherzustellen. Das dafür bei *Meta* verantwortliche Connection Lab versuchte, im Wege der sogenannten *Free-Space Optical Communication* (FSO) auch in abgelegenen Gebieten Netze zu etablieren, entweder mittels in niedrigen Umlaufbahnen kreisender Satelliten oder über solargetriebene Höhenflugsysteme, also zum Beispiel eigenständigen Drohnen, die lediglich dem Zweck einer möglichst stabilen Datenübertragung dienen.

29 Weitere Informationen zum Projekt auf *internet.org*: https://info.internet.org/en/; https://www.facebook.com/zuck/posts/10101322049893211

Tatsächlich stand man vor der Frage, wo auf der Welt, in den eher abgelegenen Gebieten, tatsächlich Menschen lebten und wo man sinnvollerweise am ehesten mit dem Projekt beginnen sollte. Dieses Problem, die berühmte Nadel im Heuhaufen zu finden, versuchte man mittels *Deep-Learning*-Ansätzen zu lösen. Dazu erstellte man zunächst eine Art globale Landkarte, mit deren Hilfe die optimalen Einsatzpunkte der jeweiligen Technologieansätze identifiziert werden sollten. Daraus entwickelte sich durch intensives Training im Wege des gestützten Lernens ein System, das in der Lage war, Satellitenbilder der Erdoberfläche automatisch zu analysieren und daraus abzuleiten, welche Landstriche tatsächlich ausreichend besiedelt waren. Die Trainingsdaten wurden zunächst durch menschliche Einschätzungen »gelabelt«, d. h. zu zufällig ausgewählten Fotos wurden Personen danach gefragt, ob sie darauf irgendwelche Spuren menschlichen Lebens erkannten. Dabei bestand nur die Möglichkeit, mit »ja« oder »nein« zu antworten. Obwohl nur eine relativ geringe Zahl an Bildern auf diese Weise etikettiert wurden – angeblich nur 8.000 –, gelang es dennoch, das künstliche neuronale Netzwerk so zu trainieren, dass es auf den ihm dann im Anschluss zugeführten 14,6 Milliarden Fotos sehr genau – nämlich innerhalb eines Radius von fünf Metern – bestimmen konnte, wo Menschen auf der Erde lebten und wo nicht. Dies diente als Richtschnur für den Einsatz der entsprechenden Datenübertragungstechniken. Dabei zeigte sich, so *Meta*, dass der ursprüngliche, »menschlich gewählte« Ansatz, vor dem Rückgriff auf das künstliche neuronale Netzwerk, schlichtweg falsch gewesen war. Statt einer möglichst starken flächendeckenden Aussendung, die man ursprünglich favorisiert hatte, erwies sich nun eine dezentrale Herangehensweise, die eher auf eine kleinteilige Verbreitung einzelner Sender zielte, als die beste Lösung. Entsprechend fand dies Berücksichtigung in einem geänderten technologischen Konzept von *Internet.org* – also einer Änderung des eingeschlagenen Weges in der Produktpolitik.[30]

Digitalisierung in der Landwirtschaft

Als ein regelmäßig »digital unterschätzter« Sektor kann die Landwirtschaft betrachtet werden. Schon seit geraumer Zeit spielen hier Datenanalysen eine große Rolle für die Arbeit auf dem Feld oder im Stall. Und bereits deutlich bevor man ernsthaft über selbststeuernde Autos auf deutschen Straßen diskutierte, erfolgte die Bearbeitung von Feldern bereits durch autonome Landmaschinen. Daher wundert es nicht, wenn auch hier intelligente Systeme für die Analyse und Prognose eingesetzt werden. Anwendungsfelder finden sich etwa bei der Überwachung der Wachstumsbedingungen von Nutzpflanzen. Über Sensoren lassen sich die Umgebungsmerkmale – wie Feuchtigkeit und Mineralgehalt des Bodens – erfassen. Darauf aufbauend ist es anschließend möglich, Prognosen über die weitere Entwicklung der Aussaat und die Ernteerwartungen zu treffen, die wiederum dann eine Justierung der landwirtschaftlichen Vorgehensweise ermöglichen, um die quantitative oder qualitative Optimierung der Ernte anzustreben. Auch hier können grundsätzliche Methoden des maschinellen Ler-

30 Vgl. auch Cade Metz: »AI Helps Facebook's Internet Drones Find Where the People Are«, https://www.wired.com/2016/02/facebook-ai-shows-internet-drones-where-all-the-people-are/

nens zum Einsatz kommen, indem aus einem permanenten *Datenfeed* systematisch Musterzusammenhänge von Ursachen und Wirkungen landwirtschaftlicher Maßnahmen abgeleitet und vom System zu Gesetzmäßigkeiten verarbeitet werden. Dies wiederum ermöglicht dann eine automatisierte oder autonome Bearbeitung der Felder, etwa bei deren Düngung.[31] Ebenso sinnvolle Anwendungsmöglichkeiten von KI gibt es bei der Arbeit im Stall. So ist es möglich, mithilfe von Bildern und aufgezeichneten Bewegungsabläufen, Hufkrankheiten oder Arthritis bei Kühen zu diagnostizieren. Anhand hierfür typischer Bewegungsmuster, die durch das Training eines künstlichen neuronalen Netzwerkes ermittelt wurden, lässt sich mit einer äußerst hohen Genauigkeit feststellen, ob ein Tier von dieser mitunter lebensbedrohlichen Krankheit betroffen ist oder nicht. Für den Landwirt, der daraufhin entsprechende Gegenmaßnahmen einleiten kann, stellt dieser Ansatz somit auch ein hilfreiches Informationsinstrument für eine optimierte Produktionsarbeit dar.[32]

Weitere Einsatzmöglichkeiten von *Deep-Learning*-Verfahren

Ein anderer Ansatz, der auch so auf das Marketing eines Unternehmens übertragen werden könnte, kommt aus dem Sportbereich. Es existieren bereits einige wissenschaftliche Arbeiten, die erfolgreich versucht haben, spezifische Verhaltensmuster und Taktiken im Mannschaftssport durch *Deep-Learning*-Verfahren zu identifizieren und weiterzuverarbeiten. Ziel ist es unter anderem vorauszusagen, wie sich eine Mannschaft oder einzelne Spieler in bestimmten Spielsituationen verhalten werden. Die Prognose wird als »geisterhafter Schatten« – in Anlehnung an eine entsprechende Funktion bei manchen Sportsimulationen in Computerspielen auch *Ghosting* genannt – auf eine digitale Spielfläche projiziert, um auf diese Weise Vergleiche und Analysen sowie die Ableitung potenzieller Gegenmaßnahmen zu ermöglichen.[33] Dieses auch als *Deep Imitation Learning* bezeichnete Verfahren, mit dem typische Verhaltensweisen künstlich nachgebildet werden sollen, könnte etwa im Fußball für die taktische Vorbereitung auf den nächsten Gegner zum Einsatz kommen.

Ein Rückgriff auf diese Technologie findet tatsächlich auch bei neuen Geschäftsmodellen im Bereich der Sportwetten statt. Das Unternehmen *Stratagem* versucht nach eigenen Angaben, in Echtzeit-Situationen im Sport zu analysieren, unter anderem mit dem Ziel, optimale Zeitpunkte für Wettplatzierungen zu ermitteln, beziehungsweise entsprechende Quoten dynamisch neu berechnen zu können.[34] Auch wenn auf dem

31 Vertiefende Informationen finden Sie hier: Jeff Kavanaugh: »How mixed reality and machine learning are driving innovation in farming«, https://techcrunch.com/2016/11/17/how-mixed-reality-and-machine-learning-are-driving-innovation-in-farming/

32 Vgl. Tim Sandle: »Artificial intelligence is aiding dairy farming«, http://www.digitaljournal.com/news/environment/artificial-intelligence-is-aiding-dairy-farming/article/497765#ixzz4nwJ3kyG2

33 Vgl. Alex Siegman: »The Future Of Match Preparation Lies In Artificial Intelligence«, https://www.sporttechie.com/the-future-of-match-preparation-lies-in-artificial-intelligence/; Hoang Le et al.: »Data-Driven Ghosting using Deep Imitation Learning«, https://la.disneyresearch.com/publication/data-driven-ghosting/

34 Quelle: https://www.theverge.com/2017/7/6/15923784/ai-predict-sport-betting-gambling-stratagem

Weg zu einer derartigen, nachprüfbaren Leistungsfähigkeit sicherlich noch einige hohe Hürden zu überwinden sein dürften, ist damit grundsätzlich ein Weg aufgezeichnet, wie mit maschinellem Lernen und KI Informationen so gewonnen und ausgewertet werden können, dass sie sinnvolle Marktaktivitäten ermöglichen.

Solche durch KI weiterentwickelte »spieltheoretische Betrachtungsweisen« lassen sich natürlich auch auf das mögliche Verhalten von Konkurrenten am Markt beziehen und ermöglichen die entsprechende Simulation der eigenen Handlungen und Maßnahmen sowie der wahrscheinlichen Reaktion von anderen Marktteilnehmern. Letztlich ist damit ein sehr tiefgehender Informationszuwachs im Marketing verbunden, der ohne die Verwendung von KI nicht möglich gewesen wäre.

1.2 *Customer Insights* – Kundenbedürfnisse verstehen

Neben der Prognosefähigkeit über Entwicklungen an den Märkten und der Identifizierung von Marktchancen, kann KI auch für die Gewinnung und Verarbeitung von Kundeninformationen herangezogen werden. Herauszufinden, welche Ziele und Bedürfnisse der Kunde hat, wie er das Angebot eines Unternehmens nutzt und welche Verhaltensweisen er dabei an den Tag legt, zählt ebenfalls zu den zentralen Aufgaben der Marktforschung und ist damit ein unerlässliches Instrument des Marketings.

Einen auf den Grundzügen von *Big Data* und *Data Mining* beruhenden Ansatz verfolgt beispielsweise das Marktforschungsunternehmen *Allon* in Deutschland.[35] Dazu sammelt man aus vielen verschiedenen Datenquellen – im Prinzip zunächst wahllos – anonymisierte »Fußspuren« der Konsumenten im Netz und berechnet auf dieser Grundlage die Wahrscheinlichkeit von Affinitäten zu bestimmten Innovationen, Produkten und Marken. Gespiegelt werden diese Erkenntnisse an externen Faktoren, wie Geopolitik, gesellschaftliche Entwicklungen und Trends, die man unter anderem aus Nachrichtenmeldungen extrahiert. Daraus lassen sich dann, ohne dass eine gezielte Konsumentenbefragung erforderlich ist, Ableitungen für die jeweilige Geschäftsausrichtung ziehen. Diese Vorgehensweise wird dabei auch als potenzieller Ersatz der in der Marktforschung und Produktentwicklung weitverbreiteten Persona-Ansätze durch KI verstanden.[36] Andere Anbieter einschlägiger Software versuchen, mit ähnlichen Ansätzen gerade diesen Persona-Verfahren mithilfe von KI neues Leben einzuhauchen. Beispielsweise könnte man aus den generierten Daten, die sich als charakteristisch für einen bestimmten Konsumententyp erweisen, einen *Chatbot* (vgl. Teil B 3.4.3) errichten, der dann Fragen der Marktforscher und Produktentwickler

---

35 Vgl. https://www.ailon.io/de/

36 Vgl. https://ki-marketing.com/die-klassische-persona-ist-vergangenheit/

autonom beantwortet. Tatsächlich gab es in der jüngsten Vergangenheit bereits erste derartige Ansätze in der Praxis.[37]

Mustererkennung in der Finanz- und Versicherungsbranche

Schon seit geraumer Zeit betreibt man im Finanz- und Versicherungsbereich die gezielte Suche nach Mustern und Wirkungszusammenhängen. Beispielsweise wenn es darum geht, Ausfallrisiken für Kredite oder Eintrittswahrscheinlichkeiten von Schadensfällen zu kalkulieren, die dann bei der Entscheidung über die Aufnahme oder Ablehnung eines Kunden zum Tragen kommen. Dabei spielen Ähnlichkeiten mit bereits identifizierten Referenzkunden und das Auftreten von als typisch identifizierten Merkmalen eine große Rolle. Potenzielle Neukunden, die aus einer bestimmten Gegend stammen, die sich in einer spezifischen Lebenssituation befinden oder einen als problematisch definierten Beruf ausüben, erhielten womöglich schon in der Vergangenheit nur unter erschwerten Bedingungen einen gewissen Versicherungsschutz. Mit zunehmender Datenmenge und daraus resultierender Komplexität kommen selbstverständlich auch hier verstärkt Methoden des maschinellen Lernens zum Einsatz, die auch »herkömmliche« *Big-Data*-Lösungen nach und nach ablösen. Dabei dürfte die Ermittlung dieser Parallelitäten nun zunehmend im Aufgabenbereich von künstlichen neuronalen Netzwerken liegen, die womöglich in der Lage sind, auch für den ersten menschlichen Blick verborgene Kausalitäten zu erkennen und in die Analyse miteinzubeziehen.

Customer Lifetime Value – der Langzeitwert der Kundenbeziehung

Neben diesen Anwendungsfällen, die in der Gesellschaft sicherlich zu Recht oft durchaus kritisch gesehen werden (vgl. Teil C 1.2), besteht eine Vielzahl weiterer Möglichkeiten, mittels KI Einblicke in das Kundenverhalten zu gewinnen. Der britische Online-Modeversandhändler *Asos.com* hat ein internes Forschungsprojekt angestoßen, das zum Ziel hat, den *Customer Lifetime Value*, den als Deckungsbeitrag definierten Langzeitwert der Kundenbeziehung, exakter zu bestimmen und mögliche Entwicklungen genauer vorauszusagen. Auf dieser Basis sind dann analytisch fundierte Entscheidungen über Kundenmaßnahmen möglich.

In der Vergangenheit hatte man dazu »handgefertigte« Indikatoren herangezogen, die Ergebnisse des prognostizierten Kundenwertes erwiesen sich jedoch nicht als ausreichend deckungsgleich mit den tatsächlichen Werten der Kundenbeziehung – weil etwa die Verweildauer oder der durchschnittliche Kundenumsatz in der Praxis hinter den Erwartungen zurückblieb. Um eine genauere Kundenmetrik zu erhalten, versuchte man zunächst, mittels *Deep-Learning*-Verfahren automatisiert relevante Merkmale

---

37 Vgl. https://www.horizont.net/planung-analyse/nachrichten/ccc-mit-ki-werdenpersonas-zugespraechspartnern-195141 und https://www.kantar.com/en-cn/expertise/research-services/research-capabilities-and-technology/chatbot

zu ermitteln. Es galt also festzustellen, ob es Hinweise zu statistischen Auffälligkeiten gab, die etwa mit einer besonderen Kundenloyalität oder einer hohen Ausgabebereitschaft korrelierten.

In der Tat zeigte sich, dass, wie zuvor schon angenommen, die Anzahl der Bestellungen und auch die Nationalität der Käufer sinnvolle Indikatoren darstellten, um darüber den Wert der Kundenbeziehung zu erfassen. Allerdings deckte das Verfahren auch andere Merkmale auf, die einen signifikanten Zusammenhang mit dem *Customer Lifetime Value* aufwiesen, die man bislang nicht in dieser Form wahrgenommen hatte. So lieferte insbesondere die Anzahl der aus der jeweils aktuellen Kollektion bestellten Produkte einen maßgeblichen Anhaltspunkt für das Vorliegen eines hohen Kundenwertes. Interpretiert wurde dieser Kontext mit der Annahme, dass die *Newness*, gewissermaßen der »Wille zur Neuartigkeit« und der damit verbundenen Abgrenzung, ein typisches Merkmal hochwertiger Modekunden sein könnte. Auch wenn *Asos.com* dieses Verfahren noch als sehr aufwendig und angesichts noch limitierter technische Kapazitäten als derzeit schwer wiederholbar bezeichnete, lieferte das dahinterstehende konstruierte intelligente System einen wertvollen Einblick in die Struktur und die Verhaltensweisen der Kunden, der damit eine gezieltere Marktbearbeitung ermöglichte.[38]

Verschiebung der Machtverhältnisse zugunsten der Kunden

Neben der Erhebung und Analyse direkt ertrags- und umsatzrelevanter Kennzahlen, sind auch Einblicke in indirekte Zusammenhänge in Bezug auf die Kunden wertvoll. Die sozialen Medien und überhaupt die Digitalisierung haben zu einem *Customer Empowerment* geführt, einer (weiteren) Verschiebung der Machtverhältnisse an den Märkten, zugunsten der Nachfrager. Die Publizierung von Meinungen und Haltungen gegenüber Anbietern und ihren Produkten im Netz, wo dies für jedermann sichtbar wird, verschafft den Kunden eine starke Verhandlungsposition. Die Öffentlichkeit von Äußerungen über das Unternehmen und seiner Angebote hat das Marketing grundlegend verändert: im Negativen, aus Sicht der Anbieter, weil unzufriedene Kunden ihr Missfallen für alle sichtbar kundtun können, im Positiven, weil somit auch wohlwollende Äußerungen eine Plattform finden. Die Signalwirkungen, die hiervon und von einer womöglich »viralen« Verbreitung ausgehen können, lassen sich im positiven Fall für den Ausbau der eigenen positiven Reputation nutzen – im Marketing spricht man hierbei auch oft von *Earned Media*, also einer kostenlosen Werbung, die man sich aufgrund guter Leistungen »verdient« hat, in Abgrenzung zu *Paid Media*, bezahlter Werbung, oder *Owned Media*, womit auf Kommunikationsmaßnahmen aus dem eigenen Zugriffsbereich verwiesen wird, wie der eigenen Website, dem eigenen Blog oder der Kundenzeitschrift. In ihrer negativen Ausprägung jedoch können für die eigene Marke

---

38 Vgl. Benjamin Chamberlain et al.: »Customer Lifetime Value Prediction Using Embeddings«, https://arxiv.org/pdf/1703.02596.pdf

und die Reputation als Anbieter erhebliche Beschädigungen daraus resultieren. Daher ist ein intensives Monitoring der Bewertungen und Rezensionen der Kunden sinnvoll. Nur so lassen sich Probleme erkennen und dementsprechend frühzeitig Gegenmaßnahmen einleiten.

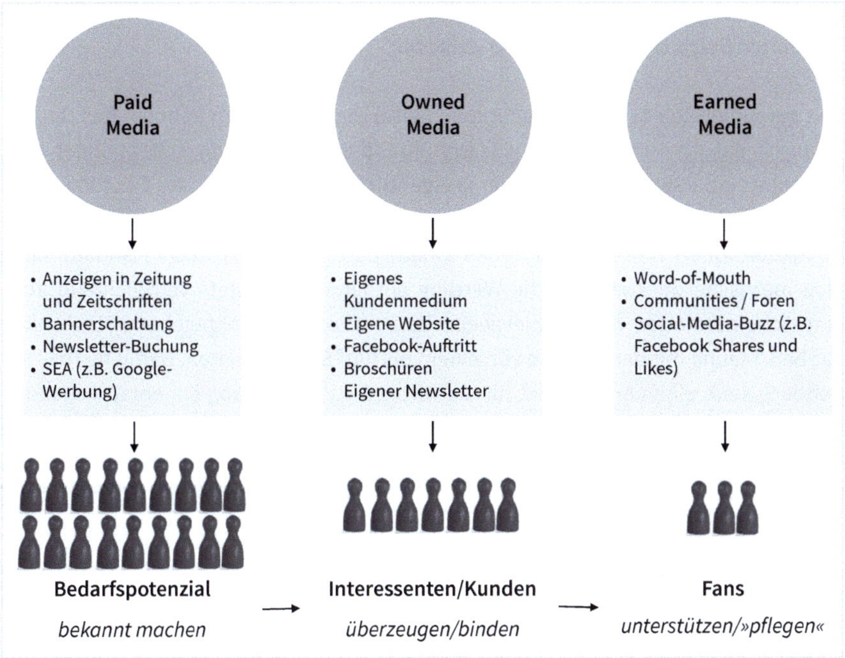

Abb. 15: *Paid, Owned, Earned Media*

Opinion Mining – Monitoring der Kundenbewertungen

Während es relativ einfach ist, die bloße Erwähnung des eigenen Unternehmens und seiner Produkte zu verfolgen – hierfür reicht ein permanenter »Suchauftrag« zur Firma oder zu den Produktnamen bei *Google* (ein sogenannter *Google Alert*) –, erweist es sich als ungleich schwerer, auch die vom Verfasser dabei vertretene Haltung, Einstellung oder Meinung qualitativ systematisch zu erfassen und auszuwerten. Gerade bei großen Unternehmen, die viele Produkte am Markt haben und über die ohnehin viel gesprochen wird, erscheint eine manuelle Auswertung, eine Durchsicht aller Erwähnungen auf einen positiven oder negativen Tenor hin, angesichts der Masse an Daten meist als kaum darstellbar. Zwar ist es möglich, einen derartigen *Crawler* zusätzlich auch nach bestimmtem wertenden Schlüsselworten suchen zu lassen, wie etwa »unzufrieden«, »Desaster«, »schlechter Service« oder Ähnliches.

Allerdings ist es kaum umzusetzen, wirklich jede qualitative Äußerung dabei zu berücksichtigen. Vor allem aber bestehen semantische Probleme in der Sprachverarbeitung. Auch gleiche oder gleichgeschriebene Worte können unterschiedliche Bedeutungen haben. Die Absicht einer bestimmten Wortverwendung ergibt sich zudem oft erst aus der Betrachtung des Kontextes: Im Englischen etwa dürfte der Begriff *shit* in einer Produktbewertung zwar meist eher negativ konnotiert sein. *Hot shit* hingegen bedeutet genau das Gegenteil. Ein Suchagent, der eine Rezension, in der der Begriff *shit* angeführt wird, automatisch als »negativ« einstuft, würde dies beim letztgenannten Beispiel also fälschlicherweise tun.

Seit geraumer Zeit bereits versucht man dieser Problematik im Rahmen des *Opinion Minings* – das manchmal auch etwas irreführend *Sentiment Analysis* bezeichnet wird, denn statt um »Gefühle« geht es hier ja eigentlich um Meinungen und Einstellungen – Herr zu werden (vgl. Teil A 1.1.4). Dazu werden Algorithmen anhand bestehender Produktrezensionen trainiert, die neben einem Bewertungstext auch standardmäßig eine metrische oder numerische Wertung enthalten, also stets verpflichtend auch eine Schulnote oder, wie beispielsweise bei *Amazon*, eine vorgegebene Möglichkeit zur Beurteilung mit der Vergabe von einem bis fünf Sternen bieten. Damit hat das lernende System einen Ankerpunkt für die Verortung der Richtung der entsprechenden Rezension. Bei der Vergabe von fünf Sternen dürfte aller Wahrscheinlichkeit nach auch der dazugehörige Text positiv ausfallen. Umgekehrt deckt sich vermutlich ebenfalls eine schlechte metrische Bewertung mit einem negativen ausformulierten Urteil. Auf diese Weise kann das System nach und nach Muster und Merkmale im Text identifizieren, die mit einer positiven oder negativen Bewertung korrelieren. Damit ist dann die Grundlage geschaffen, auch in »freier Wildbahn«, im Netz, rein textliche Erwähnungen automatisiert qualitativ einzuordnen und zu bewerten.

Während auf die Rezensionen von *Amazon* häufig im Rahmen derartiger Projekte zum maschinellen Training zurückgegriffen wird – da diese ja für alle zugänglich und in ausreichend großer Zahl vorhanden sind –, befasst sich der Handelsriese selbst ebenfalls mit dieser Thematik. Neben der Nutzbarmachung für die eigene Arbeit, hat man diese Kompetenz auch für Außenstehende, als Produkt, zugänglich gemacht: *Amazon Comprehend* versteht sich als *NLP-Service* (*Natural Language Processing*, vgl. Teil A 1.1.6),[39] der im Wege maschinellen Lernens natürliche Sprache verarbeitet und inhaltlich-logische Zusammenhänge in Texten identifiziert. Damit lassen sich wichtige Phrasen oder wiederkehrende Themen in Texten ermitteln. Auch die »Entitätenerkennung« in unstrukturierten Daten ist möglich, womit sich beispielsweise aus ausformulierten Unternehmensprofilen systematisch für das Marketing operationalisierbare Daten erheben lassen, wie Ort, Telefonnummer oder spezifisch relevante Ansprechpartner.

39 Vgl. https://aws.amazon.com/de/comprehend/ sowie https://docs.aws.amazon.com/comprehend/latest/dg/what-is.html

Kundenanalyse mithilfe der automatischen Gesichtserkennung
Nicht nur online, auch offline, im »analogen« Handel kommen derartige Techniken zum Einsatz. Die kanadische Immobilienfirma *Cadillac Fairview*, die auch diverse Einkaufszentren betreibt, setzte Gesichtserkennung zur Kundenanalyse ein. Informationen über das Geschlecht oder das ungefähre Alter wurden dabei erfasst.[40] Neben primären demografischen Merkmalen sind grundsätzlich auch Auswertungen über die Verweildauer an bestimmten Produktstandorten oder über die *Offline Customer Journey* denkbar. Daraus lässt sich auf spezifische Interessen und Präferenzen der Kunden schließen. Ebenfalls möglich sind WLAN-Auswertungen, wenn sich Mobiltelefone mit freien Zugangsknoten im Geschäft verbinden, die den Kunden als Service offeriert werden. In der Folge kann dann theoretisch – Datenschutzgesetze einmal außen vor gelassen – nicht nur das Smartphone eines Kunden bespielt werden, auch wäre damit die Überbrückung von der Offline- zur Onlinewelt und deren letztlich doch noch weitgehenderen Trackingmöglichkeiten gelungen.

Ungeachtet aller durchaus berechtigten Vorbehalte, die man als Konsument gegenüber einem immer gläserner werden Kunden haben mag: Die Möglichkeit, Daten über die Kunden zu erfassen, sind heute – zumindest technisch – schier unbegrenzt. Diese zuvor nicht dagewesene Vielfalt stellt eine besondere Herausforderung für das datengetriebene Marketing und die Marketinganalyse dar. Die Methoden der KI sind zur Bewältigung der daraus resultierenden Komplexität prädestiniert.

1.3 Produkt- und Sortiment-Insights

Neben der rein kundenbezogenen Informationsgewinnung ist auch die Sortimentsanalyse und die Suche nach Innovationen sowie die Beantwortung der Frage nach einer möglichen Erweiterung des Produktportfolios Gegenstand einer effizienten Marktbearbeitung. Zunächst lassen sich, aufbauend auf den ermittelten Präferenzen der Kunden, Ansätze für Produktentwicklungen ableiten. Diese an den Kundenbedürfnissen ausgerichteten Innovationen schließen sich an die Analyse der *Customer Insights* (Teil B 1.2) an. Auch hier erfolgt ein Rückgriff auf bestimmte Muster der Kundenstruktur oder auf festgestellte, sich wiederholende Verhaltensweisen. Je nach Unternehmensgröße kann es jedoch schwierig sein, hier Verfahren der KI, wie *Deep Learning* und das Training künstlicher neuronaler Netzwerke, zur Anwendung zu bringen, bedarf es hier doch meist einer sehr großen Anzahl an Daten. In vielen Unternehmen dürften diese als interne Kundendaten schlichtweg nicht in ausreichendem Maße

40 Quelle: https://www.cbc.ca/news/canada/calgary/cadillac-fairview-mall-directory-facial-recognition-suspended-1.4774692; https://www.cbc.ca/news/canada/calgary/calgary-malls-1.4760964

zur Verfügung stehen. Natürlich schließt dies nicht einen sinnvollen und zielführenden Einsatz verwandter Methoden, aus dem Umfeld von *Smart Data* und *Predictive Analytics* (vgl. Teil A 1.2) aus.

Sortimentsanalyse

Gleiches gilt im Prinzip für eine Sortimentsanalyse. Auch hier sind die internen Daten oft nur in begrenzter Menge vorhanden, was ein großangelegtes Training und eine autonome Mustererkennung erschwert. Gleichwohl ist durchaus denkbar, dass gerade große Handelsplattformen, mit entsprechender Frequentierung durch potenzielle Käufer und einer damit verbundenen Herkunfts- und Absprunganalyse sowie der Abbildung einer möglichst lückenlosen *Customer Journey*, in der Lage sind, quantitativ-statistisch genügende und aussagekräftige Informationen zu sammeln, um daraus automatisiert Rückschlüsse für eine Optimierung des eigenen Produktprogrammes zu ziehen. So wäre es möglich, auf maschinelle Verfahren zurückzugreifen, um etwa zu identifizieren, um welche Produkte man das eigene Portfolio erweitern könnte. Dies ließe sich dann gut mit der herkömmlichen internen Sortimentsanalyse, die auf simpleren Absatz- und *Conversion*-Statistiken beruhen kann, kombinieren.

KI als Treiber in der Produktentwicklung

Neben diesen Anwendungsfällen gibt es aber tatsächlich auch Ansätze, die KI als maßgeblichen Treiber bei der Entwicklung von neuen Produkten, im weitesten Sinne im *Innovationsmanagement* nutzen.

Der Brauerei-Konzern *Carlsberg* etwa untersucht in seinem *Beer Fingerprinting Project*, die Möglichkeiten, mittels KI neue Bier-Geschmacksrichtungen zu entwickeln und deren Erfolgschancen auszuloten. Erklärtes Ziel ist es, dem steigenden Konkurrenzdruck auf dem Markt mit vielversprechenden Innovationen zu begegnen. Um die unzähligen Proben, die im Rahmen eines Entwicklungsprozesses entstehen, effizient zu testen, sollen Sensoren die verschiedenen chemischen Zusammensetzungen und Komponenten, die den Geschmack ausmachen, ermitteln. Die Analyse der Sensorsignale erfolgt durch KI, die auf Basis zuvor maschinell erlernter Zusammenhänge von Geschmäckern und Aromen dann vorhersagen soll, wie ein Bier voraussichtlich schmecken wird. Die Vorgehensweise baut auf der Entschlüsselung des Hefe-Genoms auf. Die KI hilft dabei, die einzelnen Stämme zu analysieren und auf diese Weise bestimme Muster in der Beschaffenheit zu identifizieren.

Für jede Probe wird aus diesen Erkenntnissen ein »Geschmacks-Fingerabdruck« erstellt. Dieser soll dazu beitragen, die Dauer der Innovationsprozesse erheblich zu verkürzen, und dem Unternehmen somit helfen, mehr Biere und diese schneller auf den Markt zu bringen. Das Projekt steht noch am Anfang, immerhin können die Sensoren aber bereits zwischen einem Pils und einem Export (international »Lager«, in Bayern »Helles« genannt) unterscheiden.[41]

Rezeptvorschläge der KI *Watson* von *IBM*

Eine andere Möglichkeit, wie KI für die Entwicklung neuer oder neuartiger Produkte eingesetzt werden kann, zeigt der Ansatz von *IBM* auf: Die vom Unternehmen entwickelte KI *Watson* wurde mit einer großen Anzahl von Kochrezepten »gefüttert«. *Watson* ermittelte aus den auch unstrukturiert vorliegenden Daten mittels der computerlinguistischen Technik des *Natural Language Processings* (vgl. Teil B 3.4.3) Muster in der Zusammenstellung der Rezeptbestandteile – also was demnach traditionell in verschiedenen Weltküchen als »zueinander passend« empfunden wurde – und analysierte in einem weiteren Schritt die chemische Beschaffenheit dieser einzelnen Zutaten.[42] Daraus ließen sich zum Teil auch für den Kochbegeisterten auf den ersten Blick nicht unbedingt zu erwartende Kombinationen ableiten, die wiederum, gewissermaßen im Wege eines *Reverse Engineering*, zur Kreation teilweise gänzlich neuer Rezepte führten. So erstellte *Watson* etwa die Grundlagen für ein Gericht namens »Vietnamesischer Apfel-Kebab«, das Zutaten wie Schweinefleisch, Hühnchen, Pilze, Ananas und Erdbeere enthält. All diesen Ingredienzien gemein ist ein hoher Anteil derselben, geschmacksprägenden chemischen Verbindung (»Gamma-Dodelecatone«). Dieses, durch die KI identifizierte, gemeinsame Muster erwies sich auch als tauglich im Alltagstest. Unabhängig vom kulturellen Hintergrund sollen laut *IBM* die menschlichen Tester die Kombination als sehr schmackhaft empfunden haben.[43]

Diese Arbeit mündete sogar in einem eigenen Kochbuch (»Cognitive Cooking«), das auch im Buchhandel erworben werden konnte, inzwischen sind die Ergebnisse jedoch auch frei im Netz verfügbar. Zwar war für die Finalisierung der Rezepte noch menschliche Unterstützung vonnöten. Es bedurfte der gestalterischen Professionalität von »echten« Köchen, um die Kochanleitungen in die entsprechende Form zu bringen und die von *Watson* vorgeschlagenen Zutaten auch einer entsprechenden Zubereitungsart zu unterziehen. Aber insgesamt zeigt das Beispiel auf, welche Rolle KI bei der produktpolitischen Ideenfindung zukommen kann. Die Vorgehensweise, bestehende Produkte und Lösungen bis ins Detail zu analysieren und daran im Anschluss die einzelnen Bestandteile nach einer bestimmten, automatisch identifizierten Logik neu zusammenzusetzen und zu kombinieren, lässt sich potenziell auch auf andere Innovationsprozesse übertragen.[44]

Innovationsprozesse nachbilden

Auch in Deutschland existieren inzwischen Ansätze, um intelligente Systeme im Rahmen der Produktentwicklung einzusetzen: Ziel eines Projekts des *Daimler*-Konzerns

41 Quelle: https://news.microsoft.com/transform/can-ai-help-brewers-predict-how-new-beer-varieties-will-taste-carlsberg-says-probably/

42 Vgl. https://www.ice.edu/news-hub/press-releases/IBM-ICE-cookbook

43 Quelle: https://www.publishersweekly.com/pw/by-topic/industry-news/cooking/article/65475-a-look-inside-chef-watson-s-new-book.html

44 Quelle: https://www.ibm.com/blogs/watson/2016/01/chef-watson-has-arrived-and-is-ready-to-help-you-cook/

war es, eine Methodik zu entwickeln, mittels maschinellen Lernens Expertenbewertungen zu simulieren, also einer KI »beizubringen«, Einschätzungen und Prognosen über erfolgversprechende Entwicklungsansätze zu geben. Dafür wurden in einem ersten Schritt die zahlreichen Daten von *Mercedes-Benz* aus der Durchführung von Crash-Tests als Lernvorlage genutzt, um dem System Rückschlüsse über den Zusammenhang von Testergebnissen sowie der daraus abgeleiteten Entscheidungsfindung und Optimierung zu ermöglichen. Die KI lernt also aus der vorausgegangenen menschlichen Entscheidungslogik und versucht diese anhand von identifizierten Mustern nachzubilden. Die entsprechenden, aus einem solchen Prozess resultierenden Ergebnisse sollen im Anschluss transparent und »human verständlich« aufbereitet werden, denn die finale Entscheidung über die Fortführung des jeweiligen Innovationsprojekts verbleibt beim Menschen. In diesem Fall setzt man also ganz bewusst nicht auf eine alternative Herangehensweise der Maschine, etwa um Muster zu erkennen, die dem Menschen auf den ersten Blick nicht augenfällig erscheinen. Vielmehr wird die KI genutzt, um menschlich getriebene Innovationsprozesse nachzubilden. Erklärtes Ziel ist es, über die Automobilbranche hinaus, das Verfahren auf sämtliche Bereiche der industriellen Produktion und Entwicklung auszuweiten.[45]

Auf Basis der in der Analyse- und Planungsphase gewonnenen Erkenntnisse gilt es in der anschließenden Kundengewinnungsphase, die Angebote entsprechend zu kommunizieren und den erhofften Dialog mit dem Kunden vorzubereiten und in die Wege zu leiten. Zur Vorbereitung dieser Maßnahmen bieten sich wiederum verschiedene Ansätze an, die diese Vorarbeiten automatisieren. Auch hier treten immer stärker der Rückgriff auf intelligente Systeme sowie Verfahren des maschinellen Lernens und der Mustererkennung in den Vordergrund.

45 Quelle: https://www.industry-of-things.de/forschungsprojekt-bringt-ki-in-die-fahrzeugentwicklung-a-758615/

2 Kundengewinnungsphase

2.1 Automatische Content-Generierung

2.1.1 Die Relevanz von Inhalten im Marketing

In der Marketingkommunikation kommt der Generierung von Inhalten, dem Content, eine wichtige Rolle zu. Gute Text- und Bildkombinationen, eingebettet in ein gutes Layout oder einen anderen transportierenden Kontext, dienen genauso wie Audio- und Bewegtbildmaterial in der jeweils passenden Situation der Kontaktanbahnung mit den Adressaten der zu übermittelnden Botschaften. Dies beginnt bei der inhaltlichen Gestaltung herkömmlicher Werbemittel, on- und offline, von der Zeitungsannonce bis zum *Video Ad*, das auf *Youtube* oder anderen Webseiten eingebunden wird. Darüber hinaus haben sich heute weitere Werbeformen etabliert, deren Anspruch an die Vielfalt und Komplexität sowie an den Umfang der Inhalte noch deutlich höher sind.

Native Advertising

Das sogenannte *Native Advertising* umfasst in der Regel eine als redaktionelle Artikel getarnte kommerzielle Kommunikation in einem eigentlich als sachlich und neutral wahrgenommenen medialen Umfeld. Diese früher auch in der (Print-)Medienbranche als *Advertorials* bezeichneten Werbemittel fügen sich möglichst unauffällig in den inhaltlichen Ablauf eines Mediums ein. Ziel ist es, dass der Adressat, trotz eines gesetzlich verpflichtend vorgeschriebenen Identifikationshinweises, diese Werbung zumindest auf den ersten Blick nicht als solche wahrnimmt und somit redaktionelle und kommerzielle Inhalte wenig trennungsscharf zusammenfließen.

Content-Marketing

Mit einem etwas »offeneren Visier« agiert das Content-Marketing. Zwar verwandt mit dem *Native Advertising*, setzt es jedoch weniger intensiv auf eine möglichst verschleierte Platzierung in redaktionellen Umfeldern. Gleichwohl ist auch hier eine subtile Manipulation der Adressaten das Ziel. Der Content wird hier gewissermaßen als Köder für ein an einem spezifischen Thema interessiertes Publikum ausgeworfen. In der Regel geht es dabei um die Vermarktung von spezifischen, anspruchsvollen und schwerer zu beschreibenden Dienstleistungen und Produkten, oft aus dem Technik- oder dem Finanzbereich. Die entsprechenden Inhalte beschreiben meist, wie das jeweilige Angebot zur Lösung potenzieller Problemen der anvisierten Kundschaft beitragen kann oder wie es gelingt, damit Antworten auf bestimmte Fragestellungen zu geben. Daher kommt Content-Marketing regelmäßig auch insbesondere in Verbindung mit der *Lead-Generierung* (vgl. Teil B 3.2) zum Einsatz, indem möglichst hochwertige Inhalte dazu genutzt werden, dass, im Gegenzug für deren Bereitstellung, die Interessenten – und damit potenziellen Kunden – sich für die Nutzung registrieren und ihre Kontaktdaten hinterlassen. Die Distribution des Contents erfolgt dann oft über soziale Netzwerke, im Wege durch Suchmaschinenmarketing optimierter und beworbener Landingpages oder auch via E-Mail-Marketing.

Öffentlichkeitsarbeit und PR

Schließlich kommt der Schaffung von Inhalten natürlich auch bei der Öffentlichkeitsarbeit und PR (Public Relations) eine tragende Rolle zu. Allgemein umfasst dieser Bereich alle Maßnahmen, die dazu dienen, ein Unternehmen und seine Produkte gegenüber Anspruchsgruppen (*Stakeholdern*) in ein positives Licht zu rücken. In der Praxis gehören dazu vor allem die *Corporate Communications*, also die auf das Unternehmen selbst, als Organisation, bezogene Kommunikation. Diese umfassen unterschiedlichste Aufgaben wie die allgemeine Information der Märkte über die geplanten Vorhaben und Strategien, die grundsätzliche Pressearbeit inklusive der Durchführung von Pressekonferenzen und der Publikation von Geschäftsberichten. Ferner zählen dazu das laufende Reputations- und gegebenenfalls das punktuelle *Issue*-Management bei kommunikativen Krisen, aber ebenso Maßnahmen des Managements der *Corporate Social Responsibility* (CSR). Die Öffentlichkeitsarbeit umfasst daneben jedoch auch eher produktbezogene Kommunikationsansätze etwa in Form von Pressemitteilungen zu neuen Produkten des Unternehmens am Markt, in der damit verbundenen Hoffnung, dass deren Verbreitung über den eigenen Presseverteiler zu möglichst wohlwollenden Berichten und Erwähnungen in einschlägigen Medien führt.

Die Erstellung all dieser dafür notwendigen Inhalte, in der entsprechenden Form und Tonalität, mit Blick auf die jeweilige kommunikative Zielsetzung, stellt eine der wesentlichen Herausforderungen in der Marketingansprache dar. Dafür werden sicherlich auch in der nahen Zukunft qualifizierte Mitarbeiter vonnöten sein. Gleichwohl gibt es in diesem Bereich bereits jetzt erstaunliche Entwicklungen, die die Arbeit der *Content Creation* – nicht nur im Marketing – grundlegend verändern werden. Dies ist Gegenstand des folgenden Abschnitts.

2.1.2 KI und die automatisierte Generierung von Inhalten

Unter *Content* werden umgangssprachlich im Bereich der Medien und des Marketings alle denkbaren Inhalte zusammengefasst, neben Lesetexten also auch Ton- und Video-Inhalte, Fotos, Grafiken und anderes. Bei der automatisierten Produktion von Content steht derzeit aber sicherlich das geschriebene Wort noch im Vordergrund, auch wenn bei anderen Formaten inzwischen ebenfalls vielversprechende Ansätze existieren.

Allgemein wird die automatische, maschinelle Erstellung von natürlicher Sprache auch als *Natural Language Generation* bezeichnet. Ausgangspunkt sind in der Regel vorab in eine strukturierte Form gebrachte Daten, die dann genutzt werden, um die betreffenden Inhalte in ein bestimmtes Format zu überführen. Im einfachsten Fall handelt es sich hierbei um ein simples Template, wie einer vorgegebenen Textmaske, in der dann die vorgehaltenen Lücken jeweils zwar individuell, aber eben automatisiert mit aktuellen Daten befüllt werden.

KI hebt diese Verfahren dann auf eine neue Ebene, wenn es sich dabei nicht nur um stupide, sich wiederholende Lückenfüllung handelt, sondern die Datenquellen so eingebunden werden, dass auf diese Weise auch komplexe Thematiken erfasst und interpretiert werden können und der Sprachgenerierungsmechanismus gleichzeitig neue, variable Texte, auch unabhängig von vorab festgelegten Sprachbaukästen erstellt. Auch hier spielt die Erkennung von Mustern eine wichtige Rolle. Damit computerlinguistische Prozesse greifen können, bedarf es einer Strukturierung der Textanalyse, sowohl grammatikalisch als auch semantisch. Die Generierung von Inhalten verläuft dann umgekehrt zu deren Interpretation. Aufbauend auf diesem sprachlichen Regelwerk werden Satzbau und Grammatik berücksichtigt. Die freie und »richtige« Verwendung von Wörtern und ganzen Sätzen lassen sich ebenfalls über *Deep-Learning*-Verfahren trainieren. Gleichzeitig muss jedoch auch die inhaltliche Zielrichtung, die Bedeutung und Aussagekraft des ausgegebenen Contents bestimmt werden. Je weiter die Funktionalität und je breiter dieser Anwendungskontext gefasst sind, umso intelligenter, also autonomer muss hier die KI agieren, was im Moment die größte Herausforderung darstellt.

Die Tonalität von Texten

Die Tonalität von Texten künstlich nachzubauen, funktioniert derzeit schon recht gut. Rhetorische und stilistische Elemente je nach Zielrichtung zu variieren, liegt durchaus im Bereich dessen, was sich durch maschinelles Lernen in der Praxis realisieren lässt. Die Grenzen von *Natural Language Generation* bestehen allerdings darin, dass es ein allumfassendes Verständnis von Zusammenhängen bei künstlich intelligenten Systemen nicht gibt. Menschliches Erfahrungswissen, das zur Interpretation von Ereignissen und ihrer Wirkung – etwa, was ein Einbruch der globalen Ölpreise für die deutschen Bemühungen bedeuten würde, den CO^2-Gehalt zu senken – Voraussetzung ist, ist einer KI nur äußerst schwer zu vermitteln.[46]

Autonom erstellte und Medieninhalte

In der Praxis existieren seit Längerem Ansätze, automatische Texterkennung nutzbar zu machen. Schon seit 2014 setzt etwa die amerikanische Nachrichtenagentur *Associated Press* bei der Publikation von Meldungen zu der Veröffentlichung von Ge-

46 Vgl. dazu den Beitrag von Wolfgang Zehrt »Der Begriff »Roboterjournalismus« lenkt von zu vielen Chancen ab«, S. 22 ff., https://tinyurl.com/4354udfj

schäftsberichten Automatisierungsverfahren ein.[47] Kurz zuvor hatte bereits der *Quakebot* der *Los Angeles Times* für Schlagzeilen gesorgt, der eigenständig eine Meldung über ein Erdbeben in Kalifornien verfasste und im Content-Management-System der Zeitung publikationsbereit ablegte. Der *Quakebot* war so programmiert, dass er auf einen automatisch abgesetzten Alarm der für die Erdbebenüberwachung zuständigen Behörde *U.S. Geological Survey* reagierte, der dann den Startschuss für die Texterstellung abgab.[48] 2016 begann die *Washington Post* mit ihrem System *Heliograf*, bei der Erstellung ihrer Inhalte auf KI zurückzugreifen.[49] Dabei wurden zunächst Rückschlüsse aus den zahlreichen Interaktionen zwischen menschlichen Redakteuren und maschinellem System gezogen, etwa aus der Überarbeitung erster automatisch erstellter Texte durch die Journalisten. Diese Erkenntnisse flossen dann in die Optimierung des Systems ein. Auch auf Querverweise aus anderen Teilsystemen – neben *Heliograf* umfasst der Instrumentenkasten des Medienunternehmens unter anderem auch einen intelligenten Moderations-Bot (ModBot) für die Verwaltung der Social-Media-Kommentare – kann die Software entsprechend reagieren und beispielsweise eigenständig neue relevante Themen identifizieren.[50] Zahlreiche Medienunternehmen zogen in den Folgejahren nach und schufen verschiedenste Anwendungen zur Textgenerierung. In Deutschland veröffentlicht die *taz* als eine der ersten Tageszeitungen seit einiger Zeit eine Kolumne, die vollständig von KI verfasst wird. Die Redaktion wählt lediglich die Texte aus und beschränkt sich ansonsten auf kleinere technische Korrekturen.[51]

Automatische Anreicherung und Erweiterung von Texten

Neben der Erstellung gänzlich neuer Inhalte rückte dabei auch der Ansatz der *Content Augmentation*, der inhaltlichen Erweiterung textlicher Vorarbeiten, in den Fokus. Auf Grundlage einer semantischen Analyse gilt es dabei zunächst, passende externe Ergänzungen zu einem bereits existierenden Text zu suchen.[52] Mit diesen zusätzlichen Informationen – beispielsweise geänderte tagesaktuelle Bezüge oder fortlaufende Entwicklungen bestimmter Ereignisse – wird der Text dann laufend automatisch angereichert.[53]

---

47 Quelle: https://www.heise.de/newsticker/meldung/Roboter-Journalismus-Associated-Press-automatisiert-Meldungen-zu-Geschaeftsberichten-2243863.html

48 Quelle: https://www.heise.de/newsticker/meldung/Quakebot-schreibt-erste-Meldung-zum-Erdbeben-in-Los-Angeles-2149156.html

49 Vgl. https://www.washingtonpost.com/pr/wp/2016/10/19/the-washington-post-uses-artificial-intelligence-to-cover-nearly-500-races-on-election-day/?noredirect=on&utm_term=.00595f46113e

50 Ebd. https://www.washingtonpost.com/pr/wp/2016/10/19/the-washington-post-uses-artificial-intelligence-to-cover-nearly-500-races-on-election-day/?noredirect=on&utm_term=.5c63dd256b8b

51 Vgl. https://taz.de/Kolumne-einer-kuenstlichen-Intelligenz/!5898282/

52 Vgl. https://azure.microsoft.com/en-us/resources/videos/build-2018-cognitive-search-ai-powered-content-augmentation/

53 Vgl. Jens Pacholsky: »Big Data funktioniert nur mit semantischen Technologien – 5 Nutzungsszenarien«, https://www.industry-of-things.de/big-data-funktioniert-nur-mit-semantischen-technologien-5-nutzungsszenarien-a-592187/

Die Entwicklung hat in den letzten Jahren nochmals erheblich an Fahrt aufgenommen. Mit *GPT* (*Generative Pre-trained Transformer*), dem Sprachverarbeitungsmodell der *Nonprofit*-Organisation *OpenAI*, steht inzwischen ein wirkmächtiges Werkzeug zur Verfügung, mit dem tatsächlich Texte erstellt werden können, bei denen kaum noch auffällt, dass sie nicht menschlichen Ursprungs sind. Dazu wurde ein künstliches neuronales Netzwerk mit bis zu 175 Milliarden Einflussparametern (Neuronen) mit Textdaten trainiert, mit dem Ziel, menschliche Sprachmuster erkennen und reproduzieren zu können. Die Einsatzmöglichkeiten reichen dabei von der Vervollständigung von Sätzen oder ganzen Texten, über die Übersetzung von Texten bis hin zur individuellen Generierung von Antworten auf Fragen in Echtzeit. Einen Eindruck von der Leistungsfähigkeit des Systems kann man sich mithilfe der während der Beta-Phase öffentlich zugänglichen *Chat*-Version[54] machen. Antworten auf Wissensfragen, philosophische Ausführungen und auch literarische Texte oder Gedichte produziert das NLP-System auf Anforderung durch den Nutzer innerhalb von Sekunden. Dabei weisen die erstellten Texte eine hohe inhaltliche und grammatikalische Qualität auf. Auch verschiedene Sprachstile und Anwendungsfälle lassen sich auf Anweisungen erzeugen.

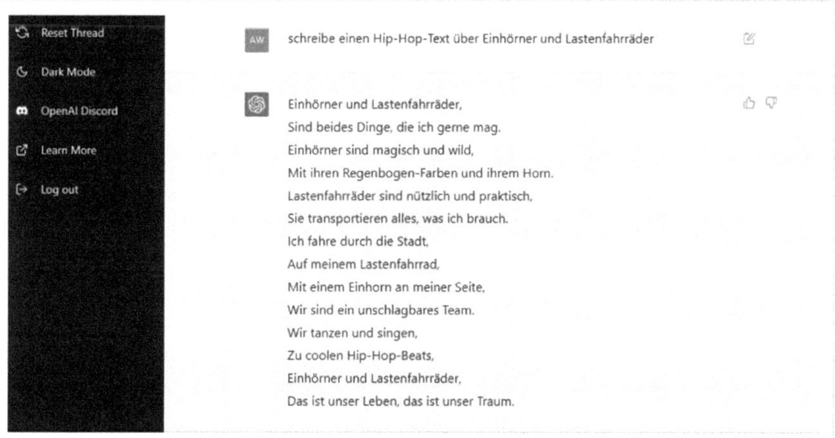

Abb. 16: Auch künstlerische Inhalte mit ausgefallenen Inhalten lassen sich per Textanweisung durch *ChatGPT3* automatisch erzeugen, wie hier: »schreibe einen Hip-Hop-Text über Einhörner und Lastenfahrräder« (Quelle: OpenAI, https://chat.openai.com/chat)

Auf das Marketing übertragen ergeben sich daraus natürlich zahlreiche Implikationen für die Kommunikation. Denkbar sind eine Reihe von Maßnahmen: von der Erstellung von Werbetexten, die automatisierte textliche Befüllung von *Landingpages* für bestimmte, vielleicht auch zeitlich befristete, Aktionen bis hin zu den bereits genannten

54 Vgl. https://chat.openai.com/chat

Segmenten wie Content-Marketing, *Native Advertising* oder allgemein in der Öffentlichkeitsarbeit. Auch für die Kommunikation in den sozialen Medien bieten sich derartige Verfahren an.

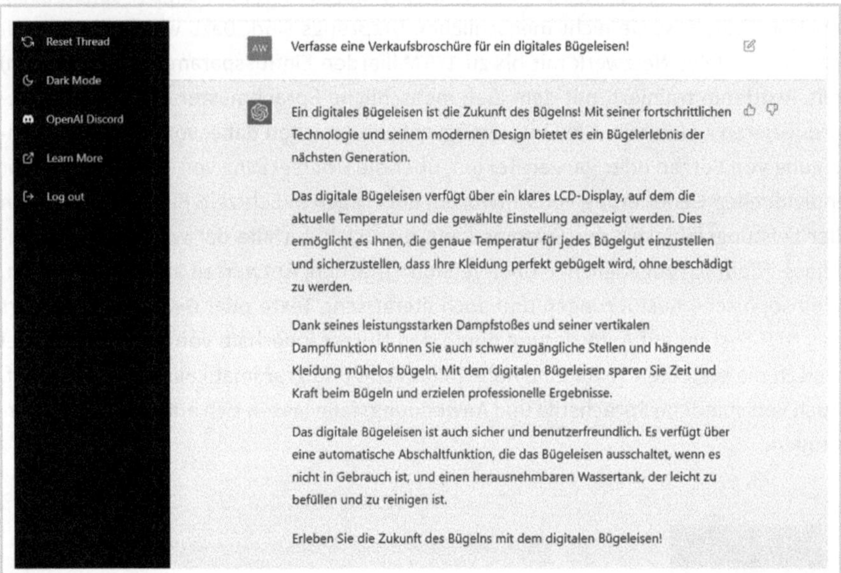

Abb. 17: *ChatGPT-3* verfasst auf Anforderung eine »Verkaufsbroschüre für ein digitales Bügeleisen« (Quelle: OpenAI, https://chat.openai.com/chat, Automatische Content-Erstellung für die sozialen Medien)

Schon vor dem Entwicklungssprung, den Modelle wie *GPT-3* auslösten, wurde auf Textgeneratoren im Marketing zurückgegriffen. Das britische Unternehmen *Echobox*[55] beispielsweise bereitet auf Grundlage von KI bereits bestehenden Content für die Publikation in sozialen Netzwerken wie *Facebook* oder *Twitter* automatisch auf, mit der Prämisse, dabei eine möglichst gute Performance des entsprechenden Posts zu erzielen. Dazu wird laufend und in Echtzeit eine große Zahl an Daten ausgewertet, die Performance-Ergebnisse fließen automatisiert in die Optimierung der zugrunde liegenden Publikationsmechanik ein. Zuvor scannt ein Algorithmus die verfügbaren Inhalte eines Unternehmens, berechnet die Wahrscheinlichkeit einer positiven Aufnahme in den sozialen Medien und leitet daraus einen Bewertungsindikator sowie auch einen erfolgsorientierten Publikationsplan für die einzelnen Inhalte ab. Das Ergebnis der Ausspielung wird dann mittels einschlägiger Kennzahlen gemessen wie der *Click-Through-Rate* (Klick-Rate) oder der *Engagement-Rate*, welche die Interaktionen – ein Like, ein Kommentar, eine Weiterverbreitung – eines Social-Media-Posts ins Ver-

55 Vgl. https://www.echobox.com/

hältnis zu der Summe der Sichtkontakte (den Ausspielungen an Social-Media-Nutzer) dieses Posts setzt.[56]

Einen ähnlichen Ansatz verfolgt auch *Yala*[57], das durch den Rückgriff auf maschinelles Lernen und Algorithmen und die Analyse der bisherigen Posting-Historie erkennen will, wann optimale Zeitpunkte zur Publikation von Content in den sozialen Medien bestehen. Dabei funktioniert *Yala* zudem als *Chatbot* (vgl. Teil B 3.4.3), der gewissermaßen selbst die Interaktion mit den Nutzern sucht.[58]

Werbeansprache mithilfe von KI-Technologien

Das Unternehmen *Phrasee* bewirbt die eigenen Leistungen vollmundig mit dem Anspruch, mittels KI eine bessere Werbeansprache liefern zu können, als ein menschlicher Texter jemals dazu in der Lage wäre.[59] Das Unternehmen konzentriert sich auf die Generierung von überwiegend kurzen Werbetexten. Ziel ist es, auf Grundlage von *Deep-Learning*-Verfahren optimierte Betreffzeilen von Werbe-E-Mails sowie perspektivisch auch Texte für Anzeigen in sozialen Netzwerken oder bei *Google* autonom zu generieren.[60] Dabei sollen keine griffigen Slogans von der Stange zum Einsatz kommen. Angeblich beziehen stattdessen die lernenden Algorithmen bei der Ausformulierung auch die Tonalität und die *Corporate Identity* des jeweiligen Kunden mit ein.[61]

Aber auch bei der Anpreisung des eigenen Angebotes jenseits von beschreibenden und auffordernden Texten kann die automatische Generierung im Marketing hilfreich sein. Auch Fotos und Bilder lassen sich entsprechend optimiert einsetzen. Der Streamingdienst *Netflix* greift bei der Aufbereitung seines Angebotes intensiv auf KI-Techniken zurück. Schon seit Langem setzt die Filmplattform auf eine weitgehende Personalisierung (vgl. Teil B 3.1) bei der Ansprache seiner Kunden und der entsprechenden Filmauswahl. Jedoch lassen sich höhere Erfolgsquoten hinsichtlich der Akzeptanz der Angebote durch die Nutzer nicht nur im Zusammenhang mit einem individualisierten Vorschlag des Films selbst festmachen, auch die Auswahl der entsprechenden Teaserbilder spielt hier offensichtlich eine Rolle.

---

56 Vgl. Antoine Amann: »How We Use Artificial Intelligence to Help Online Publishers«, https://www.linkedin.com/pulse/how-we-use-artificial-intelligence-help-online-publishers-amann/
57 Vgl. https://yalabot.com/
58 Vgl. Sarah Perez: »Yala's new chatbot knows the best time to post to social networks«, techcrunch.com/2016/09/08/yalas-new-chatbot-knows-the-best-time-to-post-to-social-networks, https://yalabot.com/#how
59 Quelle: https://phrasee.co/
60 Vgl. Marek Mulison: »A.I. writes itself a cheque as Phrasee eyes global marketing sector«, https://internetofbusiness.com/ai-copywriting-startup-phrasee/
61 Quelle: https://phrasee.co/

Optimierung der Bildauswahl durch A/B-Testing?

Herkömmlicherweise werden bei der Optimierung der Bildauswahl zwei Alternativen über einen bestimmten Zeitraum getestet (A/B-Testing). Problematisch ist dabei zum einen die Zeit, die vergeht, bis entsprechende Erkenntnisse vorliegen, und der Umstand, dass dann eine Hälfte der Testpersonen über die Dauer dieser Maßnahmen mit einer suboptimalen Version des Auftritts konfrontiert wurde. Zum anderen, und das dürfte noch schwerwiegender sein, berücksichtigt diese Vorgehensweise nicht, dass es innerhalb der beiden Testgruppen durchaus Personen geben kann, auf die jene Version, die im Durchschnitt schlechter abgeschnitten hat und dementsprechend komplett aussortiert wird, im Einzelfall eben doch bessere Auswirkungen hatte. Insofern gibt ein A/B-Testing immer nur einen Mittelwert für eine »gute« Ansprache aus, schließt dabei jedoch ein individualoptimiertes Vorgehen von vorneherein aus. Mittels dynamischer Verfahren, wie in diesem Fall dem *Multi-Armed-Bandit*-Modell, die auf die Optimierung solcher Situationen angewandt werden können, indem nur der mögliche »Nachteil« eines einzelnen Nutzers in den Fokus gerückt wird (der sogenannte *Regret*, der beim Adressaten entsteht, wenn er eine suboptimale Lösung präsentiert bekommt), lassen sich umgehend aus dem vorhandenen Datenmaterial personalisierte Ansprachen ableiten.

In der Praxis bedeutet dies, dass je nachdem, was das System meint, über einen Nutzer zu wissen, ihm dieses auch zur Empfehlung eines Films ein anderes Teaserbild zeigt: Wer ansonsten Komödien bevorzugt, dürfte bei »Star Wars« – sollte es je bei *Netflix* verfügbar sein – eher ein Foto von R2D2 und 3CPO sehen. Freunde gepflegter Action-Streifen würden hingegen wohl eher ein *Thumbnail* von Luke Skywalker im Luftkampf mit einem X-Wing präsentiert bekommen. Und Filmliebhaber mit einem Hang zur Romantik könnten sich stattdessen am Anblick von Prinzessin Leya im Arm von Han Solo erfreuen.[62]

Automatisch ausgewählte Teaserfotos

Auch *Yelp*, die internationale Bewertungsplattform für Restaurants und Ladengeschäften, deren Inhalte fast ausschließlich von deren Nutzern zusammengetragen werden (*User Generated Content*), setzt *Deep Learning* ein, um daraus die jeweils besten Teaserfotos für einen Eintrag zu bestimmen. Da die Vielzahl an hochgeladenen Inhalten eine menschliche Redaktionskontrolle fast unmöglich macht und man gleichzeitig sich nicht allein auf typische Digitalindikatoren wie Klickraten oder Seitenabrufe verlassen wollte, suchte man nach einer maschinellen Lösung, um hochwertige Aufnahmen bevorzugt als Klickelement für einen Einzelbeitrag ausgeben zu können. Mittels des Trainings in einem *Convolutional Neural Network* (vgl. Teil A 1.3.2 a) baute man

62 Vgl. Mariya Yao: »5 Ways Deep Learning Improves Your Daily Life«, https://www.topbots.com/5-ways-deep-learning-improves-your-daily-digital-ux-life/

ein Scoring-Modell auf, das die Bildqualität anhand der Metadaten (die sogenannten *Exif*-Daten für *Exchangeable Image File*) einer hochgeladenen Fotodatei analysierte. Als Trainingsdaten wurden als Beispiel für eine »gute Qualität« Aufnahmen genommen, die mit einer digitalen Spiegelreflexkamera von den Nutzern gemacht worden waren. Anhand der daraus erlernten positiven Eigenschaften konnte das System dann die jeweils »besten« Fotos bestimmen.[63]

Auch in anderen, ähnlich gelagerten Bereichen kommen intelligente und lernende Technologien verstärkt zum Einsatz. *SAP* nutzt beispielsweise KI im Marketing bei der Kontrolle, ob rechtlich einwandfreies Bildmaterial verwendet wurde. Wenn ein Bild etwa in einem geplanten Kundenprospekt als urheberrechtlich bedenklich identifiziert wurde, wird dann automatisiert nach einer legalen Alternative gesucht.[64]

KI in Kreativprozessen

Immer öfter wird KI auch in wirtschaftlichen Kreativprozessen eingesetzt. Angeblich hat der japanische Zweig der Werbeagentur *Universal McCann* den Job des *Creative Directors*, also des für die Entwicklung und Umsetzung einer Kundenkampagne Verantwortlichen, erfolgreich auf eine KI ausgelagert. Diese soll aus dem Kundenauftrag heraus eigenständig den Mitarbeitern ein internes Briefing erstellen sowie womöglich eigene Ideen dabei einbringen, die den Rahmen vorgeben, an dem sich dann der kreative Entwicklungsprozess ausrichten soll.[65] Es sei dahingestellt, wieviel echte »Intelligenz« in diesem System steckt und ob es sich hier nicht doch vielleicht selbst um einen gezielten Werbegag handelt. Jedoch gibt es durchaus vielversprechende und glaubhaftere Ansätze auf diesem Feld: Aus der Erkennung von Mustern in Musik lassen sich »vergleichbare« Kompositionen ableiten – also autonomisiert aus bestehenden »Hits« neue, ähnliche Songs erstellen, die die gleichen Eigenschaften wie das Original aufweisen, also auch die gleichen Zielgruppen ansprechen könnten.

Soundbranding – Mustererkennung in der Musik

Verfahren der Mustererkennung in der Musik werden zum Beispiel beim *Soundbranding* eingesetzt, wenn eine bestimmte Klangformation zur akustischen Unterfütterung einer Marke beitragen soll. Wird bei den Adressaten eines Werbeclips beim Hören der Begleitmusik eine spezifische Stimmung ausgelöst, die sie eigentlich mit einem bekannten Lied, dem Original, verbinden, so lässt sich diese Emotionalität unterschwellig mit der Marke verknüpfen. Man erinnert sich, vielleicht unbewusst, an das ursprünglich gehörte Original und den natürlich

63 Quelle: https://engineeringblog.yelp.com/2016/11/finding-beautiful-yelp-photos-using-deep-learning.html; https://engineeringblog.yelp.com/2015/10/how-we-use-deep-learning-to-classify-business-photos-at-yelp.html; Vgl. dazu auch: Mariya Yao: »5 Ways Deep Learning Improves Your Daily Life«, https://www.topbots.com/5-ways-deep-learning-improves-your-daily-digital-ux-life/

64 Quelle: t3n.de/news/dax-kuenstliche-intelligenz-1087520

65 Quelle: https://www.businessinsider.de/mccann-japans-ai-creative-director-creates-better-ads-than-a-human-2017-3

idealerweise positiven Kontext und überträgt diese Einstellung auf das beworbene Produkt. Aus der intensiven Analyse der Zusammenhänge von Klängen und Emotionen lassen sich dann gezielt jeweils zum Markenkern passende Kombinationen ableiten. Dies könnte dann unter anderem zu analytisch ermittelten *Sound-Logos* und kompletten akustischen Markenauftritten führen, deren Wirksamkeit nun, durch den Einsatz intelligenter Verfahren, auch belegbar und planbar wird.[66]

Manipulation von Filmaufnahmen

Auch Bewegtbild lässt sich inzwischen künstlich erzeugen. Berühmt-berüchtigt sind bereits die als *Deep Fake* bekannt gewordenen Versuche, Filmaufnahmen so zu manipulieren, dass Unbeteiligte damit perfekt in den Ablauf des Geschehens kopiert werden und dann nur noch schwer festzustellen ist, ob es sich dabei um eine echte Aufnahme oder um eine Fälschung handelt. Dies mag bei der ersten, einer breiten Öffentlichkeit bekannten Anwendung, Prominente als Akteure in bereits existierende Pornovideos aktiv einzubauen, noch für Erheiterung gesorgt haben. Spätestens dann, wenn man Einzelpersonen des öffentlichen Lebens mittels dieser Technik Worte in den Mund legt, die diese so nie geäußert haben, dürfte, auch vor dem Hintergrund von *Fake-News*-Debatten, den meisten das Lachen schnell vergehen. Die KI errechnet dabei autonom, wie das einzufügende Bildmaterial möglichst störungsfrei in das bestehende Video einzubinden ist. Eine derartige Exaktheit, die dann erst für die authentische Wirkung des manipulierten Clips sorgt, wäre durch menschliche Hand kaum zu leisten.

Es wird zunehmend schwerer, hierbei Realität und Fälschung auseinanderzuhalten, was sich auch in einer erhöhten grundsätzlichen Skepsis niederschlägt. Exemplarisch dürfte der Fall des Präsidenten von Gabun, Ali Bongo, sein, der nach einer medizinischen Behandlung, vermutlich eines Schlaganfalles, längere Zeit nicht mehr in der Öffentlichkeit auftrat. Gerüchte über dessen Ableben machten bald die Runde. Infolgedessen sah sich die Regierung veranlasst, ein Video des Staatsoberhauptes mit einer Ansprache an die Nation zu veröffentlichen, um auf dieser Weise der Behauptung, er sei verstorben, zu widersprechen. Dies führte jedoch genau zum Gegenteil der erwünschten Reaktion: Viele zweifelten die Echtheit des Materials an und verdächtigten die Regierung der gezielten Manipulation, der künstlichen Erstellung des Filmmaterials, um den Tod des Präsidenten zu kaschieren. Die Aufregung mündete schließlich sogar in einen Putschversuch, der jedoch niedergeschlagen werden konnte.[67] Auf der anderen Seite ergeben sich natürlich auch hier potenziell sinnvolle Adaptionsmöglichkeiten für Marketing und Kommunikation, etwa um kostengünstig auf der Grundlage

---

66 Vgl. zum Thema *Soundbranding* auch https://onlinemarketing.de/news/audio-branding-ki-optimieren-marken-passenden-sound-finden

67 Quelle: Breland, Ali (2019): The Bizarre and Terrifying Case of the »Deepfake« Video that Helped Bring an African Nation to the Brink. In: Mother Jones, 15.03.2019, https://www.motherjones.com/politics/2019/03/deepfake-gabon-ali-bongo/

von bereits produziertem Archivmaterial neue, beziehungsweise adaptierte, Werbeclips zu erstellen oder um bestehendes Material zu einem späteren Zeitpunkt zu überarbeiten. Auch hier zeigt sich, dass Fortschritt stets ein zweischneidiges Schwert ist. Wie jede Technologie kann auch KI sowohl sinnvoll für das »Gute« wie auch für das »Schlechte« eingesetzt werden.

2.2 Automatisierung von Mediaplanung und Mediaeinkauf

2.2.1 Grundlagen

Der Erstellung der Werbemittel folgt in der klassischen Werbekommunikation die Suche und Auswahl passender Werbeträger zur Übermittlung der entsprechenden Werbebotschaft. Das Aufgabengebiet der Mediaplanung umfasst sämtliche Maßnahmen, die der Platzierung eines Werbemittels vorausgehen, insbesondere die strategische wie auch operative Auswahl der medialen Werbeträger. Ziel ist es, das Mediabudget möglichst effizient und effektiv zu investieren, so dass die erstellten Werbemittel eine budget- und verhaltensoptimale Wirkung entfalten. Neben einer entsprechend sinnvollen Auswahl der Kanäle der Zielgruppenansprache – also der Frage danach, wie und wo die anvisierten Adressaten am besten erreicht werden können – geht es dabei auch um die Erzielung möglichst günstiger Preise für dieses Vorhaben. Ebenso zählt die sinnvolle Abstimmung einzelner Bestandteile einer Kampagne und des jeweiligen Maßnahmenbündels – sowohl in ihrer zeitlichen Abfolge als auch in ihrer strategischen Gesamtausrichtung – dazu.

Auch dieser Bereich des Marketings hat sich in den letzten Jahren bereits erheblich automatisiert. Der Einsatz von KI befeuert diese Entwicklung nun nochmals deutlich. Der Rückgriff auf Daten getriebene Ansätze und die Möglichkeiten der digitalen Automation bei der werblichen Zielgruppenansprache sind in der Praxis längst etabliert und prädestinieren damit dieses Feld als Entwicklungsumgebung für den Rückgriff auf intelligente, autonom lernende und agierende Systeme.

Die Aufgaben des *Programmatic Advertising*

Schon seit geraumer Zeit wird die Umsetzung digitaler Werbekampagnen vom sogenannten *Programmatic Advertising* geprägt. Der Begriff bezeichnet die »mechanisierte« Auswahl der relevanten Platzierung und Ausspielung von Werbemitteln sowie allgemein die automatische Abwicklung von Werbebuchungen. Möglich wurde dies einerseits durch die immer stärker ausgeprägte Datenorientierung in der Kommunikation und andererseits durch eine entsprechend gewachsene Infrastruktur auf dem digitalen Werbemarkt. Bevor die Relevanz von KI und maschineller Lernverfahren in diesem Kontext betrachtet werden, gilt es zunächst, dieses »Ökosystem« zu beschreiben.

2.2.2 Das Ökosystem *Programmatic Advertising*

Der Begriff des *Programmatic Advertising* ist, wie so viele andere im Umfeld des digitalen Marketings, nicht eindeutig definiert. Im Kern beschreibt er jedoch einen fortgeschrittenen Automatisierungsgrad bei der Buchung, Platzierung und Ausspielung von Werbung sowie auch bei der Preisbildung auf den Märkten. Dies allein setzt bereits einen ausgeprägten Rückgriff auf Daten und damit einhergehend auch das Vorhandensein einer breiten Datenbasis voraus. Daher bietet das *Programmatic Advertising* gewissermaßen einen »natürlichen« Anknüpfungspunkt für den Einsatz von KI im Marketing. Automatisierung ist somit auch in diesem Fall ein Vorläufer für eine maschinelle Autonomie, die ein intelligentes Wirken von digitalen Systemen ermöglicht. »Programmatisches« Werben finden wir heute überall dort, wo Marketing analytisch und zahlenorientiert, also auch messbar und damit steuerbar erfolgt. Wenngleich Unternehmen wie *Meta* oder *Google* hier eine Vorreiterrolle einnehmen, ließ sich insbesondere in den letzten Jahren auch eine entsprechende Entwicklung auf den herkömmlichen Werbemärkten, insbesondere auch bei klassischen Websites und der digitalen Displaywerbung (»Banner«), verzeichnen.

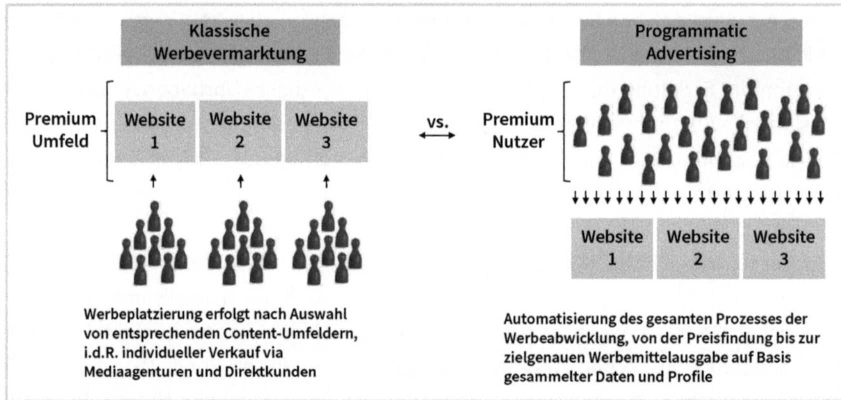

Abb. 18: Klassische Werbevermarktung vs. *Programmatic Advertising* (Quelle: Andreas Wagener, 2023, CC BY-SA 4.0)

Digitalisierung der Werbemärkte

Die Digitalisierung hat schon früh zu einer tiefgreifenden Veränderung auf den Werbemärkten geführt. Neben der Granulierung der Adressatenansprache im Wege des *Targetings* (vgl. Teil B 2.2.3) betrifft dies seit geraumer Zeit auch die Ausgestaltung der Handelsprozesse. Bereits in den 1990er-Jahren etablierten sich Systeme, über die sich sowohl der Einkauf als auch die Platzierung von digitalen Werbeflächen standardisiert durchführen ließ. Bis heute steuern sogenannte *Ad-Server* auf werbevermarkteten Websites die Ausspielung von Bannern. Dies gilt zum einen hinsichtlich der Quantität –

meist wird ein bestimmtes Kontingent an *Ad-Impressions*, also eine fest vereinbarte Anzahl an Auslieferungen eines Werbemittels auf den vereinbarten Platzierungen verkauft –, indem das System die Einblendungen der jeweiligen Werbebotschaften orchestriert und protokolliert. Zum anderen ist der *Ad-Server* aber auch mit Blick auf die Qualität der so erzeugten potenziellen »Sichtkontakte« der Werbemittel von Bedeutung, da er ebenfalls eigenständig die zielgerichtete Ausspielung nach zuvor definierten und übermittelten *Targeting*-Kriterien übernehmen kann.

Digitaler Handel mit Werbeplätzen

Auch der Einkauf von digitalem »Werbeinventar« erfolgt heute meist sehr stark automatisiert. Als Vorreiter auf diesem Feld führte *Google* zu Beginn des Jahrtausends sein *Adwords*-Programm ein, das den Einkauf von Werbung über ein Interface und ein standardisiertes Handelsverfahren – im Prinzip eine umsatzmaximierende Auktion – ermöglichte. Auch für klassische Digitalwerbung existieren heute entsprechende Marktplätze – sogenannte *Ad Exchanges* –, deren Organisation technisch systematisiert ist. Damit wird sowohl für die Anbieter von digitalen Werbeflächen, den *Publishern* und den das Inventar bündelnden Vermarktern als auch den Nachfragern, den werbetreibenden Unternehmen und ihren Agenturen, eine Plattform geboten, um Werbeplätze zentral zu handeln. Die Strategien und operativen Handlungen auf diesen Märkten lassen sich technisch vorab definieren, de facto also »programmieren«. Darauf ist der Begriff des *Programmatic Advertisings* zurückzuführen.

Das Angebot an verfügbaren *Ad-Impressions* der Website-Betreiber wird dazu in der Regel auf sogenannten *Supply-Side-Platforms* (SSPs) gebündelt. Diesen stehen die *Demand-Side-Platforms* (DSPs) gegenüber, welche die Nachfrage zusammenführen. Über die Kommunikation dieser beiden Seiten erfolgt die Marktorganisation und die Preisbildung nach Angebot und Nachfrage. Meist kann über die DSPs und angeschlossene *Trading Desks* das verfügbare Angebot eingesehen und nach bestimmten werblichen Kriterien gefiltert werden. Über die SSPs ist die Publisher-Seite in der Lage, die Kriterien für die Abnahme von Werbeinventar festzulegen – wie Abrechnungsformen, Mindestpreise und den Ausschluss bestimmter Werbekunden vom Verfahren, zum Beispiel um Kannibalisierungseffekte zu vermeiden, weil zu diesen bereits im Tagesgeschäft eine Kundenbeziehung besteht oder um ungewünschte Werbeinhalte auf den eigenen Seiten zu verhindern (beispielsweise *Gaming*, Werbung mit FSK 18 etc.).

Werbeeinblendungen und *Real Time Advertising*

Die Nachfrageseite kann hingegen über die DSPs bestimmte Umfelder von vornherein ausschließen. Daneben sind aber auch *Targetings* denkbar, die sich direkt am Adressaten orientieren, wie etwa die Konzentration auf Verwender bestimmter Endgeräte oder Nutzer, die in der Vergangenheit eine spezifische Verhaltensweise an den Tag gelegt haben. Auch eigene Daten, etwa aus dem CRM-System des werbetreibenden Unternehmens, lassen sich für eine zielgerichtete Ansprache heranziehen. In diesen Fällen muss dann logischerweise die Entscheidung, ob eine einzelne *Ad-Impression* gekauft wird oder nicht, in Echtzeit getroffen werden, nämlich in dem Moment, in dem ein Nutzer auf eine einzelne Website zugreifen will und damit auch die Werbeeinblendungen ausgelöst werden sollen. Tatsächlich erfolgt diese Entscheidung voll automatisiert, auf Basis des hinterlegten Datenmaterials in wenigen Millisekunden. Man spricht daher in diesem Fall auch von *Real Time Advertising*.

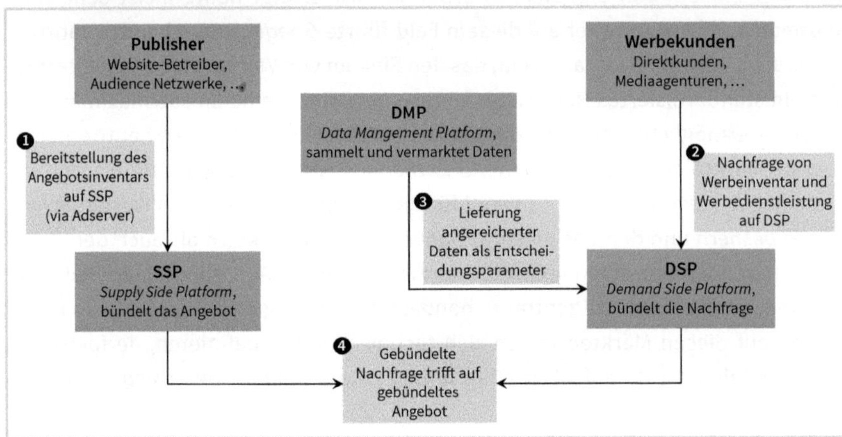

Abb. 19: Das *Programmatic-Advertising*-Ökosystem

Automatisierte Preisfindung

Die Preisfindung kann über verschiedene Modelle erfolgen. So ist es möglich, einerseits Fixpreise und begrenzte Abnahmekontingente in den Systemen zu hinterlegen oder Inventar nur bestimmten Kunden anzubieten. Aber eben auch Auktionen sind ein mögliches Abrechnungsmodell. Ebenso wie die Entscheidung über die Abnahme der *Ad Impressions* und die Auslieferung der entsprechenden Werbemittel kann auch der Preis in Echtzeit bestimmt werden. Auch dies erfolgt automatisiert. Der Höchstpreis, denn die Nachfrageseite aufruft, wird dann auf Basis der verfügbaren Daten und im Bezug zum jeweiligen Nutzer kalkuliert. Liegt zum Beispiel eine erhöhte *Conversion*-Wahrscheinlichkeit aufgrund eines vermuteten Interesses des Adressaten an einem zu bewerbenden Produkt vor, etwa weil er dies zuvor in den Warenkorb eines Online-Shops gelegt oder sich einschlägige Informationen hierzu besorgt hat, so kann das System diesen Sachverhalt, sofern er über entsprechende Trackingmaßnahmen dokumentiert ist, bei der Kalkulation eines erhöhten Maximalgebotes miteinbeziehen. Liegt der höchste Preis über dem von der Angebotsseite festgelegten Mindestpreis so kommt es zum Abschluss, und der Nutzer wird mit dem Werbemittel des Höchstbietenden »konfrontiert«. Dieses Verfahren bezeichnet man als *Real Time Bidding*.

Die Funktion von *Data Management Platforms*

Der Werbetreibende benötigt also neben einer verfügbaren Werbeplatzierung, der *Ad Impression*, auch entsprechende Daten, die Rückschlüsse über den jeweiligen Nutzer zulassen. Sofern er nicht bereits selbst über diese Informationen verfügt, muss er diese zusätzlich zur eigentlichen Werbebuchung einkaufen. In diese Lücke sind seit einigen Jahren zentrale Anbieter gestoßen, die sogenannten *Data Management Platforms* (DMPs). Deren Aufgabe besteht darin, übergreifend Daten zu sammeln und für die werbliche Anwendung aufzubereiten. Diese Informationen können dann zum Beispiel in der DSP hinterlegt und für die Nutzeranalyse und -identifizierung sowie das Bieterverfahren im Rahmen der einzelnen Ansätze des *Programmatic Advertisings* herangezogen werden.

Die eigentliche Auslieferung auf den Websites erfolgt dann wiederum durch die *Ad Server* der Publisher, die in aller Regel mit den SSPs und auf diese Weise mit dem skizzierten Handelssystem gekoppelt sind. So entsteht ein technisch voll automatisierter Kreislauf, der den menschlichen Einfluss auf ein Minimum reduzieren kann. KI dürfte damit prädestiniert sein, in diesem Ökosystem eine entscheidende Rolle zu spielen. Bevor im Einzelnen auf deren konkreten Einsatzbereiche in der Mediaplanung, in der Transaktionsabwicklung und der Ausspielung von Werbebotschaften eingegangen wird, gilt es im Folgenden, zuvor noch die verschiedenen Möglichkeiten des *Targetings* und der werbeorientierten Datenanalyse in diesem Rahmen zu beleuchten.

2.2.3 Formen des *Targetings*

Heute bestehen bereits umfangreiche Möglichkeiten, Daten über die Nutzer medialer Angebote sowie über die Art und Weise ihrer Mediennutzung zu sammeln. Die damit einhergehende immer feinere Granulierung in der Datenerhebung lässt eine zunehmend zielgenauere Ansprache der Adressaten der Werbebotschaften zu. Diese »Veredelung« der Zielgruppenkommunikation, die das Ziel hat, Streuverluste zu vermeiden, bezeichnet man allgemein als *Targeting*. Die Werbebotschaft soll damit möglichst nur denjenigen zugestellt werden, denen eine hohe Wahrscheinlichkeit zugesprochen wird, sich auch tatsächlich für die übermittelte Botschaft zu interessieren. Neben der Vermeidung von Abnutzungseffekten in der Werbeansprache geht es hierbei vor allem um die Optimierung des Budgeteinsatzes.

Targeting ist eigentlich keine neue Erfindung, sondern stand seit jeher im Mittelpunkt einer zielgerichteten Mediaplanung. Gleichwohl haben die digitale Transformation und die damit erwachsenen Möglichkeiten der umfangreichen Datenverarbeitung die Dimensionen der Filterung in der Zielgruppenansprache erheblich ausgeweitet. *Targeting* im Internet ist heute gang und gäbe. Die damit etablierte Datenausrichtung der

Kommunikation liefert entsprechend auch den Nährboden für den Einsatz von KI in diesem Kontext.

(Digitale) *Targeting*-Maßnahmen lassen sich in fünf verschiedene Grundtypen untergliedern:

- soziodemografisches *Targeting*
- Geo-*Targeting*
- technisches *Targeting*
- *Targeting* nach Informationsumfeld
- *Targeting* nach Verhaltensweisen

Soziodemografisches *Targeting*

Beim *soziodemografischen Targeting* erfolgt die Zuspielung von Werbung anhand bekannter Merkmale wie Geschlecht, Alter, Beruf oder Einkommen. In der Vergangenheit wurden diese Daten meist durch Selbstauskünfte der Nutzer erhoben, beispielsweise im Rahmen von Registrierungen oder bei separaten Online-Befragungen. Dennoch gibt es auch Bestrebungen, diese Attribute aus der Korrelation mit anderen Information zu »errechnen«, indem versucht wird, Muster in den Verhaltensweisen verschiedener soziodemografischer Teilgruppen zu identifizieren und dann entsprechende Rückschlüsse zu ziehen.

Geo-*Targeting*

Geo-Targeting erfolgt hingegen auf Basis regionaler Abgrenzungskriterien. Die Zielgruppenansprache lässt sich demnach etwa auf bestimmte Städte oder Regionen eingrenzen. Im stationären Internet lässt sich dies näherungsweise durch das Auslesen der IP-Adresse der einzelnen Nutzer erheben, bei der Verwendung mobiler Endgeräte ist die Lokalisierung über die Ortung des GPS-Signals möglich.

Technisches *Targeting*

Von *technischem Targeting* spricht man, wenn sich die Werbemittelauslieferung anhand der Spezifikationen der technischen Umgebung eines Internetnutzers ausrichtet. Dazu zählen beispielsweise Informationen über die genutzte Hard- und Software, die Bildschirmauflösung oder die verfügbare Netzgeschwindigkeit. Meist findet diese Form des *Target*ings Anwendung, wenn die Wirkung eines Werbemittels von der technischen Umgebung des Adressaten abhängt, also um sicherzustellen, dass beispielsweise die Übertragungsbandbreite eines Nutzers für die Auslieferung von Videoinhalten ausreichend ist oder dass der zu übermittelnde Inhalt für die jeweilige spezifische Nutzung – mobil oder stationär – optimiert ist. Ferner ließe sich daraus jedoch auch eine direkt absatzorientierte Einschränkung der Werbemittelauslieferung ableiten, wenn etwa angestrebt wird, hinsichtlich des genutzten Betriebssystems – nur iOS oder auch Android – zu unterscheiden, für den Fall, dass ein bestimmtes Angebot nur den oft als zahlungskräftiger eingeschätzten Nutzern von Apple-Produkten unterbreitet werden soll.

Targeting nach Informationsumfeld

Für das *Targeting nach Informationsumfeld* lassen sich mehrere Ansätze ausmachen. Ihnen allen ist gemein, dass sie sich nicht direkt auf die persönlichen Eigenschaften der anzusprechenden Zielgruppen beziehen, sondern die »Zuschneidung« der Zielgruppe eher mittelbar, anhand des inhaltlichen Umfeldes erfolgt, in dem die Werbemittel platziert werden sollen. Es wird also nicht der einzelne Adressat auf die Überlappung seiner Eigenschaften mit denen vergleichbarer Nutzern hin überprüft, sondern stattdessen das Platzierungsumfeld passend zu den Werbemitteln ausgewählt oder erstellt. Unter dieser Kategorie lassen sich verschiedene einzelne *Targeting*-Ansätze und -Konzepte zusammenfassen: Das *Content-Targeting* oder Context-*Targeting*, das *Keyword-Targeting* sowie das *Semantic-Targeting*:

a) Content- bzw. Context-*Targeting*

Die Begrifflichkeiten *Content-* und *Context-Targeting* sind nicht einheitlich besetzt. Meist wird damit eine automatisierte Ausgabe von Werbemitteln bezeichnet, die sich an der Passgenauigkeit der Werbebotschaft zum jeweiligen inhaltlichen Kontext auf einer Website orientiert. Klassischerweise steuert ein Algorithmus die Ausspielung anhand der ermittelten Häufigkeit der im Text verwendeten spezifischen Schlüsselwörter (oft auch als *Keyword*-Dichte bezeichnet), die für die Werbebotschaft als relevant eingestuft werden.

b) Keyword-*Targeting*

Beim *Keyword-Targeting* erfolgt diese Steuerung hingegen durch den Adressaten selbst, in dem dieser die entsprechenden Begriffe in einer Suchmaske – beispielsweise bei einer Suchmaschine – eingibt. Diese werden mit vorab hinterlegten *Keywords* abgeglichen. Ergibt sich eine Übereinstimmung, führt dies zur Ausgabe der entsprechenden Werbemittel. Diese Form des *Targetings* findet insbesondere auch bei der Erstellung der Suchergebnisseiten (*Search Engine Result Pages* oder SERP) von *Google* Anwendung, wenn neben den organischen Ergebnissen zu den Fundstellen einer Suchanfrage auch die passenden Anzeigen dargestellt werden (vgl. Teil B 2.2.5).

c) Semantic-*Targeting*

Der Begriff *Semantic-Targeting* kann sich sowohl auf die Zuspielung von Werbebotschaften anhand des (semantisch analysierten) Suchverhalten des Nutzers als auch anhand der Semantik des inhaltlichen Umfeldes beziehen. Dabei wird versucht, inhaltliche Umfelder wie auch Suchanfragen ihrer Bedeutung nach (also semantisch) zu verstehen und nicht nur nach der Häufung verwendeter Wörter und Textbausteine zu bewerten. Werbemittel werden dann analog zu den anderen Ansätzen im Bereich des inhaltlichen *Targetings* dort ausgeliefert, wo ein Sinnzusammenhang mit dem Umfeld identifiziert wird.

Targeting nach Verhaltensweisen

Das *Targeting nach Verhaltensweisen* orientiert sich ausschließlich an den Nutzern und deren Handlungen. Auch hier lassen sich verschiedene Teilbereiche ausmachen: das *Behavioural Targeting*, das damit verwandte *Re-Targeting* sowie das *Predictive Behavioural Targeting*.

a) *Behavioural Targeting*

Beim *Behavioural Targeting* geht es darum, das bisherige Nutzerverhalten einer Zielperson zu analysieren, um Aufschluss über deren Interessen zu erhalten und auf dieser Grundlage die jeweils passende, personalisierte Werbung zu übermitteln. Steuert ein Nutzer beispielsweise Webseiten an, die sich inhaltlich mit Reisen beschäftigen, ist es möglich, im Anschluss daran, gewissermaßen als »individuelle Empfehlung«, entsprechende Angebote aus dem Tourismusumfeld zu bewerben.

b) *Re-Targeting*

Eine Sonderform des *Behavioural Targetings* stellt das *Re-Targeting* dar. Aufgrund einer bereits zuvor durchgeführten Handlung wird der Nutzer zu einem späteren Zeitpunkt erneut mit seiner Aktivität konfrontiert, weil diese unter Umständen nicht abgeschlossen wurde oder aus Sicht des Absenders der Werbebotschaft nicht zu einem erfolgreichen Abschluss geführt hat. Das gilt insbesondere für abgebrochene Kaufvorgänge in Online-Shops. In diesen Fällen wird ein entsprechendes Werbemittel auch auf weiteren Webseiten, die der Nutzer ansteuert, ausgeliefert, mit dem Ziel, ihn schließlich doch noch zu überzeugen, die einmal eingeleitete Transaktion zum Abschluss zu bringen.

c) *Predictive Behavioural Targeting*

Im Gegensatz zum *Behavioural Targeting*, das für die passgenaue Zuspielung von Werbung auf die »Surfhistorie« eines Nutzers zurückgreift, bezieht sich das *Predictive Behavioural Targeting* auf das erwartete Surf- und Suchverhalten. Dazu werden übergreifend Interessen- und Verhaltensprofile verschiedener Nutzer erstellt. Anhand dieser erfolgt dann ein Abgleich mit dem Profil des »aktuellen« Nutzers, woraus sich dann die individuelle Passgenauigkeit eines Werbemittels ableiten lässt. Dabei wird gewissermaßen ein verhaltenstheoretischer Dreisatz zugrunde gelegt: Wenn Nutzer, die über ein ähnliches Profil wie der aktuelle Nutzer verfügen, in der Vergangenheit Interesse für ein bestimmtes Angebot gezeigt haben, ist die Wahrscheinlichkeit hoch, dass beim Nutzer mit diesen vergleichbaren Eigenschaften ebenfalls ein Interesse besteht, das geweckt werden kann, wenn ihm ein entsprechendes Werbemittel zugespielt wird. Man spricht hier auch von *Look-a-likes* oder statistischen Zwillingen.

Natürlich lassen sich die einzelnen *Targeting*-Maßnahmen auch kombinieren. Gerade auch das optimierte Zusammenspiel der einzelnen Ansätze sowie die zielgerichtete Identifizierung von Wirkungszusammenhängen und Mustern, aber eben auch die

Klassifizierung von Nutzertypen wie auch die Voraussage von Wirkungswahrscheinlichkeiten können Gegenstand und Ergebnis KI-basierter Verfahren sein.

2.2.4 Mediaplanung, *Programmatic Advertising* und KI

Die Neuerungen des *Programmatic Advertising* haben nicht nur den Werbemarkt bisher schon nachhaltig verändert, sondern gleichzeitig auch das Feld für eine abermalige Weiterentwicklung durch den Einsatz von KI bereitet. Wichtig ist dabei zu verstehen, dass der konzentrierte Blick auf die Nutzerdaten im *Programmatic Advertising* bereits zu einem tiefgreifenden Paradigmenwechsel geführt hat: Herkömmlicherweise waren in der Vergangenheit für die Platzierung in der Werbung – und zwar sowohl digital als auch analog – vor allem immer thematische Umfelder relevant. Man schaltete eine Anzeige für eine Luxusuhr im Premiumumfeld eines Hochglanzmagazins oder im Wirtschaftsteil einer renommierten Tageszeitung, weil man davon ausging, dass man auf diese Weise – im Wege eines klassischen *Content-Targetings* – am ehesten die anvisierte affine und kaufkräftige Zielgruppe erreichen konnte. Auch im Internet verfuhr man mit den Bannerbuchungen ähnlich, Online-Anzeigen wurden in vermeintlich passenden Kanälen gebucht, die auf einen möglichst geringen Streuverlust hoffen ließen.

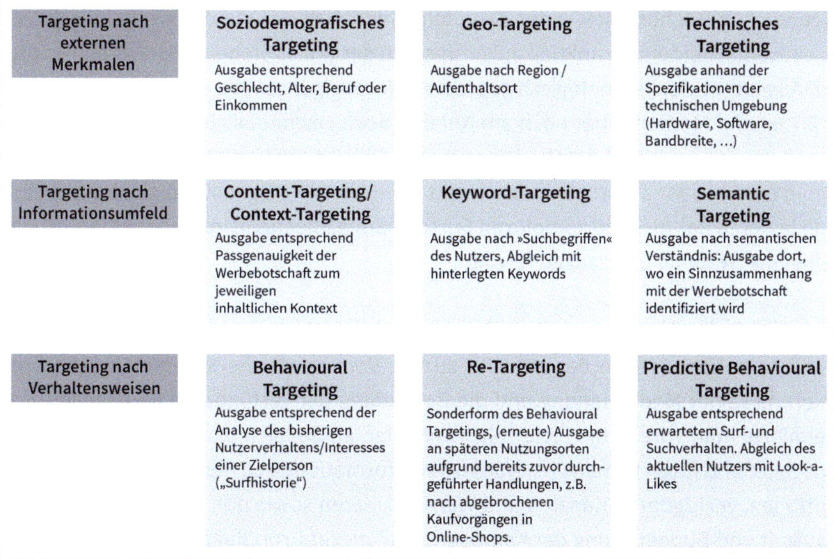

Abb. 20: Formen des *Targetings*

Individualisierte Profildaten

Die umfangreichen Möglichkeiten heute, Daten über die Nutzer, über ihre Vorlieben und Verhaltensweisen, sammeln zu können, haben diese jahrzehntelang bewährte

Vorgehensweise auf den Kopf gestellt: Man geht nun davon aus, dass es möglich ist, die Interessen und Bedürfnisse einer einzelnen Person aus den gesammelten Profildaten weitgehend exakt abzuleiten. Nicht mehr der Medienkanal und der dargereichte Inhalt entscheiden über die Werbemittelplatzierung, sondern allein die persönlichen Präferenzen der Zielperson. Nicht mehr das scheinbar passende mediale Umfeld für eine zuvor umrissene Zielgruppe wird gesucht, stattdessen erfolgt die Zuspielung von Werbebotschaften immer stärker aufgrund der individualisierten Informationen über einen einzelnen Nutzer – und zwar plattformunabhängig und zunehmend auch abgekoppelt vom inhaltlichen Kontext. Wo, an welcher Stelle, in welchem Medium oder auf welchem Kanal ein Nutzer mit der Werbebotschaft konfrontiert wird, spielt nur noch eine untergeordnete Rolle, denn sein Interesse an einem zu bewerbenden Produkt ist durch die Informationsvielfalt grundsätzlich dokumentiert. Der Ort der Ansprache hat damit für den Erfolg der Werbemaßnahme an Relevanz eingebüßt.

Gezielte Mediaplanung gerät auf diese Weise zu einem äußerst komplexen Unterfangen, erfolgt sie doch nicht mehr allein entlang der Faktoren Medienkanal und Budget, sondern muss eine Vielzahl von Variablen miteinbeziehen, die nur schwer mit herkömmlichen Maßstäben zu überblicken sind.[68]

Sowohl bei der vorgelagerten Auswahl der Kanäle und Platzierungen als auch bei der eigentlichen Buchung sowie der dann folgenden Ausspielung der Werbemittel kann KI eine entscheidende Funktion zukommen. In der Praxis stehen diese Verfahren oft – mit Ausnahme der technologisch geprägten Werbegiganten wie *Google* oder *Meta* (Teil B 2.2.6) – im Moment eher noch am Anfang, doch zeichnet sich auch im klassischen Daten getriebenen Werbeumfeld bereits eine Fülle an Innovationen ab, die diesen ohnehin bereits sehr automatisierten Markt zu noch mehr Eigenständigkeit entwickeln und in deren Rahmen die komplexen Entscheidungsmechanismen zunehmend auf intelligente Systeme übertragen werden.

Beispiel *Dole*: Die KI steuert und optimiert die Werbekampagne

Der international tätige Bananen-Produzent *Dole* setzte die KI *Albert* für die Optimierung seiner Mediaplanung und die Bespielung der verfügbaren Kanäle ein. Dazu definierte man vorab eine Zielerfolgskennziffer, an der sich die KI orientieren sollte. Anschließend fütterte man das System mit Informationen zu möglichen Platzierungsoptionen, verfügbaren Kanälen und Werbeformaten sowie den Einschränkungen zur Laufzeit und Budgetierung der Kampagne. Auf dieser Grundlage lernte *Albert* mittels *Trial and Error* (vgl. *Reinforcement Learning*, Teil A 1.3.1), die optimalen Entscheidungen zu treffen, und legte fest, welche Formate in welche Medien zu welchen Zeiten

68 Vgl. dazu auch Sebastian Hupf: »So verbessert KI das Programmatic Advertising«, https://www.bigdata-insider.de/so-verbessert-ki-das-programmatic-advertising-a-775977/

belegt werden sollte und wie das Budget somit ergebnisorientiert zu investieren sei. Das System erstellte sich dazu eigenständig eine Erfolgsfunktion, die sich am maximalen *Return On Invest(ment)* (ROI) der Kampagne ausrichtete. Für Werbebuchungen auf *Facebook* stellte *Albert* beispielsweise fest, dass in bestimmten Regionen oder bei Nutzern mit bestimmten Endgeräten ein höherer Rückfluss aus dem Kapitaleinsatz – gemessen in *Page Likes* – zu verzeichnen war, und passte somit eigenständig die Budgetallokation zugunsten dieser Optionen an.[69] Auf diese Weise übernahm die KI eine klassische Funktion – die Aussteuerung und Optimierung einer Werbekampagne –, die typischerweise zum Kernbereich des Aufgabengebietes einer Mediaagentur gehört.

Beispiel *Harley-Davidson*: Die KI optimiert die Werbemittelgestaltung

Einen ähnlichen Ansatz verfolgte *Harley-Davidson*. Der amerikanische Motorradproduzent setzte eine KI auf sein *Media Asset Management* an. Mit dem Ziel, *Sales-Leads* zu generieren, platzierte man automatisiert Anzeigen auf *Google* und *Facebook*. Ein KI-System wertete eigenständig die Wahrscheinlichkeit einer *Conversion* je nach verwendetem *Targeting* aus (*Keywords* und Interessenprofile). Zudem generierte es aus den damit erfolgreich angesprochenen Interessenten *Look-a-like*-Profile (vgl. *Predictive Behavioural Targeting*, Teil B 2.2.3), die einer weiteren Verbesserung der Ansprache dienten. Auch die Werbemittel selbst unterzog das System einem entsprechenden Optimierungsprozess. Neben den Faktoren Umfeld und Nutzerverhalten wurde auch die Kombination aus Anzeigentext und Anzeigengestaltung untersucht und stetig auf das Ziel der Leadgenerierung hin verbessert. Somit entstand auch hier ein selbstlernendes System, welches eigenständig die Werbemittelgestaltung und -platzierung kontinuierlich optimierte.[70]

Inzwischen existieren auch Plattformen, die diese Leistungen skaliert zur Verfügung stellen. Manche Unternehmen bieten Werbetreibenden an, die Anzeigenplatzierungen über verschiedene Kanäle und Websites hinweg zu überwachen und die Information über entsprechenden Bewegungen und Verhaltensweisen aktueller und potenzieller Kunden an zentraler Stelle zusammenzuführen. Dies soll als Grundlage für ein optimiertes Mediamanagement dienen und eine ergebnisorientierte Distribution der Werbemittel gewährleisten.[71]

Eine zunehmend wichtigere Rolle spielt KI bei der Marktorganisation im *Programmatic Advertising* bei den *Ad Exchanges* und der *Real-Time*-Vermarktung von herkömmlicher Displaywerbung. Die Informationen aus den vorliegenden Daten lassen sich zu Prognosen und Empfehlungen verdichten, die in der Kombination zu einer zielgenauen

---

69 Quelle: https://digiday.com/marketing/needs-media-planners-tireless-robot-named-albert-can-job/amp/
70 Quelle: https://hbr.org/2017/05/how-harley-davidson-used-predictive-analytics-to-increase-new-york-sales-leads-by-2930
71 Beispiele: https://www.demandjump.com/features/cross-channel/; https://roomsage.com/

Ansprache führen können. Daraus lässt sich etwa eine automatisierte Inventarverwaltung ableiten, die, orientiert an den Bedürfnissen der Nachfrager von Werbeplatzierungen, aus den komplexen Zusammenhängen der Datenbasis entsprechende Muster ermittelt, die für eine zufriedenstellende, das heißt relevanzoptimierte Angebotsunterbreitung sorgt. Dies setzt voraus, dass das Surfverhalten und die Umfeldnutzung zu aussagekräftigen Profilen verdichtet und diese Information systematisiert mit den ebenfalls dynamisch ermittelten Anforderungen der Mediaeinkäufer abgeglichen werden. Auf diese Weise kann es gelingen, die Buchungsoption mit der jeweils attraktivsten Wertschöpfung für den Werbeeinkäufer automatisiert zu identifizieren.

Connected TV und *Addressable TV*

Die targetierte Zuspielung von Werbebotschaften ist nicht nur auf herkömmliche, reine Online-Umgebungen beschränkt. Die Digitalisierung des TV-Konsums über eine Internetverbindung ermöglicht im Rahmen von *Connected TV* ebenfalls eine Zuschneidung von Werbebotschaften. Kontextuell kann dies etwa erfolgen, indem die Umgebung – also die laufende Sendung – auf bestimmte *Keywords* analysiert wird. Fällt dort ein vorher festgelegter Begriff, so löst dies die Übermittlung einer entsprechenden Werbebotschaft aus, die dann, beispielsweise als grafische Einblendung, in das Geschehen am Bildschirm eingebettet wird.[72] Die britische Firma *Mirriad* hat ein Verfahren entwickelt, das es erlaubt, in bestehende Filme in Echtzeit Elemente einzubinden, die sich nahtlos in die bestehende Handlung einfügen. Dazu bedarf es eines Rückgriffs auf Verfahren der maschinellen Bilderkennung und Bewegtbilderzeugung, um einen friktionslosen Einbau zu gewährleisten. Dies eröffnet beispielsweise Möglichkeiten für ein kontextuell abgestimmtes *Product Placement*.[73]

Von *Addressable TV* spricht man, wenn man die Internetverbindung des TV-Gerätes auch für soziodemografisches oder verhaltensbasiertes *Targeting* nutzt. Das bedeutet, dass man versucht, das »lineare« Massenmedium Fernsehen für Werbezwecke zu personalisieren. Somit ließen sich angesichts hoher dahinterstehender Reichweiten eigentlich unbezahlbare Werbeplätze, »hypertargetieren« und auf diese Weise auch für kleinere Budgets erschwinglich machen. Wenn es gelingt, einen TV-Haushalt eindeutig zu identifizieren, könnte man diesem beispielsweise kurz vor der Tagesschau, zur besten Sendezeit, lokale Werbung für ein naheliegendes Restaurant zuspielen. Der Preis für diesen Einzelkontakt läge zwar deutlich höher als der rechnerische Preis, den man pro Kopf im Rahmen einer deutschlandweiten Buchung des Werbeslots entrichten müsste, aber er entfiele eben auch nur einmalig oder in den wenigen Fällen, die für diese Ansprache sinnvollerweise in Frage kommen – und eben nicht millionenfach für

---

72 Vgl. https://www.wuv.de/Archiv/Die-Ad-Alliance-testet-KI-in-linearem-TV-Spot

73 Vgl. https://tinyurl.com/yjvvbztw

ein Massenpublikum. Die Aussteuerung derartiger Kampagnen orientiert sich an den Verfahren des *Programmatic Advertisings*.

Schutz der Marke bei automatisierten Buchungen

Viele Werbetreibenden achten bei der automatisierten Buchung von Werbeplätzen verstärkt auf die sogenannte *Brand Safety*. Wenn Buchungen anhand performanceorientierter Kriterien erfolgen, ist damit nicht gleichzeitig auch garantiert, dass die Werbung eines Unternehmens in einem »unzweifelhaften« Umfeld ausgespielt wird. Viele Werbetreibende fürchten um ihren guten Ruf, wenn ihre Marke auf Websites auftaucht, die nicht zum mühsam gepflegten Image passen. Gleichwohl ist an dieser Stelle nochmals anzumerken, dass beim *Programmatic Advertising* ja meist der Nutzerkontakt ausschlaggebend für die Platzierung ist und dieser eben selbst wissentlich das entsprechende Umfeld angesteuert hat. Eine flächendeckende Buchung auf spezifischen Websites findet meistens eher nicht statt. Ob dann daraus wirklich negative Folgen für die Unternehmensreputation abzuleiten sind, sei dahingestellt.

Dennoch ist dieser Aspekt in der Praxis für viele Werbetreibende außerordentlich wichtig. Selbst wenn eine bestimmte Umfeldplatzierung hohe *Conversion*-Zahlen aufweist, soll ein als negativ empfundener inhaltliche Kontext von der Auslieferung ausgeschlossen werden. Da die Auslieferung aber individuell, nutzerorientiert, erfolgt, kann dies von der Werbekundenseite mit vertretbarem Aufwand meist nur im Nachhinein – im Erfolgsfall – nachvollzogen werden. Für Abhilfe kann hier ebenfalls der Einsatz maschineller Lernverfahren sorgen. Aus zuvor als »negativ« etikettierten Umfeldern lassen sich Muster für Klassifizierungen ableiten. Daraus kann das System lernen, bereits vor der Platzierung eines Werbemittels ein nicht adäquates Umfeld zu identifizieren und die Ausspielung zu unterbinden. Bislang erfolgte dies über händisch gepflegte *Blacklists* oder über Zertifizierungen von Websites einschlägiger Anbieter. Aber auch in diesem Bereich existieren erste Ansätze, dieses Problem über KI zu lösen – was zu einer erneuten »Disruption« dieser bestehenden Teilmärkte führen könnte.[74]

Reputationsgefährdung durch unpassende Werbung

Umgekehrt ist es auch aus Publisher-Sicht manchmal angeraten, nicht jedem Werbekunden auf den eigenen Seiten Raum zu geben. Auch hier greift das Argument der Reputationsgefährdung, wenn eine sich selbst als dem Premiumsegment zugehörig begreifende Website nicht durch die dort platzierte Werbung in Misskredit geraten will. Analog zur Werbekundenseite lässt sich dies nur schwer durch manuell erzeugte »schwarze Listen« verhindern, für die man ja eigentlich den Werbemarkt komplett kennen müsste. Auch hier könnte KI perspektivisch auf der Basis von optischer und textlicher Mustererkennung zum Einsatz kommen.

74 Quelle: https://techcrunch.com/2018/06/15/cheq-series-a/

Generell im Bereich der Online-Werbung und insbesondere im Kontext des *Programmatic Advertising* machen sich die Auswirkungen der EU-Datenschutz-Grundverordnung stark bemerkbar. Der Einsatz vieler Trackingtechnologien, die notwendig für die Datenerhebung und das *Targeting* sind, wie zum Beispiel die von Werbetreibenden auf dem Nutzercomputer lokal gespeicherten »Third-Party-Cookies«, verstoßen nach allgemeiner Auffassung gegen das Regelwerk. Auch die Browseranbieter eliminieren derartige Funktionalitäten in ihren Produkten nach und nach.

Einerseits erschwert dies – angesichts der damit wegfallenden Datenbasis – auch den Einsatz von KI bei der Ausspielung von Werbung. Andererseits wird KI teilweise auch als potenzielle Lösung dieses Problems für die Online-Werbewirtschaft betrachtet. Denn viele neuere Tracking- und *Targeting*-Verfahren versuchen, diese Form der Datenerhebung durch KI-basierte Prognosen zu ersetzen. Dazu werden aufgezeichnete Online-Verhaltensweisen zunächst entpersonalisiert. Aus der so entstehenden großen Masse an anonymen Nutzerprofilen könnten dann Kohorten gebildet werden, für die sich grundsätzlich vergleichbare Verhaltensmuster ableiten ließen. Greift eine bestimmte Person dann auf eine Webseite zu, wird die Übereinstimmung mit den jeweiligen Nutzergruppen berechnet und daraus die Passgenauigkeit für eine Werbeansprache abgeleitet. Als Datengrundlage hierfür sollen entweder die – noch legalen – »First-Party«-Daten, also die gesammelten Informationen des jeweiligen Websitebetreibers, oder das dann direkt im Browser erfasste Surfverhalten dienen.

Der Wechsel der technischen Grundlage, weg von den Cookies, hin zu direkter, zentraler Speicherung, muss jedoch nicht ohne Weiteres bedeuten, dass damit auch die grundsätzlichen rechtlichen Probleme mit Tracking behoben wären. Abgesehen davon ist auch noch nicht klar, ob die gegenwärtig diskutierten KI-basierten Konzepte ausreichend oder zielführend sind, um das geforderte Grundmaß an Privatheit zu garantieren. Selbst *Google* holte sich hier bereits bei der Entwicklung der sogenannten *FLoC* (*Federated Learning of Cohorts*)[75] eine blutige Nase. Diese Methode ist zwar eigentlich als weniger »invasiv« angelegt, sie erlaubt offenbar trotz des Rückgriffes auf Kohorten und die Anonymisierung der Interessensprofile sehr weitreichende Rückschlüsse auf den Einzelnen.[76] Dies und der wütende Vorwurf großer Teile der Digitalwirtschaft, *Google* versuche auf diese Weise ein unentrinnbares Online-Werbemonopol zu errichten, führte zur baldigen Aufgabe dieser Pläne. An deren Stelle soll nun der neue Ansatz »Topics« treten, der technisch ähnlich, aber deutlich anonymer funktionieren soll und dabei die Wahrung der Verfügungsrechte der übrigen Marktteilnehmer sicherstellt.[77]

---

75 Vgl. https://github.com/google/ads-privacy/tree/master/proposals/FLoCgl. https://github.com/google/ads-privacy/tree/master/proposals/FLoC

76 Vgl. https://netzpolitik.org/2022/online-werbung-google-gibt-seine-plaene-fuer-cookie-ersatz-floc-auf/ und https://www.eff.org/deeplinks/2021/03/googles-floc-terrible-idea

77 Vgl. https://www.heise.de/news/Cookie-Nachfolge-Google-beerdigt-FLoC-6337936.html

Welche Auswirkungen dies langfristig hat, wird abzuwarten sein. Fest steht, dass *Google* mit seinen weiterhin legal bestehenden Möglichkeiten über die Registrierung für seine Dienste – fast jeder Nutzer hat in irgendeiner Form ein Nutzerkonto bei *Google* – und die damit verbundene Option, über eine eindeutige User-ID detaillierte Profile zu bilden, ohnehin einen gewichtigen Wettbewerbsvorteil besitzt. In Kombination mit den tiefgreifenden konzerneigenen KI-Kompetenzen ergibt sich daraus auf dem Feld der digitalen Werbung eine Vormachtstellung, die nicht ohne Weiteres zu brechen sein wird.

2.2.5 Exkurs: *Google* und SEO

Google nimmt ohne Zweifel international und auch in Deutschland eine Schlüsselrolle im Bereich der Marketing-Kommunikation ein. Seit Anfang des Jahrtausends kristallisierte sich in vielen Ländern, eben auch hierzulande, eine Monopolisierung des Suchmaschinenmarktes beim US-Anbieter heraus. Um im Netz gefunden zu werden, führt an *Google* kaum ein Weg vorbei. Die Maßnahmen – übergreifend als Suchmaschinenmarketing (*Search Engine Marketing*, SEM) bezeichnet – umfassen dabei zwei grundsätzliche Richtungen:

- die Suchmaschinenoptimierung (*Search Engine Optimization*, SEO)
- die Suchmaschinenwerbung (*Search Engine Advertising*, SEA)

Die Suchmaschinenoptimierung bezeichnet die Bemühungen, die eigene Website und die einzelnen Seiten des Auftritts als besonders relevant erscheinen zu lassen, damit Fundstellen auf diesen als »organische« Ergebnisse möglichst priorisiert, an den ersten Stellen der Ergebnisliste einer Websuche, ausgewiesen werden.

Die Suchmaschinenwerbung bezeichnet hingegen das originäre Geschäftsmodell der Suchmaschinen, nämlich in Ergänzung oder alternativ zu den »organischen« Resultaten auch bezahlte Ergebnisse, passend zu den Suchanfragen, anzubieten.

In beiden Fällen leisten heute Algorithmen und Verfahren des maschinellen Lernens einen unentbehrlichen Beitrag zur Funktionsweise dieses Systems. *Google* baut seit jeher auf intelligente Verfahren zur Indizierung der Inhalte im Internet, der Rückgriff auf KI und *Deep Learning* kam dabei vor allem in den letzten Jahren immer stärker zum Einsatz. Vor allem im Bereich der Erkennung und Analyse von Sprache, im *Natural Language Processing* (vgl. Teil A 1.1.6), sind auf diese Weise erhebliche Fortschritte erzielt worden. Während zu Beginn des »Suchmaschinenzeitalters« die Ausgabe einer Webfundstelle vor allem von der Übereinstimmung des Suchbegriffs mit entsprechenden Textbausteinen auf den jeweiligen Webseiten abhing, erfolgt die Relevanzermittlung eines Ergebnisses heute deutlich intelligenter, unter Verwendung einer Vielzahl von Merkmalen, unter anderem auch mittels semantischer und inhaltlich-qualitativer Analysen.

Die frühen Such- und Indizierungsalgorithmen basierten fast ausschließlich auf *Keywords*, fahndeten also nach entsprechenden Erwähnungen eines Suchbegriffes in einem Text. Dabei ging es oft in erster Linie allein um die Häufigkeit der Verwendung als Relevanzmerkmal. Vereinfacht ausgedrückt: Wollte man in einem Schuhshop im Internet zum Suchbegriff »Sandalen« von einer Suchmaschine wie *Google* als relevantes Ergebnis ausgewiesen werden, musste man die passende Seite also mit dem entsprechenden Produkt auf eben dieses *Keyword* optimieren, d. h. das Wort »Sandalen« in hoher Zahl in den Beschreibungstext einweben. Theoretisch wäre damit eine Produktbeschreibung, die nur aus der Zusammenreihung des Begriffs »Sandalen« bestanden hätte, als besonders relevant eingestuft worden – was wohl kaum im Sinne oder im Interesse des Anwenders gewesen sein dürfte. Dieses *Keyword-Stuffing* in der SEO hatte *Google* schon bald mit der Einführung einer Obergrenze unterbunden, indem man eine maximale *Keyword*-Dichte – man geht hier von drei bis vier Prozent aus – als zulässiges Verhältnis von Einzelbegriffen zum Gesamttext einführte.

Google passte seitdem seine Algorithmen und Rankingkriterien, die über die situative Relevanz eines Inhaltes für die Ausgabe der Suchergebnisse entscheiden, über die Jahre immer wieder an. Inzwischen setzt man unter anderem auf ein selbst lernendes, als *RankBrain* bezeichnetes Verfahren, das die Bedeutung ihm unbekannter Formulierungen und Wortketten aufgrund bestimmter Ähnlichkeiten mit bekannten Textmustern »vermutet«, also eine Wahrscheinlichkeit für eine bestimmte Bedeutung kalkuliert und dann auf dieser Grundlage gewissermaßen ein inhaltliches Verständnis für Website-Inhalte entwickelt. Technisch werden dazu »Wortvektoren« gebildet, die hinsichtlich ihrer sprachlichen Vergleichbarkeit nah beieinander liegen.[78] Suchanfragen gliedert man in Wortmuster und Wortcluster auf, um im Abgleich mit den bereits bekannten und erlernten Zusammenhängen näherungsweise auf die mögliche Bedeutung zu schließen.[79]

Im Ergebnis kann das System damit auf inhaltliche Zusammenhänge auf einer Webseite schließen, die dort »wörtlich« gar nicht vermerkt sind. Auf diese Weise entsteht ein tiefes semantisches Verständnis.[80] Diese Leistungsfähigkeit zeichnete sich in einem frühen Stadium im Rahmen des sogenannten *Knowledge Graphs* ab, der logische

78 Vgl. Matthew Capala: »Machine learning just got more human with Google's RankBrain«, https://thenextweb.com/artificial-intelligence/2016/09/02/machine-learning-just-got-more-human-with-googles-rankbrain/

79 Vgl. Danny Sullivan: »FAQ: All about the Google RankBrain algorithm«, https://searchengineland.com/faq-all-about-the-new-google-rankbrain-algorithm-234440

80 Vgl. Kevin Indig: »KI in der Suchmaschinenoptimierung: Das Ende von Backlinks?«, https://t3n.de/magazin/seo-backlinks-ki-244376/

Verbindungen zwischen verschiedenen Inhalten herstellen konnte. *Google* selbst benannte diesen Entwicklungssprung damals als »search for things not strings« – also als die neu erworbene Fähigkeit, automatisiert inhaltliche Beziehungen herzustellen. Im Wesentlichen beruhte dies auf einer sukzessiv erstellten Datenbank, die sich aus der Analyse der Verknüpfungen zwischen einzelnen indizierten Inhalten speiste. Das technisch auf dem Einsatz von künstlichen neuronalen Netzwerken aufbauende *RankBrain*-Verfahren geht hier aber noch einen großen Schritt weiter: Im Mittelpunkt steht nicht mehr allein die Identifizierung von logischen Querverweisen, die sich zum Beispiel auch aus der Verlinkung zwischen bestimmten Inhalten ableiten lässt. Stattdessen geht es um die Abbildung des semantischen Kerns von Sprache.[81] Tatsächlich kommt dies der Art und Weise des menschlichen Spracherwerbs erstaunlich nahe. Auch wir lernen schließlich am »vermuteten« Muster und fügen auf diese Weise neue Begriffe nach und nach hinzu. Inzwischen ist *Google* auch in der Lage, Informationen verschiedener Beschaffenheit – beispielsweise Bilder und dazu passende Texte – miteinander in Beziehung zu setzen und auch komplexe Fragen, die in das Suchfeld eingegeben werden, zu beantworten.[82]

Suchmaschinenoptimale Texte mit KI Erstellen

Umstritten ist derzeit, wie der *Google*-Algorithmus KI-erstellte Texte bewertet. Denkbar wäre ja, dass man diese mühsame Arbeit an einen Textgenerator überträgt. Letztlich dürfte auch hier die Frage entscheidend sein, ob *Google* den künstlich entstandenen Texten die Qualität abspricht oder nicht. Wenn *Googles* Relevanzkriterium weiterhin der Nutzen für die Suchenden ist, so hängt dies von der Fähigkeit der Generatoren ab, hilfreichen Content – aus Sicht der Nutzer – zu erzeugen. Der Entwicklungssprung, der auf diesem Feld gerade in jüngster Zeit zu verzeichnen war (vgl. Teil B 2.1.2), spricht dafür, dass zumindest perspektivisch – trotz teilweise anders lautender Aussagen aus der Firmenzentrale[83] – KI eine sinnvolle und wichtige Rolle bei der Verfassung suchmaschinenoptimalen Texten einnehmen könnte.

Identifikation von visuellen Inhalten

Neben Texten gilt es auch visuelle Inhalte, Bilder und Videos, zu identifizieren und ihrer Bedeutung nach zu interpretieren. Während Videoinhalte inzwischen auch sprachlich, anhand der gesprochenen Worte, analysiert werden können, stellte seit jeher die »unkommentierte« Bilderkennung eine der größten Herausforderungen für Suchmaschinen dar. Wie eingangs erwähnt (vgl. Teil A 1.1.8) mag dieses Defizit vielleicht sogar einer der Haupttreiber des aktuellen KI-Booms gewesen sein, wiesen doch die bisherigen Methoden, Bildinhalte und ihre Aussagen zu identifizieren, meist

---

81 Quelle: https://www.searchmetrics.com/de/glossar/rankbrain/, https://ai.googleblog.com/2018/11/open-sourcing-bert-state-of-art-pre.html

82 Vgl. https://blog.google/products/search/introducing-mum/

83 Vgl. https://twitter.com/JohnMu/status/1505643631775989761

ein hohes Maß an Unzuverlässigkeit und Ungenauigkeit auf. In Ermangelung einer präzisen Bilderkennung griffen Suchmaschinen in der Vergangenheit dazu vor allem auf die Textinformationen im Bildkontext zurück: auf die Bildbeschreibungen, den Namen der Bilddatei und gegebenenfalls weitere Hinweise wie *Tags* oder Umgebungstexte. Das führte nicht selten zu »Fehletikettierungen« und entsprechend inkorrekten Bildauslieferungen zu einer bestimmten Suchanfrage.

Der Einsatz von KI-basierten Verfahren hat die Leistungsfähigkeit von Suchmaschinen in diesem Bereich erheblich erhöht. Heute nutzt *Google Deep Learning*, um sogar einzelne Bestandteile eines Bildes identifizieren zu können.[84] Die Indexbildung wie auch die passende Ausgabe eines Bildes als Suchergebnis beruhen, wenn auch nicht ausschließlich, so doch immer stärker auf der Identifizierung der tatsächlich »abgebildeten« Inhalte. In der Summe sollte dies zu einer deutlichen Verbesserung der Trefferqualität führen.

Um künstliche neuronale Netzwerke für Bilderkennung zu trainieren, wird oft immer noch auf die »Etikettierung« und Identifizierung durch den Menschen zurückgegriffen. Inzwischen lassen sich jedoch auch diese Prozessschritte immer weiter maschinell abbilden. Das gilt sowohl für die mechanisierte Erstellung der Systemarchitektur – wie etwa durch *Google AutoML*[85] – als auch immer öfter für das »Labeln« der Bildinhalte. *Google* ist beispielsweise in der Lage, die Qualität eines Bildes, autonom, also ohne dass es eines zusätzlichen menschlichen Eingriffes bedürfte, in verschiedene Klassen zu sortieren, und zwar einerseits nach technischen, andererseits aber auch nach »ästhetischen« Kriterien.[86] Das dahinter liegende *Convolutional Neural Network* (vgl. Teil A 1.3.2 a) greift dabei auf erfolgreich getestete Objekterkennungsalgorithmen zurück. Die Bewertung der Bilder erfolgt ohne »ideale« Referenzbilder, sondern allein durch den Rückgriff auf bereits existierende Datenbanken mit menschlich bewerteten Bildern.[87] Zukünftige Anwendungsmöglichkeiten könnten etwa darin liegen, Qualitätskriterien bei der Ausgabe des Suchergebnisses anzuwenden und das jeweils als »bestes« identifizierte Bild entsprechend bevorzugt zu platzieren. Um die eigenen Webseiten oder Einzelinhalte »organisch« priorisiert ausgeben zu lassen, wäre es demnach in Zukunft vermutlich sinnvoll, sich an den auf diese Weise durch die KI vorgegebenen Bildqualitätskriterien auszurichten.

Der Kern der Suchmaschinenoptimierung dürfte sich durch die immer größere Rolle, die KI bei der Indizierung und Ergebnisausgabe einnimmt, zunehmend verändern.

---

84 Quelle: https://ai.googleblog.com/2014/09/building-deeper-understanding-of-images.html

85 Quelle: https://ai.googleblog.com/2017/11/automl-for-large-scale-image.html; https://www.golem.de/news/googles-automl-nasnet-entwickelt-selbststaendig-maschinelle-lernmodelle-1711-131082.html

86 Quelle: https://ai.googleblog.com/2017/12/introducing-nima-neural-image-assessment.html

87 Quelle: https://www.golem.de/news/google-neuronales-netz-bewertet-bilder-auf-skala-von-1-bis-10-1712-131811.html

Galt es bisher, zu verstehen, wie der (menschlich programmierte) Algorithmus »denkt« und welche Kriterien er bei der Abbildung menschlich nachempfundener Relevanz anlegt, so könnte dieses Unterfangen in Zukunft immer schwerer zu bewältigen sein. Denn das würde voraussetzen, dass man nicht nur mit der immer schneller und immer weiter fortschreitenden technischen Entwicklung mithalten, sondern auch die Entscheidungsfindung durch die KI nachvollziehbar analysieren müsste. Dies würde wiederum auf Seiten der SEO-Akteure ein permanentes *Reverse Engineering* der für sie ja im Detail fremden Systeme beinhalten, was angesichts der rasanten Geschwindigkeit und der hohen Komplexität, die mit diesen Entwicklungen einhergeht, kaum realistisch erscheint.

Nicht ohne Grund lautet daher ein allgemeiner und spätestens seit den *Google-Zoo*-Updates vor einigen Jahren regelmäßig kommunizierter Rat, sich in Bezug auf die Auffindbarkeit der eigenen Website bei *Google* streng an der Qualität des Auftritts und der Inhalte zu orientieren – aus Sicht des menschlichen Adressaten dieser Angebote. Schließlich ist der Kern der organischen Ergebnisausgabe und gleichfalls ihr Hauptkriterium immer noch die Ausrichtung an der menschlich empfundenen Relevanz.

2.2.6 Exkurs: *Google*, *Meta* und *Amazon* in der Werbevermarktung

Auch und vor allem bei den großen Technologie-Unternehmen aus den USA, wie *Google*, *Meta* und *Amazon* beruhen die Grundlagen des Geschäftsmodells in großem Maße auf dem Rückgriff auf Methoden der KI – und zwar auf vielerlei Ebenen. Auch wenn diese eigentlich ursprünglich sehr unterschiedliche Ansätze hinsichtlich ihrer Geschäftsmodelle verfolgten, ist ihnen heute gemein, dass sowohl im Rahmen der gezielten Auslieferung von Anzeigen und Suchergebnissen als auch bei der Preisgestaltung auf ein komplexes Geflecht aus verschiedensten Daten und Merkmalen sowie auf deren automatisierte Verarbeitung durch lernende, intelligente Systeme zurückgegriffen wird.

Googles Geschäftsmodell

Googles Geschäftsmodell sah ursprünglich vor, Werbetreibenden die Möglichkeit einzuräumen, neben den organischen Suchergebnissen, deren Ausgabe sich an der vermuteten Relevanz der Inhalte für den Suchenden orientierte, auch bezahlte Anzeigen – dynamisch, also passend zu einer entsprechenden Suchanfrage – zu platzieren. Dazu konnten entsprechend Suchbegriffe »erworben« werden, und zwar im Wege einer Art Auktion. Der auf diese Weise ermittelte Anzeigenpreis wurde jedoch nur fällig, wenn ein Nutzer auf die entsprechende Anzeige klickte. Anders als im klassischen Displaywerbegeschäft, wurde also nicht bereits das reine Einblenden oder Ausliefern von Werbung vergütet – was *Google* schon früh einen erheblichen Wettbewerbsvorteil gegenüber der traditionellen Onlinewerbung verschaffte. Denn auf diese Weise verlagert sich ein Teil des bestehenden Risikos vom Werbetreibenden auf den Anbieter. Man bezahlt nicht mehr sämtliche potenziellen Adressaten, sondern eben nur jene, die ein gesteigertes Interesse an der Werbebotschaft durch ihren Klick darauf dokumentiert hatten. Gewissermaßen handelt es sich dabei um ein bereits vorgelagertes *Targeting*.

Auch wenn dieser Ansatz heute nicht mehr dogmatisch von *Google* aufrechterhalten wird und auch andere Platzierungs- und Abrechnungsmethoden zur Verfügung stehen – etwa im Bereich der sogenannten Produktanzeigen – so hat sich dies als Kern des Geschäftsprinzips bis heute erhalten. Aus Sicht von *Google* bedeutet das allerdings, dass Anzeigen sehr zielgerichtet auszuliefern sind, um eine hohe Effizienz zu gewährleisten. Der Werbeumsatz setzt sich aus dem Preis pro Klick und der Anzahl der Klicks zusammen. Ein hoher Preis führt also nicht automatisch zu einem hohen Umsatz. Es gilt vielmehr, die entsprechende Preis-Absatz-Beziehung zu maximieren, also Anzeigen nicht nur nach dem höchsten Preis, sondern in Verbindung mit einer hohen Klickwahrscheinlichkeit auszuliefern.

In der Verfolgung dieses Ziel greift *Google* auf seinen angehäuften, schier unermesslichen Datenschatz zurück. Eine Kombination verschiedenster *Targeting*-Formen kommt dabei auf dieser Grundlage zum Einsatz: neben dem generischen *Keyword-Targeting*, insbesondere *Behavioural* und *Predictive Behavioural Targeting*, aber auch technisches und *Geo-Targeting* (vgl. Teil B 2.2.3). Vor allem im Bereich von *Google Adsense* – bei dem Website-Betreiber *Google* automatisiert freie Werbeflächen bereitstellt, die dann individuell und automatisiert befüllt werden – erfolgt dies zusätzlich auch nach inhaltlichen und kontextuellen Aspekten, da ja das *Vor-Targeting* durch die fehlende Suchbegriffeingabe entfällt.

Als Pionier auf dem Gebiet von KI und *Deep Learning* finden bei *Google* entsprechende intelligente Verfahren selbstverständlich auch bei der Ausgabe und Platzierung seiner Werbeformate sowie ebenso bei der Preisbestimmung intensiv Verwendung. Inzwischen stellt das Unternehmen auf dieser Grundlage eine Vielzahl von Instrumenten zur Verfügung, die dem *Programmatic* sowie dem *Real Time Advertising* zuzurechnen sind und den Autonomisierungsgrad bei der Aussteuerung digitaler Anzeigen auf diese Weise deutlich ausweiten.

Smart Bidding von *Google*

Seit einiger Zeit bietet *Google* das sogenannte *Smart Bidding* an, bei dem maschinelles Lernen eingesetzt wird, um die Gebotserstellung intelligent zu gestalten. Kampagnen lassen sich, beispielsweise ausgerichtet am Ziel der *Conversion*-Maximierung, automatisiert optimieren (*sogenannte Performance-Max*-Kampagnen[88]). Dazu greift *Google*

88 Vgl. https://www.google.com/retail/solutions/performance-max/

auf eine Vielzahl von Signalen zurück, um die Kaufwahrscheinlichkeit eines spezifischen Nutzers in einer spezifischen Nutzungssituation zu ermitteln. Je nach Ergebnis dieser in Echtzeit durchgeführten Berechnung setzt das System eigenständig die demnach sinnvollen Höchstgebote fest. Auch für das Ziel des *Brandings* können diese intelligenten Verfahren eingesetzt werden. Beim zum *Google*-Imperium gehörenden Videodienst *Youtube* ist es etwa möglich, die Werbewirkung auf Markenbekanntheit zu optimieren (*Maximize Lift*). Dabei soll die Ausspielung der Anzeigen automatisch so gesteuert werden, dass nur diejenigen Nutzer damit konfrontiert werden, die die höchste potenzielle Affinität zu einer Marke haben.[89] Grundlage hierfür bilden vermutlich jeweils Kombinationen der einschlägigen maschinellen Lernverfahren, insbesondere aus *Supervised Learning* und *Re-Inforcement Learning* (vgl. Teil A 1.3.1), in deren Rahmen eine Identifizierung bestimmter Verhaltens- und Kontextmuster, eine Vorhersage spezifischer Verhaltenswahrscheinlichkeiten des Nutzers und eine permanente Optimierung anhand quantifizierter Zielvorgaben erfolgt.

Auch für die Erstellung der Anzeigen selbst wird auf *Machine Learning* zurückgegriffen. Bei den sogenannten *Dynamic Search Ads* werden im Moment einer Suchanfrage, in Echtzeit automatisch Anzeigen generiert, und zwar allein auf Basis der Inhalte auf der zu bewerbenden Website und somit, ohne dass es einer Angabe bestimmter *Keywords* bedürfte.[90] Zwar kann und sollte hier immer noch eine manuelle Einschränkung und Überprüfung der eingestellten Parameter erfolgen. Aber im Prinzip steuert sich damit das System weitgehend selbst. Sinnvolle Einsatzmöglichkeiten ergeben sich daher vor allem in Online-Shops mit großem Sortiment, bei denen menschliche Kapazitäten schnell an Grenzen stoßen und die *Keyword*-Auswahl somit nur schwer manuell durchführbar ist.[91] *Google* arbeitet zudem mit »responsiven Anzeigen«, und zwar sowohl für den klassischen Such-[92] als auch für den Display-Bereich[93], etwa im Rahmen des *Google-AdSense*-Programms. Diese sollen sich inhaltlich beziehungsweise optisch entlang gewisser Vorgaben durch den Werbetreibenden eigenständig an den jeweiligen Nutzungskontext anpassen. Dazu werden im Laufe der Zeit automatisch verschiedene Kombinationen der einzelnen Anzeigenmerkmale getestet und die »besten« Resultate durch diesen iterativen Lernvorgang ermittelt.[94]

Gestaltungsvorschläge für die Anzeigenerstellung

Ferner bietet man als Hilfestellung für die Werbemittelerstellung Vorschläge für die Gestaltung an (*Ad Suggestions*). Auf Basis relevanter Inhalte – bereits bestehende Anzeigen oder Informationen zur Zielseite – aus dem jeweiligen *Google-Ads*-Konto wer-

89 Quelle: https://www.blog.google/technology/ads/machine-learning-hands-advertisers/
90 Quelle: https://support.google.com/google-ads/answer/2471185?hl=de
91 Quelle: https://support.google.com/google-ads/answer/2497706
92 Quelle: https://support.google.com/google-ads/answer/7684791
93 Quelle: https://developers.google.com/adwords/api/docs/guides/responsive-ads?hl=de
94 Quelle: https://support.google.com/google-ads/answer/7684791

den diese Anzeigenvorschläge mithilfe maschinellen Lernens generiert, mit dem Ziel die Leistungsfähigkeit zu steigern. Unter Mitwirkung des Account-Verantwortlichen werden in einer Feedback-Schleife automatisiert die besten Varianten ermittelt.[95]

Wie *Meta* KI einsetzt

Auch *Meta* nutzt auf seinen Plattformen *Facebook* und *Instagram* natürlich intensiv Verfahren aus dem Bereich der KI. Ähnlich wie bei *Google* lassen sich die Kommunikationsmöglichkeiten im Marketing auf zwei Bereiche aufteilen, einen »organischen«, der die einzelnen Profile und Postings umfasst, und einen »anorganischen«, den bezahlten Werbeanzeigen. Noch viel stärker als *Google* hat *Meta* jedoch die organischen, also unbezahlten Marketingmöglichkeiten beschränkt. Auch hier ermittelt zwar grundsätzlich ein Algorithmus die Relevanz eines Posts aus Nutzersicht, gewerbliche Absender und Unternehmensseiten haben hier gegenüber Einzelpersonen einen deutlichen Malus: Äußerungen von »Freunden« werden als per se relevanter gewertet. Aus der Marketingperspektive rücken die organischen Aktivitäten, insbesondere auf der *Facebook*-Plattform bei vielen Unternehmen dadurch immer stärker in den Hintergrund.

Gleichwohl nutzt *Meta* das Verhalten der Nutzer und die von diesen verbreiteten Inhalte als nicht versiegende Quelle der Datenbeschaffung, die wiederum auch die Grundlage für den Einsatz von KI bildet. Klassischerweise erfolgt die Mediaplanung auf *Facebook* und *Instagram* entlang der Interessen der Nutzer, die diese ja meist eigenständig durch das Drücken des *Like-Buttons* bekundet haben. Eine Targetierung durch die Werbetreibenden beruht bis heute auf diesen Kriterien, die eine Einschränkung der Zielgruppe nach Vorlieben ermöglicht.

Automatisierung der Abrechnung

Ähnlich wie *Google* bietet *Meta* ebenfalls eine Reihe von Automatisierungen an, etwa bei der Abrechnungsoptimierung – zusätzlich zu Klickpreisen, die nicht unähnlich dem Verfahren von *Google* im Rahmen einer gewichteten Auktion ermittelt werden, ist auch eine Abrechnung nach Werbeeinblendungen (*Ad-Impressions*) möglich – wenn die Auslieferungen automatisiert »budgetoptimal« erfolgen soll.[96] Neben der Preisbildung können grundsätzlich auch die Auswahl der Platzierungen und die individualisierte Ansprache der Adressaten durch die Vorgabe bestimmter »Leitlinien« auf das System übertragen werden. Dabei greift *Meta* auch auf Maßnahmen aus dem *Predictive Behavioural Targeting* (vgl. Teil B 2.2.3) zurück. Das bedeutet, dass eben nicht nur Userverhaltensweisen und interessen der Vergangenheit, sondern auch erwartete

95 Quelle: https://support.google.com/google-ads/answer/7498488?hl=de&ref_topic=7498246

96 Vgl. https://www.facebook.com/business/news/good-questions-real-answers-how-does-facebook-use-machine-learning-to-deliver-ads

Handlungen und Einstellungen bei der Ausspielung von Werbung eine Rolle spielen.[97] Auf Grundlage der *FBLearner-Flow-Plattform*[98], die gewissermaßen das KI-Herzstück des Netzwerkes umfasst, erfolgt unter Verwendung zusätzlicher Merkmale wie genutztem Endgerät, konsumierten Inhalten und Ähnlichkeiten mit anderen Profilen ein gezieltes *Predictive Advertising*. Aus den gesammelten Daten werden im Rahmen maschineller Lernverfahren Muster identifiziert und Cluster gebildet, die dann eine Vorhersage über das Verhalten eines einzelnen Nutzers ermöglichen, dessen Profil sich in diesen Mustern widerspiegelt. Diese Vorgehensweise soll angeblich auch dazu geeignet sein, Personen zu identifizieren, die kurz vor der Entscheidung stehen, von einer Marke zu einem Wettbewerber zu wechseln. Abgeleitet aus dieser »Loyalitätsvorhersage«, ließe sich der Anzeigeneinsatz entsprechend penetrieren, um die gewünschte Entscheidung zu verhindern oder eben gerade gezielt herbeizuführen.[99]

Meta beschränkt sich bei der Sammlung von Daten bei weitem nicht auf die eigenen Dienste. Einerseits kauft das Unternehmen in großem Stil Daten dazu[100], andererseits ist es in der Lage, auch außerhalb der eigenen Websites, beziehungsweise der eigenen Apps, massenweise Informationen zu sammeln. Mithilfe der sogenannten *Custom Audiences* und entsprechenden *Facebook-Pixeln* können Werbetreibende auf ihren eigenen Webangeboten Nutzer identifizieren und diese Informationen dann für die Ansprache in *Facebook* einsetzen. Neben einem *Re-Targeting* (vgl. Teil B 2.2.3) – etwa weil die Betrachtung der Produktbeschreibung im eigenen Shop noch nicht zu einer Transaktion führte – ist damit auch eine abgeleitete Ansprache von *Look-a-likes* mit automatisch aus der Shop-eigenen Produktdatenbank erstellten Anzeigen (*Facebook Dynamic Ads*) möglich, in der *Facebook*-Konnotation als *Broad Audiences* bezeichnet.[101] Natürlich wird mit jedem dieser Vorgänge stets auch *Metas* eigene Datenbasis erweitert.

Der »digitale Flohmarkt« von *Facebook*

Neben dem Anzeigengeschäft in seinem Newsfeed hat *Meta* mit dem »Marktplatz« auf *Facebook* eine weitere Erlösquelle aufgetan. Dieser »digitale Flohmarkt« ermöglicht es Nutzern, gebrauchte Gegenstände weiterzuverkaufen. Auch hier zeigt sich gut, welche Bedeutung KI bei dem Technologieunternehmen inzwischen hat. Ebenso wie bei *Google* übernimmt eine intelligente Bilderkennung eine wichtige Rolle für die Analyse der durch die Nutzer verbreiteten Inhalte ein. Dabei werden nicht nur abgelichtete

---

97 Vgl. Barbara Wimmer: »Facebook prognostiziert und beeinflusst das Verhalten der Nutzer«, https://www.futurezone.de/digital-life/article214019399/Facebook-prognostiziert-und-beeinflusst-das-Verhalten-der-Nutzer.html

98 Quelle: https://code.fb.com/core-data/introducing-fblearner-flow-facebook-s-ai-backbone/

99 Quelle: https://www.heise.de/newsticker/meldung/Kuenstliche-Intelligenz-Facebook-sagt-Nutzerverhalten-voraus-und-verkauft-damit-Anzeigen-4024377.html

100 Quelle: https://www.heise.de/newsticker/meldung/Werbe-Tracking-Facebooks-Kooperation-mit-Datenhaendlern-in-der-Kritik-3585647.html

101 Quelle: https://allfacebook.de/fbmarketing/dynamic-ads-broad-audiences

Objekte auf den Produktfotos erkannt und darauf basierend passende Verschlagwortungen vorgeschlagen. Auch einen angemessenen Preis leitet *Meta* aus der Bildanalyse ab. Ziel ist es unter anderem, dadurch die Abbruchrate beim Einstellen von Produkten zu verringern.[102] Trainiert werden diese Systeme wiederum nicht zuletzt durch die bereitgestellten Nutzerinformationen: Neben herkömmlichen Datenbanken und Trainingsverfahren, werden hierzu auch die Fotos auf Instagram und deren dortige Verschlagwortung durch die Nutzer selbst, etwa durch entsprechende Hashtags, herangezogen.[103]

KI und Produktanzeigen bei *Amazon*

Auch *Amazon* greift bei der Darbietung seiner Leistungen auf KI zurück. Kerngeschäft des Unternehmens ist zwar eigentlich – neben den inzwischen sehr erfolgreichen Cloud-Services – der Handel von Produkten. Allerdings hat sich um diesen Bereich herum mittlerweile ein Ökosystem entwickelt, das den Unternehmen, welche die Plattformen als Absatzkanal nutzen, ein umfangreiches Marketinginstrumentarium zur Verfügung stellt. Tatsächlich scheinen immer mehr Nutzer ihre konkrete Produktsuche bei *Amazon* zu beginnen.[104] Ähnlich wie bei *Google* werden Suchergebnisse, »organisch«, nach Relevanzkriterien ausgespielt. Daneben besteht für Werbetreibende jedoch auch die Möglichkeit, Produkte konkret zu bewerben. Auch hier spielt der Rückgriff auf KI eine Rolle, wenn es um die Ermittlung der »Passgenauigkeit« und die Reihenfolge der Ausspielung geht. *Amazon* verfügt darüber hinaus über eine eigene *Programmatic-Advertising*-Plattform (vgl. Teil B 2.2.2).[105] Analog zum *Google*-Portfolio gibt es dabei unter anderem die Möglichkeit, dynamisierte (*Dynamic E-Commerce Ads, DEA*) Anzeigen zu schalten. *Amazon* stellt dazu verschiedene Standard-Formate als Template zur Verfügung. Die Inhalte der Anzeige selbst, wie beispielsweise Bilder, Produkttitel und *Call-to-Action*, werden automatisch über die Plattform generiert. Der Algorithmus versucht durch die iterative Kombination dieser Merkmale die Erreichung des jeweiligen Werbeziels, beispielsweise Klickraten, *Conversion Rates* oder die Maximierung der Produktdetailansichten, zu optimieren.[106]

102 Quelle: https://t3n.de/news/visuelle-suche-und-preisvorschlaege-facebook-bohrt-marktplatz-mit-ki-auf-1115628/
103 Quelle: https://vrodo.de/facebook-trainiert-kuenstliche-intelligenz-mit-milliarden-instagram-bildern/
104 Vgl. https://civicscience.com/amazon-is-crushing-google-when-it-comes-to-product-searches/
105 Vgl. https://advertising.amazon.com/solutions/products/amazon-dsp
106 Vgl. https://advertising.amazon.com/resources/ad-specs/ecommerce/

3 Kundenbeziehungsphase

3.1 Personalisierung in der Kundenkommunikation

3.1.1 Grundlagen

Sofern es gelungen ist, die Aufmerksamkeit des potenziellen Kunden zu erringen, ist der Werbetreibende vor die neue Herausforderung gestellt, diesen einmal gewonnenen Kontakt auch zum Abschluss zu bringen und eine Kundenbeziehung zu etablieren.

Personalisierung des Angebots

Personalisierung umschreibt allgemein das »Zuschneiden« eines Angebotes auf bestimmte Personen oder Personengruppen. Die Personalisierung kann nach der erfolgreichen individuellen (Erst-)Ansprache verschiedene weitere Dimensionen umfassen, von der erstmaligen »Darreichung« eines Produktes beziehungsweise einer Dienstleistung, über dessen individuell angepasste Verwendung, bis hin zu zielgerichteten Maßnahmen im Kundenbindungs- und Kundenrückgewinnungsmanagement. Letztlich dient Personalisierung der effektiveren und effizienteren Bedienung der Bedürfnisse des Kunden, der schnelleren und qualitativ höherwertigeren Abwicklung der Interaktionen mit diesem und folglich der Erhöhung der Kundenzufriedenheit sowie der Wahrscheinlichkeit wiederholter Kontakte und Transaktionen. Insofern können Personalisierungsmaßnahmen eines Unternehmens von der Kundengewinnungsphase bis hin zur Kundenbeziehungs- oder sogar der Trennungsphase reichen.

***Customization* – Individualisierung von Angebotsmechanismen**

Der Begriff der *Customization* ist mit dem der Personalisierung verwandt und wird teilweise auch synonym verwendet. Im Kern lässt sich jedoch hinsichtlich der Akteure eine Unterscheidung treffen: Personalisierung ist als gezielte und aktive Marketingmaßnahme des Unternehmens zu verstehen. *Customization* umfasst hingegen die Bereitstellung einer entsprechenden Möglichkeit für den Kunden, ein Produkt oder eine Dienstleistung für seine spezifischen Bedürfnisse zu individualisieren, der Kunde »personalisiert« also selbst innerhalb eines vorgegebenen Rahmens.

Oft spricht man in Bezug auf Personalisierung auch von *Next best action*- oder *Next best offer*-Marketing. Damit wird auf den Paradigmenwechsel hingewiesen, der als Konsequenz aus einem solch dezidierten personalisierten Marketing erwächst: Unter der Maßgabe der Unternehmensziele erfolgt eine intensive Fokussierung auf den Kunden und seine Bedürfnisse. Statt, wie klassischerweise, für ein vorab formuliertes Angebot potenzielle Interessenten zu finden und anzusprechen, wird der Kundendialog situativ entschieden – jeweils nach den in einer spezifischen Konstellation vermuteten Bedürfnissen, Vorlieben und Befindlichkeiten. Es geht also darum, jedem einzelnen Kunden zum »richtigen« Zeitpunkt das jeweils »richtige« Angebot zu unterbreiten.

Technisch baut Personalisierung, auch in den auf die werbliche Ansprache folgenden Phasen, unter anderem auf die Instrumente des *Targetings* (vgl. Teil B 2.2.3) auf und wird durch weitere verfügbare Informationen, insbesondere aus dem unternehmenseigenen Umfeld, angereichert. Daraus werden individuelle Profile erstellt, die eine Zurechnung einzelner Nutzerhandlungen ermöglichen. Aus den erhobenen Daten lassen sich zudem Prognosen über die Interessen und das zukünftige Verhalten der Kunden ableiten. Diese Informationen dienen unter anderem dazu, im Einklang mit den Unternehmens- und abgeleiteten Marketingzielen, den Kunden »ideal«, ohne Friktionen, durch das Angebot zu führen. Je mehr Informationen und auch je mehr Kanäle für die Durchführung des Kundendialogs existieren, umso höher sind die Anforderungen an das Entscheidungssystem. Es liegt auf der Hand, dass hier somit ein geradezu idealtypisches Einsatzszenario für intelligente Systeme und maschinelles Lernen entstanden ist. Entsprechend lassen sich in diesem Kontext zahlreiche Anwendungsbeispiele zur Individualisierung von Angebotsmechanismen mithilfe von KI finden.

Das Spektrum reicht von *Recommendation Engines*, die im Online-Shop automatisiert und zielgerichtet Vorschläge für ein *Cross-* oder *Up-Selling* und zur Auswahl passende Produktempfehlungen unterbreiten, bis hin zu anspruchsvollen *Customer-Journey*-Analysen über verschiedene Kontaktpunkte hinweg, die eine vollumfängliche Analyse des Kunden und seiner Vorlieben gestatten, bis hin zu individuellen und automatisch erstellten Ansprachen – wie personalisierten Texten und Webseiten.

3.1.2 Angebotsvorschläge

Die Ausspielung individueller Produktvorschläge durch *Recommendation Engines* kennt man schon seit Langem im digitalen Marketing. *Amazons* »Kunden, die das gekauft haben, haben auch gekauft …« ist ein auch in diesem Buch bereits vielzitierter Klassiker, der auf der Identifizierung von Mustern im Konsumentenverhalten setzt, um aus der Ähnlichkeit von Kundentypen eine effiziente Angebotsunterbreitung abzuleiten (vgl. Teil A 1.1.3). Grundsätzlich sind diese Empfehlungsdienste nicht auf den Bereich des *E-Commerce* begrenzt, auch im Bereich der digitalen Medien kommen sie immer stärker zum Einsatz, wenn es gilt, redaktionelle Inhalte oder Werbebotschaften der Anzeigenkunden zielgerichtet auszuspielen. Auch Akteure wie *Netflix* oder *Spotify* greifen intensiv auf derartige Verfahren zurück. Und im Prinzip erfolgt auch die »organische« Ausgabe der Suchergebnisse bei *Google* entlang dieser Logik.

Meist funktioniert dies über die Quantifizierung des individuellen, potenziellen Interesses eines Nutzers an einem Angebot, worüber dann die personelle Ausspielung gesteuert wird. Im Prinzip geht es dabei immer um eine Filterung der insgesamt möglichen Vorschläge, also die Konzentration auf diejenigen, zu denen am ehesten eine Affinität aus dem gesammelten Datenmaterial berechnet werden kann. Während für den Nutzer idealerweise damit eine größere Übersichtlichkeit erzielt wird, ist es das Ziel aus Sicht des Unternehmens, auf diese Weise das Angebot entlang ökonomischer Kennzahlen zu optimieren. In der Regel geschieht dies mit dem Ziel einer höheren *Conversion-Rate*, die beispielsweise den Anteil derjenigen, die ein Produkt kaufen beziehungsweise nutzen oder allgemein eine bestimmte gewünschte Handlung ausführen, im Verhältnis zu der Zahl der Nutzer, die insgesamt mit dem Angebot konfrontiert wurden, ausdrückt.

Empfehlungstypen

Grundsätzlich lassen sich zwei Arten von Empfehlungstypen beschreiben: zum einen inhaltliche und kontextuelle Empfehlungen, zum anderen kollaborative Empfehlungen.

- **Inhaltliche und kontextuelle Empfehlungen** basieren auf der individuellen Nutzung des Angebotes durch den Nutzer selbst. Aus seinem persönlichen Konsum- und Informationsverhalten sowie aus seinem Umgang mit dem Angebot wird auf bestimmte Neigungen und Interessen geschlossen. Hier spiegelt sich gewissermaßen die Logik des *Behavioural Targetings* wider.
- **Kollaborative Empfehlungen** beruhen hingegen auf der Gegenüberstellung mit vergleichbaren Nutzerprofilen (»Kunden, die das gekauft haben, haben auch ...«). Das entspricht in den Grundzügen der Wirkungsweise des *Predictive Behavioural Targetings*.

Daneben sind auch weitere regelbasierte Formen (»Wenn-dann«) von Empfehlungen denkbar. Im Rahmen von Clustering-Verfahren des *Unsupervised Learnings* könnte KI dabei auch zusätzliche, neue Übereinstimmungen und Regeln identifizieren, die dem menschlichen Auge zunächst verborgen geblieben sind.

Saatchi Art – Kunstliebhaber gezielt ansprechen

Eine der weltweit größten Online-Galerien, *Saatchi Art*, die Künstlern damit eine Plattform bieten, um direkt und mit möglichst großer Reichweite in Kontakt zu Kunstliebhabern zu treten, stand vor dem Problem, wie die über die Jahre stark angewachsene Anzahl an Kunstwerken noch marktorientiert und übersichtlich angeboten werden konnte. Bei Produkten wie diesen, die sich nicht einfach nach übereinstimmenden Merkmalen klassifizieren lassen, sondern individuelle »ästhetische« Qualitäten aufweisen, erweisen sich klassische kollaborative Empfehlungen wie »Andere Kunden kauften auch diese Kunstwerke ...« oder »Weitere Bilder dieses Künstlers ...« nur als bedingt zielführend. Stattdessen versuchte man, Muster im spezifischen geschmacklichen Empfinden der einzelnen Nutzer – anhand der Katalognutzung, etwa der Verweildauer auf einzelnen Kunstwerken, und der bisherigen Kaufhistorie zu identifizieren. Mittels Einsatz von *Deep Learning* sei es gelungen, die *Conversion Rate* deutlich zu erhöhen, wie ein A/B-Test angeblich belegte.[107]

Die britische Hotelkette *Jurys* deckte mithilfe von Verfahren zur Mustererkennung auf den ersten Blick nicht offensichtliche Zusammenhänge zwischen dem Mediennutzungs- und dem Buchungsverhalten ihrer Kunden auf. Es zeigte sich, dass hierbei eine Korrelation zwischen einer Zimmerbuchung und einem medialen Interesse an Sportthemen bestand, die bisher in dieser Form nicht aufgefallen war. Eine tiefergehende Analyse brachte jedoch zutage, dass viele dieser gewonnenen Kunden zuvor zielgerichtet nach Hotels in unmittelbarer Nähe von Fußballstadien suchten und dies insbesondere an Tagen, an denen Spiele der britischen *Premier League* terminiert gewesen waren. Ausgestattet mit dieser Erkenntnis erstellte die Hotelkette spezifische Inhalte, um diese Klientel entsprechend aufzufangen und zu kanalisieren. Die Zahl der *Conversions* konnte somit merklich gesteigert werden.[108]

Beispiel *Airbnb*: Wie Mieter und Vermieter besser zueinander finden

Einen weiteren spannenden und vermutlich richtungsweisenden Versuch hat die temporäre Zimmer- und Wohnungsvermittlung *Airbnb* unternommen. Eine interne Analyse ergab hier, dass es bei der Zimmersuche auf der Plattform notwendig ist, sich nicht nur an den Präferenzen der Mieter zu orientieren, sondern auch diejenigen der Vermieter bei der Ergebnisausgabe der Angebote passender Unterkünfte zwingend miteinzubeziehen. Ein Vertrag kommt schließlich nur dann zustande, wenn die potenziellen Vermieter auch bereit sind, einen bestimmten Übernachtungsgast zu akzeptieren – und nur dann wird auch die entsprechende Provision für *Airbnb* fällig.

Aus diesen Erkenntnissen entwickelte man ein komplexes Modell zur Verbesserung der Suchergebnisanzeigen, das anschließend in der Realität getestet und anhand der *Conversion*-Zahlen (also mit dem Ziel einer steigenden Anzahl von zustande gekommenen Vermietungen) optimiert wurde.

Ursprünglich hatte man die Relevanz und damit die Sortierung der Suchergebnisse allein an den potenziellen Mieter ausgerichtet, für die neben der Bewertung durch vorherige Nutzer, wohl vor allem Faktoren wie der Preis und die Lage bei der Entscheidung für ein bestimmtes Angebot eine Rolle spielten. Die Kriterien auf der Vermieterseite können – so das Ergebnis der Analyse – jedoch deutlich variieren. Einerseits dürften

107 Quelle: https://www.visii.com

108 Vgl. Volker Helm: »Das kann Künstliche Intelligenz im Marketing wirklich leisten«, https://www.horizont.net/tech/kommentare/nerd-alert-das-kann-kuenstliche-intelligenz-im-marketing-wirklich-leisten-168721

diese tendenziell ein Interesse an möglichst wenig belegungsfreien Tagen innerhalb ihrer zeitlichen Angebotsspanne haben. Tatsächlich akzeptierten viele Anbieter eher Gäste, die eine weitgehend lückenlose Belegung ermöglichten. Andererseits steht diesem ökonomisch rationalen Verhalten auch eine eher »gelegentliche Vermietungshaltung« gegenüber. Diese ließ sich vor allem für kleinere Märkte mit vergleichsweise weniger Angebot an Unterkünften feststellen. Daneben spielten aber auch andere Faktoren eine Rolle: Ein spezifisch unterschiedliches Verhaltensmuster der Anbieter war auch bei der Vorlaufzeit einer Vermietung auszumachen.

Während im Durchschnitt Gastgeber auf *Airbnb* es demnach zwar bevorzugten, eine Buchung mindestens eine Woche im Voraus zu erhalten, fanden sich auch durchaus Gruppen, denen ein sehr kurzfristiger Bezug lieber war. Tatsächlich stellte sich heraus, dass die diesbezüglichen Vorlieben sehr weit auseinanderklafften. Gleiches galt für andere Entscheidungsfaktoren wie die Anzahl der Gäste oder die Art des Aufenthaltes – sei es ein Wochenendtrip oder eine beruflich veranlasste Reise. Diese Erkenntnisse legten den Schluss nahe, dass eine rein durchschnittliche Betrachtung Nachteile hinsichtlich der Optimierung der *Conversion Rate* birgt, weil dann spezifische Gruppen mit Merkmalen jenseits des Durchschnitts auch eher unspezifisch, also letztlich unbefriedigend, angesprochen werden würden. Stattdessen könne eine sinnvolle, auf jeden Einzelfall abgestimmte Vorgehensweise die jeweils besten Ergebnisse liefern.

Durch die Variabilität sowohl der Nachfrage- als auch der Angebotsseite ergibt sich eine Anforderung von hoher Komplexität an den Algorithmus, der die Ergebnisausgabe auf der Plattform steuert. Um nicht nur interessierten Zimmersuchenden ein Angebot zu unterbreiten, sondern auch gleichzeitig eine Übereinstimmung zwischen den Anbietern und Nachfragern auf der Web-Plattform erzielen zu können, bedarf es einer »dynamischen Modellierung« mit dem Ziel, im Verhältnis zu den Ausgaben der Suchergebnisse möglichst viele Mietvereinbarungen zustande kommen zu lassen. Für jede Suchanfrage eines möglichen Gastes auf der Website berechnet das System nun die Wahrscheinlichkeit, dass ein dafür relevanter Anbieter auch bereit ist, diesem eine Unterkunft zu vermieten. Dies bestimmt dann, neben den durch die Mietpräferenz geprägten Faktoren, an welcher Stelle das jeweilige Suchergebnis in der Ergebnisanzeige ausgeben wird. Erreicht wurde dies über eine mechanisierte Auswertung vorliegenden Datenmaterials und dem Training mittels »echter« Praxisdaten und einer laufenden Nach-Modellierung anhand originärer Sucheingaben mit dem Zielkriterium der Optimierung der *Conversion Rate*.[109]

109 Vgl. auch Bar Ifrach: »How Airbnb uses Machine Learning to Detect Host Preferences«, https://medium.com/airbnb-engineering/how-airbnb-uses-machine-learning-to-detect-host-preferences-18ce07150fa3

3.2 *Lead Management* und *Closed Loop Automation*

Typische Anwendungen von Personalisierungen finden sich ferner auch im *Lead Management* sowie im E-Mail-Marketing und im damit verbundenen *Closed-Loop-Management*. Schon seit geraumer Zeit sind individualisierte Ansprachen und das gezielte maschinelle Lernen in diesem Bereich erprobt. Dabei geht es meist um die Analyse und Aufbereitung der einzelnen *Customer-Touchpoints* entlang der Interessen und Verhaltensweisen eines Kunden. KI ermöglicht die automatisierte Identifizierung und auch Profilierung potenzieller Kunden, die entsprechend ihrer spezifischen »Transaktionsreife« dann gezielt angesprochen werden können. Intelligente Systeme berechnen die Wahrscheinlichkeit der Zugehörigkeit zu einem bestimmten Interessenten- oder Kundentyp sowie die statistische Kaufbereitschaft in einer spezifischen Nutzungssituation. Daraus lassen sich dann auch unter anderem die Wirkungszusammenhänge exakt numerisch bestimmen, womit eine lückenlose Zurechnung (die sogenannte *Attribution*) der einzelnen Maßnahmen und ihrer Effektivität erreicht werden kann. Daraus ergeben sich dann einerseits wiederum Lernmuster für das weitere maschinelle Training, andererseits fließen diese Erkenntnisse bei der Organisation der weiteren Kommunikation durch das System mit ein, das dann autonom entscheiden kann, welche Werbemaßnahmen in welcher Situation auf Grundlage der vorgegebenen Zielgrößen als erfolgversprechend eingesetzt werden. Auf diese Weise entsteht ein hochspezifischer Dialog mit dem Kunden oder Interessenten.

Management von Verkaufs- und Kundenkontakten

Schon seit einigen Jahren wird in diesem Kontext der Begriff des *Lead Managements* verwendet, der allgemein das Management von Verkaufs- und Kundenkontakten bezeichnet. *Lead* (zu Deutsch »Spur«) steht dabei für einen qualifizierten Datensatz zu potenziellen Kunden, die sich aufgrund eines an spezifischen Themen gezeigten Interesses als vielversprechender Verkaufskontakt identifiziert haben. Herkömmlicherweise erfolgt die Generierung von *Leads* über sogenannte *Whitepaper*, qualitativ hochwertige »Fachartikel«, die sich der Lösung eines spezifischen Einkäuferproblems widmen, jedoch nicht von einer entsprechenden Redaktion eines unabhängigen Mediums, sondern von den Anbietern derartiger Lösungen bereitgestellt werden. Grundsätzlich sind aber auch andere werbliche Inhaltsformen denkbar, die potenziell dazu geeignet erscheinen, Interessenten für ein bestimmtes Thema zu gewinnen.

Dabei dient allein schon der Wille, sich mit diesen Inhalten auseinanderzusetzen, als vorgezogener Filter: das gezeigte Interesse daran kann einerseits als eine Art *Content-Targeting*, andererseits aber als der Beleg dafür verstanden werden, dass der Adressat, je nach Kontext, auf dem Weg zur letztlichen Kaufentscheidung bereits einen oder mehrere Schritte zurückgelegt hat: *Leads* sind also immer »veredelte« Kontakte zu Zielpersonen, da sie statt eines bloß vermuteten Interesses, vielmehr ein schon bekundetes Interesse aufweisen. Die dazu geeigneten Inhalte platziert man gewissermaßen als Köder im Netz. Der Zugriff darauf ist meist nur nach vorheriger Registrierung möglich, so dass die Anbieter auf diese Weise an die Kontaktdaten der Interessenten gelangen. Statt eines *Whitepapers* werden auch Webinare, Gruppenzugänge in Social Media, *Native-Advertising*-Ansätze oder traditionelle Messen und Offline-Events für die *Lead Generierung* genutzt. *Lead Management* umfasst dabei den gesamten Prozess der *Lead Generierung* und des *Lead Nurturings*, der Pflege und Weiterentwicklung von gewonnenen *Leads* zu qualifizierten Kontakten.

Lead Management und Künstliche Intelligenz

Hierbei ergeben sich zahlreiche Anknüpfungspunkte für maschinelle Lernverfahren. Zunächst kann die Ansprache und Erstauswahl der Zielkontakte algorithmisch erfolgen. Neben den schon erwähnten Ansätzen des *Targetings* (vgl. Teil B 2.2.3), wonach nur eine von vornherein eingeschränkte Auswahl von Zielpersonen angesprochen wird, wäre es technisch auch möglich, diese mittels Mustererkennung, über Identifizierung von *Look-a-likes* zu steuern, insbesondere dann, wenn die Ansprache innerhalb eines Pools von bekannten Kontakten erfolgt, über die jedoch keine weiterführenden Informationen bezüglich ihrer Kaufbereitschaft existieren. Ebenso können *Re-Targeting*-Maßnahmen genutzt werden, um Kontakte, die sich bereits mit den Angeboten des Unternehmens beschäftigt haben, erneut anzusprechen.

Dynamisches *Profiling*

Darüber hinaus ist zudem ein dynamisches *Profiling* denkbar, das gezielt nach Erfolg versprechenden Kommunikationsanlässen oder Transaktionsauslösern sucht, um daraus dann optimale Kontaktsituationen abzuleiten. Andere Ansätze greifen auf *Crawler* zurück, die automatisiert Informationen auf Unternehmenswebsites einsammeln, um diese zu gruppieren und spezifische Cluster bilden, je nach erwartetem Kaufverhalten oder hinsichtlich spezifischer Muster, die eine gewisse *Conversion*-Wahrscheinlichkeit nahelegen. Das setzt eine gewisse Intelligenz der Systeme voraus, um die Inhalte nicht nur zu erfassen, sondern sie auch semantisch zu verstehen und aus diesen unstrukturierten Daten automatisiert strukturierte zu machen, die sich verarbeiten lassen.

Klassifizierung der Kundenkontakte

Sind vielversprechende Kontakte erstmalig angesprochen worden, gilt es, diese zum Abschluss zu bewegen und womöglich danach auch langfristig als Kunden zu entwickeln. Das *Lead Nurturing* setzt dabei auf einem mehrstufigen und ganzheitlichen Prozess auf, der die Güte der Kontakte je nach Qualifizierungsgrad und daraus abgeleiteter Abschlusswahrscheinlichkeit in verschiedene Klassen einteilt, etwa in *Marketing Qualified*, *Sales Qualified* oder *Sales Accepted Leads*. Aus diesen Klassifizierungen leiten sich wiederum die Maßnahmen ab, die dem einzelnen Zielkontakt zu teil werden. Es gilt, dabei die optimale Kommunikation und Kundenbetreuung zu ermitteln, Optionen wie *Cross-* und *Up-Selling* effektiv in die Tat umzusetzen und auf diese Weise den Kundenwert insgesamt zu steigern. Auch dieser stets als Kreislauf begriffene Prozess lässt sich bis zur »Übergabe« (und nicht selten auch darüber hinaus) der zu Kunden umgewandelten Kontakte an das CRM-System fast vollständig automatisieren. Dabei wird stets auf Basis des Status des jeweiligen Interessenten, seiner aufgezeichneten Reaktionen zu den jeweiligen Stufen der Kontaktanbahnung und seiner ermittelten Budgetausstattung und -befugnis der nächste, »maßgeschneiderte« Kommunikationsschritt festgelegt. Nicht nur die Wahl der Kommunikationsmaßnahmen, auch konkrete – und zunehmend durch das System autonom vorgeschlagene – Handlungsanweisungen zu Art und Intensität der Betreuung durch den Vertrieb bemessen sich hieran.

Ziel ist es in aller Regel, ein System zu errichten, dass die Kundenansprache und die weitere Bearbeitung weitgehend eigenständig durchführt und die verbundenen Systeme mit den weiterführenden Anschlussinformationen füttert. Besonders augenfällig zeigt sich dies beim E-Mail-Marketing. Aus der Umgangsweise des Empfängers mit den erhaltenen E-Mails – welche Nachrichten werden geöffnet, welche nicht? Welche Links in der E-Mail werden geklickt, welche nicht? Welches sind die Konstellationen, die dann schließlich zu einer *Conversion*, einer Registrierung oder einer Bestellung im Shop führen? – lassen sich umfassende Rückschlüsse hinsichtlich seiner Einstellungen und seines Verhaltens ziehen. Daraus können automatisiert Aktionen zur weiteren Bearbeitung des Kunden abgeleitet und durchgeführt werden, etwa, dass »Nicht-Öffnern« einer E-Mail nach einer bestimmten Karenzzeit diese erneut zuzustellen ist oder, dass Empfänger, welche die Nachricht zwar gelesen, aber dann keine weiterführenden Handlungen ausgeführt haben, in Zukunft mit anderen Inhalten zu beliefern sind. Im Rahmen der herkömmlichen Marketingautomation (vgl. Teil A 2.2.3) konnten diese Wirkungsmechanismen vorab durch einfache »Wenn-dann«-Schleifen programmiert werden.

Wurden in der E-Mail zum Beispiel Produkte eines Onlineshops angepriesen, so ist dann entscheidend, ob dies in einem Abschluss mündete. In diesem Fall ließe sich eine Verknüpfung der Kommunikationsdaten mit den Sales- und Adressdaten herstellen, die sich IT-seitig in einer Koppelung von E-Mail-Marketingsystem, CRM-System sowie der Buchhaltungs- und ERP-Software widerspiegelt. In einem intelligenten, geschlossenen Marketing-*Loop* werden in einer nächsten Runde dem Kunden dazu passende, womöglich komplementäre Angebote zu seiner letzten Transaktion automatisiert unterbreitet, deren Erfolg wieder entsprechend überprüft wird. Im Idealfall entsteht somit ein Kreislauf, der sich selbst optimiert und steuert. Der Rückgriff von KI ermöglicht dabei ein eigenständiges Lernen und kann potenziell diese Entscheidungen und ihre Ausführung auf das System übertragen. So entsteht ein geschlossener, vollautomatischer Kreislauf, ein intelligentes *Closed-Loop-Management*, das nur sporadisch auf menschliche Steuerung zurückgreifen müsste.

3.3 Personalisierte und dynamisierte Preisbildung

Der Prozess der Preisfindung hat sich seit dem Aufkommen des Internets deutlich verändert. Schon immer bestand die Herausforderung darin, Informationen über das Verhalten der Konsumenten korrekt erheben und verarbeiten zu können, um die Preisbereitschaft der Kundschaft optimal aus Unternehmenssicht zu identifizieren. Die Datenmenge, die hierzu durch die fortschreitende Digitalisierung bereitsteht, lässt sich schon seit geraumer Zeit für »dynamisierte« Preisfestsetzungsverfahren nutzen. Dieses *Dynamic Pricing* finden wir heute nicht nur im *E-Commerce*, wo entlang der vorliegenden Nutzerdaten individuell Angebote unterbreitet und unterschiedliche Preise aufgerufen werden. Auch im stationären Handel existieren zunehmend »digitale« Preisauszeichnungen, die je nach Nachfrage oder Lagerbestand automatisch justiert werden können, auch sind durchaus Entwicklungen denkbar, die dabei auch vorliegende Informationen über potenzielle Käufer bei der Kalkulation miteinbeziehen.

Autonome intelligente Systeme sind nun zunehmend in der Lage, sich in Echtzeit permanent ändernden Rahmenbedingungen anzupassen und situativ und individuell den »besten« Preis für ein Produkt oder eine Dienstleistung festzulegen. Das gilt nicht nur für den bereits skizzierten Bereich des *Programmatic* oder *Real Time Advertisings* (vgl. Teil B 2.2.2), sondern erfasst grundsätzlich alle digital getriebenen Transaktionen. Aus einer Vielzahl an Datenpunkten lassen sich Muster im Nachfrageverhalten und bei den entsprechenden Preisbereitschaften identifizieren. Aus der Kombination von historischen wie auch Echtzeitdaten wird versucht zu errechnen, wie ein Kunde auf eine bestimmte Preisanpassung voraussichtlich reagiert. Dabei versucht man, die jeweils situative Preis-Absatz-Funktion, die beschreibt, welcher Absatz zu einem bestimmten Preis generiert werden kann, zu simulieren und hinsichtlich des Umsatzes oder auch mit Blick auf den jeweiligen Deckungsbeitrag zu optimieren. Kombiniert wird dies oft mit einer allgemeinen Absatzprognose, die sich an die Erwartungen für den Gesamtmarkt anlehnt und die Disposition und Lagerhaltung beeinflusst. Auch diese Informationen fließen möglicherweise bei der Preisbildung mit ein.

Im Prinzip erstellt man hierzu zunächst ein Modell, das mit den bestehenden fixen und historischen Daten – Ausgangspreis, Datum, bisheriger Absatz etc. – gefüttert und trainiert wird. Auch bereits identifizierte Muster und Zusammenhänge können dabei herangezogen werden. Anschließend beginnt das »adaptive« Lernen in der Praxisumgebung. Die getätigten Transaktionen und die daraus gewonnenen »Preiserkenntnisse« werden zur Anpassung des Preismodells durch das System herangezogen, dabei kommen »Preisversuche«, zunächst nach dem *Trial-and-Error*-Prinzip, später entsprechend optimiert, zum Einsatz. Dies liefert dann die Grundlage für eine möglichst exakte Vorhersage der idealen Preise in einer bestimmten Transaktionssituation.[110]

Beispiel: Preisbildung bei *Uber*

Der US-amerikanische Taxi-Dienst *Uber* bedient sich einer Kombination aus *Dynamic Pricing* und Personalisierung. Das Unternehmen bietet ein als *Surge Pricing* bezeichnetes Verfahren an, das je nach Auftragsaufkommen die Preise für eine Transportfahrt automatisch anpasst. In der Vergangenheit wurden dabei neben der Nachfrage in einer Region auch Merkmale wie Treibstoffkosten und Fahrtdauer berücksichtigt. Seit einiger Zeit greift ja man jedoch dabei auch auf »soziologische« und behavioristische Faktoren zurück, die spezifische Verhaltenszusammenhänge beschreiben, welche über maschinelle Mustererkennung identifiziert wurden. So stellte man etwa fest, dass unabhängig von der Dauer und der Entfernung eine erhöhte Preisbereitschaft existierte, wenn eine Fahrt von einer einkommensstärkeren Gegend in eine andere, ebenso vermögende anstand.[111] *Uber* wertet dazu eine Menge verschiedenster Daten aus. Dazu zählt unter anderem auch der Batteriestand des Smartphones, mit dem eine Fahrt gebucht werden soll. Diese Informationen stehen zur Verfügung, weil die App sich bei der Installation den Zugriff darauf genehmigen lässt, vorgeblich, um später rechtzeitig in den Energiesparmodus schalten zu können. Hierbei ließ sich ein Muster ermitteln, das Zusammenhänge zwischen einem niedrigen Akkustand und einer erhöhten Preisbereitschaft nahelegt. Was zunächst nicht offensichtlich erschien, erwies sich nach Identifizierung durch einen Cluster-Algorithmus als nachvollziehbar: Offenbar war die Angst der Nutzer so groß, in bestimmten Situationen mangels Kontaktmöglichkeit ohne ein adäquates Transportmittel dazustehen, dass man dann Preise akzeptierte, die ohne diesen Druck niemals zustande gekommen wären.[112]

Inzwischen werden solche Lösungen auch zunehmend standardisiert. Durch maschinelles Lernen gesteuertes *Dynamic Pricing* lässt sich über Anbieter entsprechender Software[113] inzwischen auch in gewöhnlichen Online-Shops integrieren und an die individuellen Anforderungen der Betreiber anpassen.[114]

KI-gestützte Preisbildung in der Offline-Welt

Der Einsatz von KI in der Preisbildung ist jedoch nicht allein auf die digitale Online- und Mobile-Welt beschränkt, auch außerhalb des Internets, in vermeintlich klassischen

110 Vgl. Mohammad Islam: »Price Optimisation Using Machine Learning«, https://www.linkedin.com/pulse/price-optimisation-using-machine-learning-mohammad-islam/

111 Quelle: https://www.zdnet.com/article/uber-uses-artificial-intelligence-to-figure-out-your-personal-price-hike/

112 Quelle: https://mashable.com/2016/05/21/uber-phone-batteries-surge-pricing/

113 Vgl. https://www.darwinpricing.com/de/

114 Vgl. https://www.internetworld.de/technik/e-commerce/dynamic-pricing-im-handel-neue-tools-ki-1662293.html

»Offline-Umgebungen« finden die Technologien immer häufiger Verwendung. Auch klassische Supermärkte verfügen über digitale Preisschilder, die sich »dynamisch« bespielen lassen. Dabei kann eine Vielzahl von Daten verwendet werden, um situations- oder profilgenaue Kaufbereitschaften abzudecken. Ansätze in China zeigen, wie weit diese Entwicklung reichen könnte. Der Handelsriese *AliBaba* setzt dazu Kameras mit Gesichtserkennungssoftware in Kombination mit Produkt-Trackings über RFID-Chips ein.[115] Auch andernorts werden per Kamera die Verhaltensweisen der Ladenbesucher analysiert: Welche Produkte nehmen diese in die Hand und welche legen sie wieder zurück, welche Körperhaltung nehmen sie dabei ein etc.? Perspektivisch sollen diese Informationen über Gesichtserkennung auch mit der Einkaufhistorie der Kunden verknüpft werden.[116] Der Rückgriff auf künstliche neuronale Netze verspricht dann potenziell eine Echtzeitanpassung der unterschiedlichen Preise, kundenindividuell und auf den jeweiligen Wettbewerb angepasst.

3.4 Das Management der Kundenbeziehung: *Customer Relationship* und *Customer Experience Management*

3.4.1 Grundlagen

Auch nach der Gewinnung eines Kunden ergeben sich zahlreiche Ansatzpunkte für KI und maschinelles Lernen. Das Management der Kundenbeziehung, die Kundenpflege, zählt ebenso wie die ursprüngliche Kundengewinnung zu den zentralen Aufgaben eines integrierten Marketings. Der Ansatz des *Custom Relationship Managements* (CRM) folgt dabei der konsequenten Ausrichtung auf die Ziele und Bedürfnisse des Kunden und umfasst die tiefgreifende Dokumentation und Analyse der Informationen zu den Kunden, ihrer Verhaltensweisen sowie der Interaktion mit diesen an den jeweiligen Kontaktpunkten. Ebenso gehören dazu die daraus abgeleiteten Marketingmaßnahmen im Rahmen eines nachhaltigen Beziehungsmanagements. Ziel ist es stets, über eine hohe Kundenzufriedenheit die Kundenbindung und damit den Wert der Kundenbeziehungen insgesamt zu pflegen und auszubauen. Kundenbeziehungsmanagement erfüllt dabei jedoch keinen Selbstzweck, sondern leitet sich immer aus den (langfristigen) Hauptzielen eines Unternehmens ab.

Schon seit geraumer Zeit spielt die systematische Datenerfassung sowie die automatisierte Auswertung über entsprechende Softwareanwendungen in der betrieblichen

115 Quelle: https://invidis.de/2018/07/fashion-digital-signage-alibaba-und-guess-eroeffnen-ai-store-of-the-future/

116 Vgl. https://techcrunch.com/2018/02/27/aifi-emerges-from-stealth-with-its-own-take-on-cashier-free-retail-similar-to-amazon-go

Praxis eine große Rolle. Eingebunden sind solche Systeme oft in eine IT-Umgebung, die das CRM mit anderen Bereichen, wie dem *Supply Chain Management* (SCM), dem Controlling und dem *Enterprise Resource Planning* (ERP) verknüpft. Dies gestattet dann die vollständige Abbildung der Wertschöpfungsprozesse und ermöglicht die Errichtung und Betrachtung eines geschlossenen Kreislaufs. Damit wird wiederum die Grundlage geschaffen, um – mit einem zunehmend steigenden Automatisierungsgrad – Vorgänge innerhalb und außerhalb des Unternehmens zu bewerten und gezielt Handlungen daraus abzuleiten.

Aufgaben und Ziele des *Customer Experience Managements*

Eng verwandt mit dem Themenkreis des Kundenbeziehungsmanagements ist das Konzept des Kundenerfahrungsmanagements (*Customer Experience Management*, CEM). Eine gute *Customer Experience* soll dazu beitragen, die Bindung des Kunden an den Anbieter zu verstärken. Im Kern geht es darum, die Kontaktpunkte (*Customer Touchpoints*) nachhaltig so zu gestalten, dass dies stets zu einer positiven Wahrnehmung des Unternehmens und seines Leistungsspektrums führt. Dabei folgt man einem holistischen Ansatz, der sämtliche Berührungspunkte mit dem Kunden umfasst, nicht nur die eigentliche Angebotsunterbreitung und Produktpräsentation, sondern auch vor- und nachgelagerte Bereiche, wie der grundlegenden Information und Bereitstellung von Entscheidungshilfen sowie auch in der *After-Sales*-Phase, im Kundenservice und der anschließenden vertrieblichen Kundenbetreuung (vgl. Teil B 3.2). Dies legt die Strategie einer vollständigen Erfassung der Kundenbewegungen und Kundenverhaltensweisen nahe, ein umfassendes, *end-to-end*-betriebenes *Customer Journey Mapping*.

Eine wiederholt »gute« Erfahrung mit dem Unternehmen und seinen Produkten soll die Präferenz der Kunden für diese langfristig erhöhen. Damit wird versucht, Kundenbindung und -gewinnung nicht nur auf einen niedrigen Preis oder eine vermeintliche »objektiv« hohe Qualität abzustellen, sondern stattdessen über die kumulierte individuelle positive Wahrnehmung durch die Adressaten eine langfristige Gewogenheit des Kunden als Wettbewerbsvorteil zu erzeugen. Daneben sind auch indirekte Effekte wie Mundpropaganda – also Weiterempfehlungen des Angebotes gegenüber Dritten – Ziel eines systematischen CEMs.

> Als positiv empfundene Erfahrungen leiten sich aus einer demgegenüber niedrigeren Erwartungshaltung ab. Werden die Erwartungen durch das reale Auftreten eines Unternehmens übertroffen oder zumindest exakt erfüllt, führt dies zu einer »guten« Erfahrung. Diese Spanne zu identifizieren und zu beziffern, stellt die Grundlage eines erfolgreichen *Customer Experience Managements* dar. Daraus lassen sich zielgerichtet die adäquaten Maßnahmen zur Optimierung der Kundenerfahrungen ableiten.

Die Bestandsaufnahme der – individuellen – Kundenerwartungen und der Abgleich mit den gemachten Erfahrungen kann heute durch den Rückgriff auf intelligente Systeme zunehmend automatisiert erfolgen. Gleiches gilt für die Messung des Einflusses dieser Zusammenhänge auf die Unternehmensziele. Auch bei der Organisation der *Customer Touchpoints* und der Abwicklung der Kommunikation mit den Kunden an den Kontaktpunkten kommen diese Technologien – online wie offline – verstärkt zum Einsatz.

3.4.2 *Customer Journey Mapping* und *Customer-Touchpoint*-Analyse

Aufgrund der Komplexität der Wechselbeziehungen zwischen individuellen Kundenerfahrungen, Kundeneinstellungen und -erwartungen sowie dem Zusammenspiel einer Vielzahl von Berührungspunkten ist CEM für den Rückgriff auf Methoden der KI prädestiniert. Die Zusammenhänge zwischen diesen einzelnen Faktoren lassen sich kaum ausschließlich mit menschlichem Blick erfassen. Die Identifizierung von allgemeinen wie personalisierten Verhaltensmustern aus einer unüberschaubaren Masse von Daten wie auch die Vorhersage von Entwicklungen und die Ableitung geeigneter Maßnahmen dürfte daher in Zukunft ebenfalls verstärkt Aufgabe intelligenter Systeme sein.

Im Detail umfasst dies zum einen die Erkennung derjenigen *Customer Journeys* und *Touchpoints*, die erfolgsrelevant für die Erreichung der Unternehmensziele sind und die sich am ehesten für einen Eingriff anbieten. Dazu werden umfassend Informationen über die Zufriedenheit der Kontakte erhoben. Dies lässt sich nur zum Teil über klassische Analyseverfahren und Messgrößen wie *Conversion*-Raten erheben. Oft handelt es hierbei um unstrukturierte Daten, die es gilt, entsprechend maschinell lesbar aufzubereiten, wie etwa schriftlich oder mündlich vorgebrachte Kundenbeschwerden. Erste betriebliche Anwendungen, die dazu die einschlägige Kundenkommunikation innerhalb – etwa durch die Untersuchung des E-Mail-Verkehrs – oder außerhalb des Unternehmens – beispielsweise in den sozialen Medien – durchforsten und nach Relevanz und Dringlichkeit ordnen, gibt es bereits.[117]

Entwicklung einer idealen *Customer Journey*

Daraus leitet sich dann zum anderen die Aufgabe der Erstellung einer »idealen« *Customer Journey* und der optimierten Gestaltung des Kontaktierungsprozesses ab – das eigentliche *Mapping* –, welche die wahrscheinlichen Auswirkungen möglicher Maßnahmen berücksichtigt und entsprechende Priorisierungen erstellt. Mittels Regressionsmodellen (vgl. Teil A 1.3.1) lässt sich analysieren, welche Pfade und Maßnahmen den größten Einfluss auf die allgemeine Kundenzufriedenheit und die Unternehmensziele versprechen. Dazu werden Simulationen und *Trial-and-Error*-Experimente

117 Vgl. z. B. http://www.inmoment.com/; zu weiteren Anwendungen vgl. hier: https://www.forbes.com/sites/tompopomaronis/2017/03/31/understanding-customer-experience-artificial-intelligence-may-be-the-solution-heres-why/#66492e4d4a42

durchgeführt, um ein Bild der potenziellen Auswirkungen verschiedener Handlungsoptionen zu erhalten.[118]

Beispiel aus der Reisebranche – *Boxever*

Das US-amerikanische Unternehmen *Boxever* greift auf Verfahren des maschinellen Lernens zurück, um seinen überwiegend aus der Reisebranche stammenden Kunden die Optimierung der Kundenerfahrung zu ermöglichen.[119] Dazu werden Profile für jeden einzelnen Kunden anhand verhaltensorientierter und historischer Transaktionsdaten erstellt und daraus die individuelle Kaufneigung sowie die optimalen Zeitpunkte für Interaktionen, insbesondere aus dem Vergleich mit ähnlichen Profilen abgeleitet.[120] Ziel ist es, perspektivisch sogenannte »Mikro-Momente« zu schaffen, die für jedes Profil individuell und zielgenau »positive Erfahrungen« auf der jeweiligen *Customer Journey* gewährleisten, also die Kundenkommunikation personalisiert mit dem Ziel der optimalen Kundenzufriedenheit auszusteuern.[121]

Analyse der Telefonkontakte mithilfe der KI

Neben der situativen Ansprache auf der *Customer Journey*, kann KI auch für die Echtzeitanalyse und -optimierung im Vertriebs- und Serviceprozess eingesetzt werden. Das Unternehmen *Cogito* setzt bei der Optimierung der Kundenbetreuung im Telefonkontakt an. Dazu vergleicht die Ausgründung des MITs in Cambridge/Massachusetts die Eigenschaften und Merkmale eines aktuell geführten Gesprächs mit denen erfolgreicher historischer Anrufe. Anhand der Analyse von Faktoren wie Lautstärke, Länge und Anzahl von Gesprächspausen sowie der Geschwindigkeit und der Stimmhöhe gibt *Cogito* den Mitarbeitern in Echtzeit Hilfestellung und leitet Empfehlungen für die Gesprächsführung ab.

Laut Unternehmensinformationen, die im Rahmen einer erfolgreichen Finanzierungsrunde veröffentlicht wurden, gehören zahlreiche Fortune-500-Unternehmen zu den Nutzern des Systems.[122] Technisch basiert dies auf einer Kreuzung verhaltenswissenschaftlicher Ansätze und des *Natural Language Processings* (vgl. Teil A 1.1.6). Dazu wurden im Rahmen maschineller Lernverfahren mehrere Millionen von Telefonaten erfasst und ausgewertet.[123] Während eines Anrufs zerlegt das System die Konversation in Millisekunden in über 200 verschiedene vokale und nonverbale Signale. Diese werden dann analysiert und mit Mustern von Verläufen vergangener Telefonate in Be-

---

118 Vgl. Alex Rawson / Ewan Duncan / Conor Jones: »The Truth About Customer Experience«, https://hbr.org/2013/09/the-truth-about-customer-experience

119 Quelle: http://www.forbes.com/sites/robertadams/2017/01/10/10-powerful-examples-of-artificial-intelligence-in-use-today/

120 Quelle: https://www.boxever.com/customer-data-platform/

121 Quelle: http://www.forbes.com/sites/robertadams/2017/01/10/10-powerful-examples-of-artificial-intelligence-in-use-today/

122 Quelle: https://techcrunch.com/2016/11/18/cogito-closes-15m-series-b-to-improve-customer-support-with-science/

123 Quelle: https://www.cogitocorp.com/

zug gesetzt. Aus den sich daraus ergebenen Korrelationen leitet das System autonom die Gesprächsempfehlungen ab, die der Mitarbeiter während seines Telefonates auf dem Bildschirm angezeigt bekommt.[124] Das Unternehmen selbst spricht dabei von einer Unterstützung der »emotionalen Intelligenz« im Telefonverkehr.[125]

3.4.3 *Chatbots* und Sprachassistenten im Management der Kundenbeziehung

Immer öfter werden heute grundlegende Aufgaben des Kundendialogs auf sogenannte *Chatbots* ausgelagert. *Chatbots* sind digitale Dialogsysteme, über die sich in natürlicher Sprache kommunizieren lässt. Klassischerweise erscheinen diese in Form eines herkömmlichen Messengers, wie *WhatsApp* oder der Chatversion von *Facebook* (*Facebook Messenger*) und bestehen aus einer simplen Textmaske, die für die Nutzereingaben und die systemseitigen, computergenerierten Antworten genutzt wird. Grundsätzlich sind aber auch Anwendungen für das gesprochene Wort denkbar, vergleichbar mit *Apples* Sprachsteuerungsfunktion *Siri* oder den autonomen Haushaltslösungen *Amazon Alexa* oder *Google Home*, mit denen dann tatsächlich nahezu »richtige Gespräche« möglich sind. Diese Sprachassistenten funktionieren im Prinzip genauso wie die *Chatbots*, müssen jedoch zunächst die Inhalte dekodieren, also maschinell verarbeitbar machen. Gewöhnlich werden dazu die akustischen Äußerungen in die Textform übertragen. Von da an verläuft das weitere Verfahren in aller Regel analog.

Einsatz und Aufgaben von *Chatbots*

Die Aufgabengebiete von *Chatbots* sind vielfältig. Als Kundeninterface ermöglichen sie die Kontaktaufnahme für Serviceanfragen und übernehmen im Anschluss den automatisierten Dialog mit den Gesprächspartnern entweder auf der Website des Unternehmens oder in dessen Social-Media-Profilen. Als *Social Bot* sind diese zudem in der Lage, auch eigenständig Inhalte zu platzieren und im Netz zu verbreiten. Ebenso können *Chatbots* als »Kundenberater« im Verkauf Angebotsalternativen unterbreiten und für die Abwicklung des Bestellprozesses eingesetzt werden. Dabei ist es möglich, die in diesem Rahmen erhobenen Daten strukturiert zur weiteren Verarbeitung an die nachgelagerten Systeme zu übergeben. Perspektivisch ist jede Form eines Kundendialogs durch *Chatbots* und Sprachassistenten abbildbar, was ein hohes Potenzial an Automatisierung und Eigenständigkeit verspricht.

Grundsätzlich können *Chat-* und *Voicebots* beim gesamten Prozess der Kundenbearbeitung zum Einsatz kommen, um eine gute *Customer Experience* systematisch und automa-

124 Quelle: https://www.cogitocorp.com/how-of-augmented-intelligence-low-latency-artificial-intelligence/
125 Vgl. https://www.cogitocorp.com/what-of-augmented-intelligence-behavioral-science-meets-machine-learning/

tisiert zu gewährleisten und stetig zu verbessern. Als Vorteile gegenüber der klassischen Telefonhotline oder den E-Mail-Anfragen gelten neben den Ressourcenersparnissen, die durch die Übertragung routinemäßiger Tätigkeiten von den menschlichen Mitarbeitern erwachsen, vor allem auch die niedrigere Hemmschwelle bei den Kunden zur Kontaktaufnahme. Zudem ermöglicht der hohe Automatisierungsgrad des Kundendialogs auch eine Verknüpfung mit den *Backend*-Systemen wie auch eine verlässliche Erfolgsmessung.

Arten von *Chatbots*

Grob lassen sich die Bots ihrer Funktion im Kundendialog nach in vier Kategorien gliedern:

- ***Content Bots:*** Bereitstellung, Platzierung und Distribution von Inhalten zur Kundenkommunikation
- ***Product Information* und *Recommendation Bots:*** Information über Produkte und Alternativen, Empfehlungen von Produkten und Angeboten entsprechend der Kundenpräferenz
- ***Ordering Bots:*** Abwicklung des Bestellverfahrens im (Online-)Handel
- ***Customer Service Bots:*** Bearbeitung von Anfragen im *Customer Support* und *After-Sales*-Service

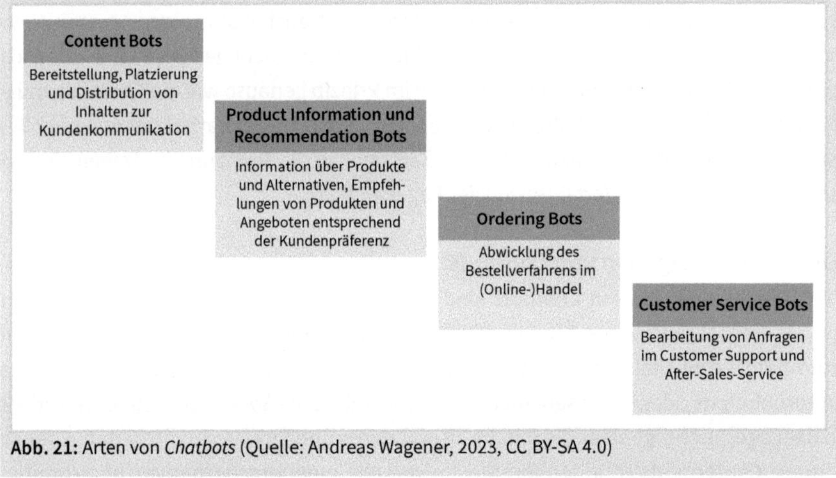

Abb. 21: Arten von *Chatbots* (Quelle: Andreas Wagener, 2023, CC BY-SA 4.0)

In der Praxis findet sich diese Aufteilung in Aufgabengebiete nicht mehr absolut trennscharf wieder. Dennoch wird versucht, die folgenden Anwendungsbeispiele entsprechend zu ordnen:

Content Bots

Der Premier-League-Club AFC Bournemouth hat unter anderem mit der Unterstützung von *Microsoft*[126] mit dem *CherryBot* – der Fußballverein von der englischen Südküste wird auch als »The Cherries« bezeichnet – einen *Content Bot* geschaffen, der die

126 Quelle: https://news.microsoft.com/en-gb/2018/01/12/afc-bournemouths-chatbot-changes-depending-on-whether-fans-are-happy-or-sad/

Facebook-Messenger-Plattform nutzt, um mit seinen Fans zu interagieren und einen Kundendialog zu entfalten. Ziel ist es erklärtermaßen[127], mit dem Bot einen virtuellen Vertreter des Vereins zu schaffen, der die Emotionalität der Anhänger aufnimmt und sich entsprechend der im Rahmen einer Sentiment-Analyse (vgl. Teil A 1.3.1) als vorherrschend identifizierten Stimmung zum Verein und direkt zum aktuellen Spielverlauf zu Wort meldet. Zudem soll er Fragen der Fans automatisiert beantworten können und stellt Informationen, Daten und Fakten zu den Spielen ebenso wie Video-Highlights zur Verfügung. Des Weiteren organisiert der *CherryBot* Selfie-Wettbewerbe sowie eine Wahl des »Player of the Match« durch die Teilnehmer. Die gesammelten Informationen werden für die Optimierung des weiterführenden Dialogs ausgewertet – etwa auch per Bilderkennung auf Personenfotos, um Emotionen daraus auszulesen.[128]

Nicht nur allein online, auch im Offline-Geschäft können Bots zum Einsatz kommen. Die US-Modekette *Macy's* bietet ihren Kunden den digitalen Assistenten *Macy's On Call* an, der dabei helfen soll, sich im Laden vor Ort zurechtzufinden. Der *Chatbot* versteht auch unstrukturierte Textanfragen, wie »Wo finde ich Schuhe?«, und liefert daraufhin die korrekte Antwort zu den entsprechenden Produktinformationen. Auch weiterführende Beratungen und Empfehlungen von Alternativen können auf diese Weise durchgeführt werden. Beispiele für solche klassischen *Recommendation Bots* finden sich vor allem im Modeumfeld, wie etwa bei *H&M*, *Burberry* oder *Tommy Hilfiger*. Diese unterbreiten, abgestimmt auf das zuvor angesehene oder bereits gekaufte Kleidungsstück, Angebote weiterer dazu passender Artikel – gewissermaßen als automatisierter Style-Berater.[129]

Die indische *HDFC Bank* versucht die Vorabinformation der Nutzer über seine teilweise sehr komplexen und erklärungsbedürftigen Finanzprodukte über den hauseigenen *Chatbot EVA* abzuwickeln. Anforderungen an die Kreditvergabe, Konditionen und Detailinformationen zu Wertpapieren werden durch den Bot bereitgestellt. Auch eine rudimentäre Beratung, etwa zu einer Darlehensaufnahme, führt *EVA* eigenständig durch. Der *Chatbot* kann sowohl über die Unternehmenswebsite als auch über die Sprachassistenzdienste von *Google* und *Amazons Alexa* aktiviert werden.[130]

Auch den anschließenden Bestellprozess können *Chatbots* übernehmen. *Ordering Bots* übernehmen im Dialog mit dem Kunden die Aufnahme der Bestellung, leiten die erfassten Informationen an die nachverarbeitende Stelle weiter, versenden eine Bestellbestätigung und geben über den Status der Bestellung im Nachgang Auskunft.

127 Quelle: https://www.afcb.co.uk/news/club-news/afc-bournemouth-launch-cherrybot

128 Quelle: https://news.microsoft.com/en-gb/2018/01/12/afc-bournemouths-chatbot-changes-depending-on-whether-fans-are-happy-or-sad/

129 Vgl. dazu https://d3.harvard.edu/platform-digit/submission/macys-reinventing-customer-experience-through-data-analytics/

130 Quelle: https://www.hdfcbank.com/personal/resources/ways-to-bank/chat-banking

Zahlreiche Beispiele gibt es hierzu vor allem im Bereich der Food-Lieferservices, bei den großen US-amerikanischen Fastfood-Unternehmen wie *Subway, Burger King, Pizza Hut* oder *Taco Bell.*

Gleiches gilt für den Taxidienst und *Uber*-Konkurrenten *Lyft*, der seine Bots sowohl über den *Facebook Messenger* als auch akustisch via *Amazon* initiiert. Nutzer erhalten dort Auskunft über den aktuellen Ort eines Wagens und seines Fahrers sowie Informationen über den Fahrzeugtyp und das genaue Nummernschild. Gleichzeitig begreift *Lyft* den hier stattfindenden Kundendialog als wichtigen Beitrag zu einer optimierten *Customer Experience.* Dazu greift man nach Unternehmensangaben auf KI zurück, auch um mögliche Kundenfragen »vorherzusagen« und dann den Bestell- und Abwicklungsprozess für den Passagier in Echtzeit zu personalisieren.[131]

Customer Service Bots in Kundenservice und Vertrieb

Augenfällig ist der Einsatz von *Chatbots* und autonomen Sprachassistenten zudem im Kundenservice oder Vertrieb. *Customer Service Bots* können herkömmliche Kundencenter ablösen, über eine Kontaktaufnahme per E-Mail an die Stelle der zeitversetzten Kommunikation treten oder auch klassische Callcenter-Aufgaben übernehmen. Dabei geht es nicht nur um die automatisierte Verarbeitung von Serviceanfragen, den klassischen *Customer Support. Chatbot*-Systematiken lassen sich auch als vertriebsunterstützende Systeme im *Account*-Management, dem CRM oder bei der Verarbeitung von Kontakten zu Interessenten und potenziellen Neukunden im Rahmen des *Lead Managements* nutzen.

Der *Chatbot Edward* der Hotelkette *Radisson Blu* bearbeitet Textanfragen (via SMS) der Übernachtungsgäste und dient der Erfüllung der so geäußerten Kundenwünsche. Standardfragen (»Wann muss ich auschecken?«) werden damit ebenso abgedeckt wie die Aufnahme von Beschwerden, Auskünfte über nahegelegene Restaurants oder Serviceleistungen wie die Bestellung zusätzlicher Handtücher auf das Zimmer. Wichtig ist, dass dann auch semantische Unterschiede je nach Kontext erkannt werden, der Bot muss so etwa zwischen dem Wunsch eines Gastes nach Schreibpapier wie auch der aktuellen Tageszeitung – beides im Englischen *paper* – differenzieren können.[132]

Andere *Customer Service Bots* haben Zugriff auf die hinterlegten Kundendaten und können durch den Rückgriff auf diese – wie ein menschlicher Gesprächspartner – einen individualisierten Kundensupport liefern, in der Versicherungsbranche etwa, um Rechnungen erneut auszustellen oder Bestätigungen zukommen zu lassen. In komplexeren Situationen kann der Bot dann den Prozess an einen menschlichen Mit-

131 Quelle: https://venturebeat.com/2018/05/24/how-lyfts-using-ai-to-keep-customers-happy-vb-live/
132 Quelle: https://blogs.aspect.com/how-we-built-edward-an-artificially-intelligent-sms-virtual-host-for-radisson-blu-edwardian/

arbeiter weiterleiten. Aufgabe des *Chatbots Aura* des Telekommunikationsanbieters *O²* ist es, die Mitarbeiter im Kundenservice zu entlasten und bestimmte automatisierte Tätigkeiten eigenständig auszuführen. Dazu zählen etwa die Unterstützung der Kunden bei der Navigation durch das unternehmenseigene Kundenportal, zum Beispiel um die Höhe des noch verfügbaren monatlichen Datenvolumens einzusehen. *Aura* beruht auf der Anwendung maschineller Lernverfahren und lernt laut Unternehmensangaben[133] auch aus den Praxiseinsätzen kontinuierlich hinzu.

Chatbots und Sprachassistenten in der Vertriebsarbeit

Ebenso kommen in der Vertriebsarbeit zunehmend *Chatbots* und Sprachassistenten zum Einsatz. Salesforce, Anbieter von CRM-Softwarelösungen, hat mit *Einstein* ein *Conversational CRM* genanntes System geschaffen, das den Mitarbeitern im persönlichen und *Keyaccount*-Verkauf die oft als lästig empfundene schriftliche Berichtspflicht über den Inhalt und Verlauf der Kundengespräche erleichtern soll. Per *Natural Language Processing* werden stattdessen akustische Sprachanweisungen und Äußerungen transkribiert und in das Berichtssystem übertragen. Auch Termine lassen sich auf diese Weise administrieren. Der Mitarbeiter kann sich dann regelmäßig per Voice-Nachricht über seinen Tagesplan und die Besonderheiten der zu bearbeitenden Kunden informieren lassen.[134]

Chatbots im *Lead Nurturing*

Auch im Bereich des *Lead Nurturings* (vgl. Teil B 3.2) können Bots einen hohen Beitrag zur Automatisierung der *Sales*-Aktivitäten leisten. Als virtueller Kontakter sind diese geeignet, den Dialog mit Interessenten oder bereits gewonnenen Kunden zu vertiefen und entsprechende *Cross-* und *Up-Selling*-Maßnahmen durchzuführen oder die Kundenbeziehung an sich zu »veredeln«, indem Präferenzen ermittelt und entsprechend systemseitig verarbeitet werden. Das setzt voraus, dass der jeweilige Gesprächspartner entweder bereits identifiziert ist oder dies dann innerhalb des Anwendungskontextes geschieht – mit Namen und Adresse oder über eine vorhandene Kundennummer. *Chatbots* auf einer *Corporate Website* eines Unternehmens können auf entsprechende Trackingmaßnahmen aufsetzen, die über Cookies oder »Trackingpixel« den bisherigen Kontaktverlauf speichern und mit der hinterlegten CRM-Datenbank abgleichen. Darauf aufbauend kann individuell ein Kundendialog entsponnen werden, um neue *Leads* zu generieren oder die bestehende Beziehung auszubauen. Der Bot übernimmt diesen Prozess idealerweise autonom, allein auf der Basis der vorliegenden Daten, und übermittelt die an einer *Conversion*-Wahrscheinlichkeit ausgerichteten Informationen und Nachrichten an den Nutzer. Die Entwicklung und der Einsatz derartiger Anwendungen stehen in dieser Leistungstiefe in der Praxis noch ganz am Anfang, gleichwohl

133 Quelle: https://www.o2online.de/service/aura/ und https://www.computerbild.de/artikel/cb-News-Handy-Aura-O2-kuenstliche-Intelligenz-WhatsApp-29241551.html

134 Quelle: https://www.marconomy.de/einstein-ist-jetzt-mit-siri-und-alexa-befreundet-a-769377

gibt es hier erste Anbieter, die versuchen, dies perspektivisch als »Service von der Stange« bereitzustellen, wie etwa *Landbot.io*. Gleichwohl ist die automatisierte Erfassung von Kontaktdaten zu potenziellen Kunden aus einem Bot-Dialog und damit die Umwandlung von unstrukturierten zu strukturierten Informationen damit durchaus bereits etabliert.[135] *Chatbots* ersetzen in diesem Fall das klassische Kontaktformular und können daraus, ähnlich wie beim E-Mail-Marketing, nach bestimmten ermittelten »Verhaltenszusammenhängen« entsprechend segmentierte oder personalisierte Ansprachen ableiten. Auch wenn diese oft noch auf menschlich definierten Regeln basieren, sind hier grundsätzlich auch Rückgriffe auf *Machine* und *Deep Learning* denkbar.

Bots in der Verhandlungsführung

Erste Versuche gibt es zudem damit, Bots auch in der Verhandlungsführung einzusetzen, wenngleich diese Bemühungen noch sehr am Anfang stehen. Die KI-Forschungsabteilung von *Meta* hat Bots dazu gebracht, miteinander zu »feilschen«. Trainiert wurde das System mit mehreren Tausend menschlichen Verhandlungsdialogen, die man über die Crowdsourcing-Plattform *Amazon Mechanical Turk* erhob. Die Entwickler schufen eine Art Spiel, in dem verschiedenen Gegenständen ein Punktwert beigemessen wurde, mit dem Ziel, die Bots darüber zu animieren, ergebnisorientiert über Bücher, Mützen, Basketbälle und ähnliches »zu verhandeln«

Nachdem ein Bot den Wert eines Gegenstandes erfasst hatte, formulierte er daraus eine »Verhandlungsposition« – beispielsweise »Ich möchte alle Bücher«, weil diese den größten Wert im Vergleich mit den anderen Objekten aufwiesen. Basierend auf der Art und Weise, die das neuronale Netzwerk gelernt hatte, wie Menschen gewöhnlich verhandeln, gab es eine Kombination von Wörtern in einer bestimmten Reihenfolge aus, für die es die höchste »Belohnung« prognostizierte. Danach generierte das System potenzielle Antworten des Handelspartners und berechnete die weiteren möglichen Optionen. Im Prinzip ähnelt diese Vorgehensweise stark dem Verfahren von *Alpha Go* (vgl. *Reinforcement Learning*, Teil A 1.3.1).

Indem das System seine Fähigkeiten anhand der Ausrichtung an der Ergebnismaximierung verbesserte, lernte es nicht nur seine Forderungen entsprechend zu formulieren, sondern passte nach und nach auch seine Verhandlungstaktiken an. So täuschte die KI manchmal ein Interesse an einer Sache vor, nur um das Gegenüber auf die falsche Fährte zu locken und einen vermeintlichen Kompromiss einzugehen, um mit dieser Verschleierungstaktik aber ihr eigentliches Ziel günstiger erreichen zu können.[136] Auch wenn für eine Anwendung in der praktischen Vertriebsarbeit noch hohe Hürden be-

---

135 Vgl. Eric Marchionni »Chatbot Marketing: Lead Generierung mit dem virtuellen Verkäufer«, https://blog.hslu.ch/diginect/2018/06/11/chatbot-marketing-lead-generierung/

136 Quelle: https://code.fb.com/ml-applications/deal-or-no-deal-training-ai-bots-to-negotiate/; https://qz.com/1004070/facebook-fb-built-an-ai-system-that-learned-to-lie-to-get-what-it-wants/

stehen – zum Beispiel müsste ein Unternehmen nicht nur das Produktportfolio und die Preismodalitäten, sondern auch die Gepflogenheiten sowie die Verhandlungsziele in einem solchen System individuell abbilden –, könnten solche Fähigkeiten perspektivisch den Einsatz von Bots im Kundendialog revolutionieren und auf eine ganze neue Basis stellen.

Technisch können *Chatbots* grundsätzlich auf *Natural Language Processing* (vgl. Teil A 1.1.6) zurückgreifen, um den erfassten menschlichen und damit aus Sicht des Systems »unstrukturierten« Inhalt für die Datenverarbeitung aufzubereiten. In einem als *Preprocessing* bezeichneten Verfahrensschritt werden zunächst im Abgleich mit vorhandenen »Sprachbibliotheken« Schreibweisen (Groß- und Kleinschreibung, Umlaute etc.) und Synonymverwendungen harmonisiert und Tippfehler ausgeglichen. Im Anschluss daran wird die Eingabe oder Äußerung des Anwenders in einzelne eindeutig bestimmbare Textbestandteile zerlegt. Die weitere Verarbeitung erfolgt dann nach zuvor aufgestellten Regeln. Diese sind heute oft noch menschlich »programmiert«, können aber auch (zusätzlich) im Rahmen maschineller Lernfahren abgeleitet worden sein. Das System erstellt daraus dann die entsprechenden »Softwarebefehle«, um zielführend auf die hinterlegte Datenbank zuzugreifen.[137]

Bei einer Bestellung in einem Online Shop über einen *Chatbot* (»Ich möchte Produkt XY kaufen ...«) würde das System demgemäß erst den Eigennamen des Produktes (»XY«) und die Intention des Nutzers (»kaufen«) extrahieren und damit die bestehende Aufgabe identifizieren. Diese kann dann an das *Backend*-System übertragen werden, um dort mittels einer Schnittstelle zum CRM- und zum Warenwirtschaftssystem automatisiert und autonom die Bestellung zu bearbeiten. Die Güte der Inhaltserkennung steht und fällt mit der semantischen Tiefe der verwendeten Verfahren und der hinterlegten Sprachbibliotheken. Diese können von der bedeutungsfreien *Keyword*-Erkennung bis hin zum Rückgriff auf voll ausgereifte semantische Analysen reichen, die auch subjektive Haltungs- und Einstellungselemente erfassen (vgl. *Opinion Mining*, Teil B 1.2).

Damit der *Chatbot* diese Einordnung vornehmen und darauf situativ reagieren kann, muss zuvor eine entsprechende Datenbank aufgebaut werden, die die entsprechenden unternehmensrelevanten Informationen wie Produktnamen und mögliche Kundenintentionen enthält. Während dies im genannten Beispiel entlang des Shop-Systems und des dort hinterlegten Sortiments sowie der bereits gesammelten Nutzerdaten möglich ist, greift man im Servicebereich oft auf bereits existierende FAQs (*Frequently Asked Questions*) sowie auf die damit korrespondierenden und bereits ausformulierten Antworten zurück. Intelligentere Systeme indizieren eigenständig die Website-Inhalte und versuchen, diese semantisch zu erfassen. Das US-Start-up

137 Vgl. Anush Fernandes: »NLP, NLU, NLG and how Chatbots work«, https://chatbotslife.com/nlp-nlu-nlg-and-how-chatbots-work-dd7861dfc9df

Guestfriend bietet seinen Kunden aus der Gastronomie an, *Chatbots* für Restaurants automatisch, direkt aus den verfügbaren Website-Informationen – wie Speisekarte, Öffnungszeiten sowie Zusatzstoffe und Allergene in den Gerichten – zu erstellen, ohne dass sich die Eigner dazu um einen zu implementierenden Konversationsverlauf kümmern müssten.[138] Auch in diesen Kontexten setzt man inzwischen verstärkt auf selbstlernende Verfahren, die die *Customer Experience* eigenständig optimieren, indem die Ergebnisse und die Zufriedenheit der Kunden mit dem *Chatbot* erhoben und bei der permanenten Justierung des Dialogs miteinbezogen werden.[139]

Neben dem Verstehen von Useranfragen und deren Bedeutung (*Language Understanding*) umfasst die Sprachverarbeitung auch die systemseitige Erstellung von Antworten und Dialogtexten (*Language Generation*). Damit ist der *Chatbot* in der Lage, die Konversation aktiv in menschlicher Sprache zu betreiben. Dabei kann es sich um simple Bestätigungen (»Ihre Bestellung ist unterwegs«), um präzisierende Nachfragen (»Ist die Bestellung so in Ordnung?«, »Stimmt die folgende Adresse noch?«) oder weiterführende Dialoge (*Cross-Selling/Up-Selling*, …) handeln. Auch hier ist ein breites Leistungsspektrum denkbar – von vorformulierten Standardsätzen bis hin zu aus den Versatzstücken der Sprachdatenbank eigenständig, intelligent geformten Textelementen. In der Praxis vorherrschend ist allerdings im Moment noch der Rückgriff auf vorgefertigte Sprachtemplates, die standardisierte Textbausteine enthalten und über entsprechende Variablen und Platzhalter auf die spezifische Situation angepasst werden.[140]

Bei Sprachassistenten läuft die Dialogverarbeitung, wie erwähnt, grundsätzlich genauso. Der Unterschied besteht darin, dass zu Beginn und zum Ende des Prozesses der inhaltliche Transfer zwischen akustischer und geschriebener Sprache in die jeweilige Richtung erfolgt. Bei der Eingabe eines Sprachbefehls wird zunächst das Tonsignal digitalisiert. Im Anschluss durchläuft dieser Input ein mitunter mehrstufiges Verfahren, das zunächst zum Ziel hat, einzelne Laute beziehungsweise Silben zu identifizieren, um deren Zusammenhänge dann als Wörter zu erkennen, die dann schließlich wiederum im Satzbau-Kontext analysiert werden. Jede höhere Instanz wirkt dann als Prüfstelle für die Sinnhaftigkeit der von der vorherigen Stufe übergebenen Ergebnisse – also etwa, ob ein Wort aus bestimmten Lauten/Silben in dieser Form existiert oder nicht – und passt dann den weiterzuverarbeitenden Inhalt gegebenenfalls – analog zu einer Autokorrektur in einem Textverarbeitungsprogramm – an. Damit ist die

---

138 Quelle: https://techcrunch.com/2018/04/17/guestfriend-launch/

139 Vgl. Zevik Farkash: »Customer Service Chatbot – How to Use Chatbots as a Tool for Customer Service«, https://chatbotslife.com/customer-service-chatbot-how-to-use-chatbots-as-a-tool-for-customer-service-f68323ee3735

140 Vgl. https://cdn2.hubspot.net/hubfs/519820/muuuh-CCM/Whitepaper/Die%20Anatomie%20eines%20Chatbots.pdf

Umwandlung in Schriftform schließlich vollzogen und es setzt der für die *Chatbots* beschriebene Prozess ein.

Entsprechend gilt es an dessen Ende wieder, bei den Sprachassistenten das geschriebene Wort in Tonsignale umzuwandeln. Dazu greift man auf eine »Sprachsynthese« zurück, die entweder einzelne, zuvor gespeicherte Laute entsprechend der Textfolge zusammenfügt oder, in der »vollsynthetischen« Ausprägung, versucht, die Funktionsweise des menschlichen Vokaltrakts softwareseitig abzubilden. In der Regel kommen hierbei auch künstliche neuronale Netzwerke zum Einsatz, die nach ermittelnden Mustern, Sprache »modulieren« sollen.[141] Ein gutes Beispiel für die vollsynthetische Spracherzeugung dürfte *Googles Duplex* darstellen, das mit einer künstlichen generierten Stimme – die nicht mehr von einer natürlichen menschlichen zu unterscheiden war – erfolgreich einen Frisörtermin vereinbaren konnte, wie *Google* auf seiner *I/O Conference* im Jahr 2018 demonstrierte (vgl. Teil A 1.1.6).[142]

Chatbot-Frameworks

Unternehmen, die auf *Chatbots* im Marketing zurückgreifen möchten, müssen nicht zwingend selbst die komplette Entwicklung und Programmierung übernehmen, sondern können auf bereits existierende *Chatbot*-Frameworks zurückgreifen, welche bestimmte Funktionen standardmäßig bereitstellen. Auch Plattformen, welche die komplette technische Infrastruktur bereitstellen, gibt es.[143] Nicht zu unterschätzen ist jedoch in beiden Fällen die Verknüpfung mit den zu übermittelnden Inhalten und die Konzeption der Dialoge. Die Qualität der Kundenkommunikation hängt schließlich ganz entscheidend von der Tiefe und der Güte der übermittelten Informationen sowie insbesondere auch von der Dialogfähigkeit des Systems ab. Diese Eigenschaften kommen nur dann zur Geltung, wenn nicht nur das technische Rahmenwerk funktioniert, sondern eben auch die entsprechenden Inhalte zielgerichtet aufbereitet und mit dem System verknüpft wurden.

Umstritten ist immer noch, ob es sich bei *Chatbots* um KI im eigentlichen Sinne handelt. In der Tat ist der Übergang vom programmierten System zur autonom agierenden Einheit fließend. Viele der derzeit existierenden *Chatbots* beruhen noch auf eher simplen »Wenn-dann«-Verknüpfungen, die auf Basis mehr oder weniger händisch eingepflegter Inhalte einen Output zu einem menschlichen Input liefern. Gleichwohl hat sich hier, gerade bei den akustisch getriebenen Sprachassistenten der großen Technologieanbieter, wie *Amazon* oder *Google*, in den letzten Jahren eine erstaun-

141 Vgl. Manfred Dworschak: »Der geniale Stimmenklau«, http://www.spiegel.de/spiegel/menschliche-stimmen-kuenstliche-intelligenz-macht-stimmenklau-moeglich-a-1149915.html

142 Vgl. https://www.theverge.com/2018/5/9/17334658/google-ai-phone-call-assistant-duplex-ethical-social-implications

143 Vgl. https://t3n.de/news/ki-chatbots-kundenservice-diese-868928/2/

liche Entwicklung vollzogen. Spracherkennung beruht heute in vielen Fällen auf der Erkennung von Mustern, die Systeme werden mittels Verfahren des maschinellen Lernens trainiert und sind in der Folge in der Lage, eigenständig hinzuzulernen, wenn die kontinuierliche Versorgung mit Daten nicht abreißt und es gelingt, eine entsprechende Feedback-Systematik zu etablieren. Das erklärt vermutlich auch gerade den Erfolg von *Alexa*, *Google Home* & Co., die nun schon seit geraumer Zeit durch uns, die Vielzahl der Anwender, systematisch in realer Umgebung mit einem steten Zufluss an Input versorgt werden.

Intelligente Gesprächsführung mit *Conversational AI*

In diesem Zusammenhang fällt heute des Öfteren der Begriff der *Conversational AI*, der sich auf die Fähigkeit der intelligenten Gesprächsführung weitgehend autonomer Systeme bezieht.[144] Dies geht deutlich über simple Frage-Antwort-Spiele hinaus, sondern umfasst ein erheblich weiter gefasstes Konzept von Kommunikation, das auf einem tiefen Sprachverständnis basiert. Dazu gehört, dass das System den Gesprächskontext erkennt, Informationen aus vorausgegangenen Dialogen berücksichtigt, deren Relevanzunterschiede erfasst und die womöglich tiefere Bedeutung einzelner Formulierungen versteht. Selbst Emotionen der menschlichen Gesprächspartner sollen in Zukunft entschlüsselt und bei der Gestaltung des Dialoges miteinbezogen werden. Die chinesische Firma *emotibot* etwa verspricht, Kundengespräche anhand von akustischen und textlichen Emotionsmustern zu analysieren und daran in Echtzeit die Antworten ihrer *Chatbots* auszurichten.[145]

Die rasante Entwicklung in der Sprachverarbeitung geht einher mit einem ähnlichen Verlauf bei den grafischen Möglichkeiten. Sogenannte *Virtual Beings* geben als visualisierte, animierte Repräsentationen *Chatbots* ein Gesicht und dürften die Immersion und damit die Akzeptanz der Technologie im Alltag weiter erhöhen (Vgl. Teil C 3.2).

Letztlich geht es darum, den zwischenmenschlichen Kommunikationsprozess so weitgehend wie möglich technisch zu simulieren.[146] Auch wenn auf diesem Feld in den letzten Jahren in kurzer Zeit erhebliche Weiterentwicklungen zu verzeichnen waren, sind wir aktuell von einer gänzlich natürlichen Gesprächsführung mit intelligenten Systemen immer noch ein gutes Stück entfernt. Gleichwohl ist durchaus denkbar, dass einiges von dem, was wir heute als »originär menschlich« in der Kommunikation betrachten, durch Mustererkennung und maschinelles Lernen für die Technik abbildbar wird.

---

144 Vgl. dazu auch https://www.wired.co.uk/article/conversational-ai-making-technology-more-human
145 Quelle: http://www.emotibot.com/EN
146 Vgl. https://www.marconomy.de/das-ziel-von-conversational-ai-ist-eine-echte-konversation-a-772683/

Die Qualität der *Customer Experience* mit *Chatbots* und Sprachassistenten hängt maßgeblich von deren Sprachfähigkeiten und letztlich von deren »Intelligenz« ab. Entscheidend ist hierbei, den optimalen Ausgleich zwischen Automatisierung und Kundenzufriedenheit zu finden. Sofern die Systeme in ihrer Leistungsfähigkeit noch beschränkt sind, stellen sie keinen voll funktionsfähigen Ersatz für ein menschliches Service- oder Sales-Team dar. Dennoch können sie bereits jetzt als Ergänzung in der Kundenbearbeitung und perspektivisch der Gestaltung eines reibungslosen Übergangs zu einem erhöhten Automatisierungsgrad dienen, bis hin zur Entwicklung einer letztlich vollständigen Autonomie des Kundendialogs.

4 Trennungsphase

Der Rückgriff auf KI in der finalen Phase der Kundenbeziehung, der Trennungsphase, schließt in der Art und Weise bei den bereits betrachteten, vorausgegangen Phasen an. Hier sind insbesondere das *Churn Management*, das in der Regel zum Ziel hat, das Abwandern von Kunden zu verhindern, beziehungsweise das Rückgewinnungsmanagement zu nennen.

4.1 *Churn Management* und Kundenrückgewinnung

In vielen Branchen gilt immer noch das Paradigma, dass es deutlich kostengünstiger sei, bestehende Kunden zu binden, als neue zu gewinnen. In diesem Kontext kommt einem zielgerichteten, analytischen *Churn Management* eine besondere Bedeutung zu. KI und Methoden des maschinellen Lernens scheinen dafür wie geschaffen.[147] Indem anhand der Struktur der Kunden, ihrer Verhaltensweisen und unter Berücksichtigung anderer Faktoren, wie der Ausgestaltung der Akquisekanäle, spezifische Muster ermittelt werden, lassen sich im Abgleich mit diesen »Kündiger-Cluster« erstellen und darauf aufbauend Kündigungswahrscheinlichkeiten kalkulieren. Die dafür notwendigen Informationen können beispielsweise auch aus dem *Lead Management* sowie aus den im Rahmen des Kundenservice erhobenen Daten abgeleitet werden. Zumindest bei großen Kundenbeständen ist es möglich, auf diese Weise womöglich Zusammenhänge zu identifizieren, die in der operativen Arbeit sonst nicht augenfällig waren. Vertrieb und Marketing werden damit in die Lage versetzt, frühzeitig, idealerweise bevor der Kunde selbst eine Kündigung ausspricht, entsprechende Gegenmaßnahmen einzuleiten.

Vorausgehen sollte diesem Prozess allerdings auch eine Analyse der Frage, welche Kunden es tatsächlich wert sind, sie zu halten, und welche konkreten Maßnahmen in welchen Fällen gerechtfertigt sind. Hier spielen *Customer-Lifetime-Value*-Betrachtungen eine wichtige Rolle, die auch die kumulierten Deckungsbeiträge je Kunde berücksichtigen. Während in vielen Fällen in der Praxis – wenn überhaupt – dabei meist nur ein Durchschnittswert über alle Kunden zugrunde gelegt wird, könnte der Einsatz von intelligenten Systemen auch zu einer feineren Granulierung führen, die im Idealfall sogar eine kundenpersonalisierte Herangehensweise erlaubt, also für jeden potenziellen Kündiger individuell Kundenwerte berechnet, die dann jeweils darauf abgestimmte Gegenmaßnahmen auslösen.

147 Quelle: Wagener, Andreas (2022): »Churn Management und Kundenrückgewinnung mit KI«. In: Nerdwärts.de, 29.06.2022, https://nerdwaerts.de/2022/06/churn-management-und-kundenrueckgewinnung-mit-ki/

Sollte die Kündigung doch bereits erfolgt sein, setzt das Rückgewinnungsmanagement ein, um Kunden zu reaktivieren oder von der Rücknahme der Kündigung überzeugen zu können. Je nach ermitteltem Kündigertyp lassen sich auch hier wieder spezifische Angebote unterbreiten, die jeweils die höchste Wahrscheinlichkeit einer Fortführung der Kundenbeziehung aufweisen.

Kündigungsursachen analysieren
Voraussetzung zielgerichteter Halte- und Rückgewinnungsmaßnahmen ist die Kenntnis und das Verständnis der Kündigungsgründe. Die Ursachen einer Kündigung sind nicht selten vielschichtig, die Trennung zwischen Auslöser und Ursache ist oft schwierig und auch mit hohem Aufwand, wie späteren Telefonbefragungen, daher nicht immer exakt zu bestimmen. Auch hier können Methoden des maschinellen Lernens hilfreich sein, um typisierte Muster oder ein komplexes Zusammenspiel verschiedener Faktoren zu erfassen. Preissensibilitäten je Kunde lassen sich dabei ebenso berücksichtigen wie lange Bearbeitungszeiten oder eine womöglich missglückte schriftliche oder mündliche Servicekommunikation, die unter anderem im Rahmen einer *Sentiment*-Analyse (vgl. Teil B 1.2) ausgewertet wird.

4.2 Trennung von Problemkunden

Kündigungen müssen allerdings auch nicht immer durch den Kunden erfolgen, auch das Unternehmen selbst hat womöglich Gründe, diese auszusprechen. Von Kunden, die mehr Kosten als Erlöse verursachen, sollte man sich in aller Regel trennen, sofern nicht andere, langfristigere Gründe, wie Prestige oder Stakeholder-Pflege, dagegensprechen. Gerade bei einer umfangreichen Kundenbasis erweist sich die Identifizierung von solchen »Problemkunden« manchmal als schwierig. Dies gilt insbesondere dann, wenn weitere komplexe Zusammenhänge wie auch zukunftsgerichtete Faktoren, jenseits bloßer kurzfristiger Ertragsbetrachtungen, ein derartiges Verdikt beeinflussen können.

Typische Fälle hierfür finden sich im Finanzbereich, bei Versicherungen und Banken, wenn es gilt, Risikobewertungen für den Eintritt von Schadensfällen oder Kreditausfällen abzugeben. Schon seit geraumer Zeit setzt man in diesem Bereich auf statistische Analysen, Mustererkennungen und Clusterbildungen. Die Weiterentwicklung dieser Methoden durch den systematischen Einsatz maschinellen Lernens dürfte inzwischen weit verbreitet sein. Wie immer steht und fällt die Qualität solcher, ja auch gesellschaftlich sensibler, Entscheidungen stets mit der Quantität und Güte der zugrunde gelegten Daten.

Schließlich gilt es, in der Trennungsphase Rückschlüsse für die zukünftige »Arbeit am Kunden« zu ziehen und frühzeitig Maßnahmen daraus abzuleiten, die eine optimierte Herangehensweise ermöglichen. Hier schließt sich der Kreis, und der Zyklus beginnt von neuem mit der Analyse- und Planungsphase, da diese Erkenntnisse ebenso in die Formulierung neuer Angebote oder auch in gänzlich neue Kundenstrategien münden können.

Teil C: Perspektiven, Strategien und Entwicklungsfelder von KI-Technologien

1 Chancen, Herausforderungen und Grenzen Künstlicher Intelligenz

1.1 Das Zusammenspiel von Mensch und KI

Die Entwicklung auf dem Gebiet der KI und des maschinellen Lernens schreitet unaufhörlich voran. Gerade in den letzten Jahren konnten wir hierbei einen regelrechten Quantensprung beobachten. Auch wenn manche Diskussionen über die potenzielle Leistungsfähigkeit der Technologien für uns oft noch nach Science-Fiction klingen mögen, ist unbestreitbar, dass diese unseren Alltag in vielfältiger Weise heute bereits eingehend prägen und verändert haben. Sicherlich wird die Entwicklung an dieser Stelle nicht stehenbleiben. Es zeichnet sich bereits ab, dass wir zunehmend enger mit der digitalen Technik »zusammenwachsen« werden, dass sich diese zu einem immer wichtigeren Bestandteil unseres alltäglichen Lebens entwickelt, und zwar vermutlich in vielen Fällen unterschwellig, ohne dass wir dies zunächst als tiefgreifende Veränderung wahrnehmen.

Sprachassistenten – die Schnittstelle zwischen Mensch und Technik

Vielleicht verdeutlicht sich dieser Wandel am augenfälligsten bei dem Einsatz von Sprachassistenten. Deren Absatz ist in den letzten Jahren sprunghaft gewachsen, und auch in den kommenden Jahren prognostiziert man eine entsprechende Entwicklung.[148] Ebenso als Ersatz für den intensiven Einsatz der Tastatur des Smartphones gewinnt die akustische Spracheingabe als Schnittstelle zwischen Mensch und Technik an Bedeutung. Sprachnachrichten in *WhatsApp* lassen sich parallel zu getippten Texten übermitteln, die Umwandlung von gesprochenem Wort zu Zeichenketten funktioniert immer besser, sei es, um akustisch formulierte Nachrichten oder Notizen zu übermitteln oder um Gerätebefehle zu erteilen. Damit fällt auch eine grundlegende »Bedienhürde« des Computerzeitalters, deren Bewältigung immer auch das Vermögen, Lesen und Schreiben zu können, voraussetzte. Die direkte Kommunikation über das gesprochene Wort führt uns gewissermaßen zu unserem »Ursprung« zurück. Sie vereinfacht die Nutzung und ermöglicht auch Menschen, die von der herkömmlichen Bedienung eines Computers ausgeschlossen waren, die Steuerung digitaler Technik. Die Interaktion über Akustik ist letztlich kinderleicht und wird von Beginn an erlernt, sie gehört vielleicht auch zu den typisch menschlichen Eigenschaften und Fähigkeiten.

148 Einige Absatzzahlen dazu finden Sie auf https://de.statista.com/statistik/daten/studie/681207/umfrage/umsatz-mit-virtuellen-digitalen-assistenten-weltweit/

Menschlich klingende Sprachassistenten

Tatsächlich scheint die Ausgabe natürlicher Sprache uns den technischen Geräten auch emotional näher zu bringen. Der menschlich klingende Sprachassistent löst Verhaltensweisen aus, die wir sonst nur im Rahmen des Miteinanders mit anderen Menschen an den Tag legen. Eine Studie des *Rheingold Instituts* zum Umgang mit *Amazons Alexa* aus dem Jahr 2017 (*Pilotstudie Alexa*), die auf tiefenpsychologischen Interviews beruhte, zeigte, dass die Probanden den Sprachassistenten bis zu einem gewissen Grad »vermenschlichten«. Sie empfanden im Umgang mit diesem eine »Ur-Geborgenheit«, eine tiefe Verbundenheit und »seelische Rundumversorgung«, und projizierten damit typisch menschliche Vorstellungen und Wünsche auf die Technik, bis hin zu Beziehungssehnsüchten. Einer der Befragten wird in der Studie sogar mit den Worten zitiert: »Ich musste 75 Jahre alt werden, um eine Frau zu finden, die mir nicht widerspricht«.[149] Den ebenso formulierten Ängsten vor einer Abhängigkeit und Fremdbestimmung durch die Technik stand dabei die Hoffnung auf eine gebieterische »digitale Allmacht« durch die scheinbar bedingungslose Erfüllung formulierter Anliegen gegenüber.[150] In den USA diskutiert man schon seit Längerem die Auswirkungen auf die Erziehung von Kindern, da die Möglichkeit, *Alexa*, *Siri* & Co. bedingungs- und folgenlos »herumkommandieren« zu können, nicht gerade förderlich für die Entwicklung sozialer Kompetenzen[151] oder adäquater höflicher Umgangsformen sei.[152] Infolgedessen verpasste *Amazon* seinem Sprachassistenten die Option eines Anreizsystem, das mit »Bitte« und »Danke« eingeleitete beziehungsweise abgeschlossene Anfragen »belohnt«, indem die Systemantworten entsprechend »gutes Benehmen« bei der Spracheingabe positiv anmerken und hervorheben (»Thanks for asking so nicely«).[153]

Dieser Diskurs zeigt einerseits, wie Mensch und Technik enger zusammenrücken und die digitalen Möglichkeiten in den täglichen Ablauf integriert werden. Anderseits drückt sich darin natürlich auch die damit verbundene Angst vor einer wachsenden Dominanz des Technischen und einer »Enthumanisierung« aus. Wenn computerisierte Systeme etwas so ursprünglich Menschliches wie Sprache darstellen und erzeugen können und damit in der Lage sind, tief in die zwischenmenschliche Sphäre einzugreifen, so stellt sich grundsätzlich die Frage, in welche weiteren, typischerweise dem Menschen vorbehaltenen Bereiche die Technologie vorstoßen kann und welche Konsequenzen für unser Selbstverständnis und unsere Lebensweise daraus erwachsen.

149 Quelle: https://www.rheingold-marktforschung.de/pilotstudie-alexa/
150 Quelle: https://www.rheingold-marktforschung.de/pilotstudie-alexa/
151 Vgl. https://resourced.prometheanworld.com/amazon-alexa-harmful-childrens-educational-development/
152 Vgl. dazu https://qz.com/701521/parents-are-worried-the-amazon-echo-is-conditioning-their-kids-to-be-rude/
153 Vgl. dazu https://www.bbc.com/news/technology-43897516

Macht uns die KI arbeitslos?

Ohne Zweifel hat KI das Potenzial, eine Vielfalt von Tätigkeiten zu automatisieren und auch diese selbst autonom vollständig zu übernehmen (vgl. Teil A 2.2). Sicherlich wird das auch nicht ohne Auswirkungen auf den Arbeitsmarkt bleiben. Eine Prognose, welche konkreten Folgen ein Fortschreiten der technischen Entwicklung haben wird, ist jedoch gleichwohl schwierig, auch wenn viele »Experten« der festen Meinung anhängen, dass damit in einer nicht allzu fernen Zukunft weniger, nicht für alle ausreichend und irgendwann schlichtweg gar keine Arbeit mehr für den Menschen übrigbleibt. Daraus speist sich unter anderem auch die Diskussion um ein bedingungsloses Grundeinkommen, die ja interessanterweise nicht nur von ihrem politisch linken Ursprung aus, sondern gerade mit den Fortschritten auf dem Feld der KI auch aus der libertären Perspektive des Turbokapitalismus im *Silicon Valley* geführt wird.

Dem gegenüber steht, zumindest hierzulande, ein sich deutlich abzeichnender Fachkräftemangel und eine »auf den Kopf gestellte Alterspyramide«, die den Anteil der erwerbsfähigen Bevölkerung ohnehin als rückläufig beschreibt. Zudem haben sich auch in der Vergangenheit, bei früheren »industriellen Revolutionen«, die Auswirkungen von neuen technischen Entwicklungen stets »eingependelt«, da durch die damit einhergehenden Automatisierungen zwar viele zuvor durch den Menschen erledigte Tätigkeiten entfielen, gleichzeitig auf diese Weise aber auch anspruchsvollere, neue Aufgaben und damit auch komplett neue Sektoren geschaffen wurden. Auch wenn die Entwicklung des Computers Ursache zahlreicher betrieblicher Rationalisierungsmaßnahmen in der Folgezeit war, hat gerade dies zur Entstehung der IT-Branche und – aus heutiger Sicht – zu einer daraus resultierenden Überkompensierung der entfallenen Stellen geführt, ähnlich wie dies schon zuvor bei der Fließbandfertigung oder der Einführung der ersten maschinellen Webstühle im späten 18. Jahrhundert der Fall war.

Gerade im digitalen Umfeld haben sich jedoch derlei Vorhersagen über Entwicklungspfade, auf vergleichbaren Fortschritten in verwandten Gebieten basierende Interpolationen und »Dreisätze«, regelmäßig als falsch erwiesen. Sämtliche Voraussagungen, darüber, was nun dieses Mal, im Zuge der ausgerufenen, durch KI induzierten, »vierten industriellen Revolution« geschehen wird, muss man daher als unseriös einstufen oder zumindest äußerst kritisch hinterfragen – wir wissen es schlichtweg nicht, uns bleiben nur Mutmaßungen und regelmäßig aktualisierte Bestandsaufnahmen.

Gleichwohl bedeutet das nicht, dass man sich nun als Erwerbstätiger damit bequem zurücklehnen könnte. Veränderungen wird es fraglos geben, auch wenn schwer zu sagen ist, wie weit diese reichen mögen. Es scheint in der Natur der Sache zu liegen, dass zunächst, wie zuvor auch, diejenigen Tätigkeiten, die das höchste Mechanisierungspotenzial aufweisen, am ehesten durch die neuen Technologien ersetzt werden können, also alle wiederkehrenden, repetitiven Aufgaben. Einschlägige Auswertungen nennen hier häufig etwa einfache Tätigkeiten im Büro oder in der Buchhaltung sowie nicht allzu komplexe Dienstleistungen, insbesondere natürlich auch im Transportwesen (Stichwort »Autonomes Fahren«, Teil A 1.1.7).[154]

Auch anspruchsvolle Tätigkeiten lassen sich maschinell reproduzieren

Auch wenn man vielzitierten Plattitüden à la »Was digitalisiert werden kann, wird auch digitalisiert werden« nicht verfallen sollte, sind jedoch ebenso vermeintlich »intelligente« Jobs nicht vor der Übernahme durch KI-Systeme gefeit, selbst wenn der heutige Stand der Technik dies in vielen Fällen noch als nicht sehr wahrscheinlich erscheinen lassen mag. Auch wenn man als Hochschullehrer, Anwalt oder Personalchef der Meinung ist, noch einen großen Anteil an originär menschlichen Aufgaben zu erfüllen, die sich nicht ohne Weiteres maschinell reproduzieren lassen, könnte sich diese gefühlte Sicherheit als trügerisch erweisen. Als Beispiel mag die Tätigkeit des Programmierens dienen, die häufig immer noch als KI-krisensicher propagiert und auch als Schlüsselqualifikation für Heranwachsende und somit »in Zukunft« als unverzichtbarer Bestandteil der schulischen Ausbildung betrachtet wird. Denn die Schaffung von intelligenten Systemen und Modellen, die »Kreation« der KI, müsste ja dann gewissermaßen die »Krone« der volkswirtschaftlichen Wertschöpfung verkörpern.

Tatsächlich hat *Google* mit seinen KI-Projekten *AutoML* und *Pitchfork* mithilfe von maschinellen Lernprogrammen Systeme geschaffen, die selbst in der Lage sind, eigenständig Software für das maschinelle Lernen zu erstellen. Deren Ergebnisse erwiesen sich laut *Google* exakter und damit besser als die der menschlichen Forscher. So habe ein künstlich erstelltes System eine deutlich über den besten »menschlichen« Varianten liegende Bilderkennungsquote erzielt.[155] Ließe sich dieser Ansatz ausweiten, könnte damit die als für die Bewältigung der digitalen Herausforderung zentral empfundene Tätigkeit der Softwareentwicklung ihren hohen Stellenwert komplett einbüßen. Denn das würde der Kompetenz des Programmierens dann in etwa die heutige berufliche Relevanz des Beherrschens akzentfreien Altgriechischs verleihen.

Sprunghafte Beschleunigung technologischer Entwicklung

In diesem Zusammenhang fällt oft der Begriff der »Singularität«. Dieser richtet sich in seiner hier gebrauchten technischen Ausprägung meist auf den »einzigartigen« Moment, in dem die technologische Entwicklung nicht mehr linear voranschreitet, sondern sich ein regelrechter »Quantensprung« vollzieht, konkret also eine Entwicklungsstufe erreicht wird, bei der die Fähigkeiten von Maschinen und KI ein Niveau erreichen, das dem des Menschen ebenbürtig ist, und sie sich von da an eigenständig

---

154 Vgl. https://www.welt.de/wirtschaft/webwelt/article150856398/Droht-mit-Digitalisierung-jedem-zweiten-Job-das-Aus.html; https://www.wiwo.de/erfolg/beruf/studie-digitalisierung-und-arbeitsplaetze-welche-jobs-betroffen-sind/12724850-2.html; https://gfx.sueddeutsche.de/pages/automatisierung/

155 Vgl. https://www.wired.com/story/googles-learning-software-learns-to-write-learning-software/, https://www.techgoing.com/googles-mysterious-project-pitchfork-exposed-teaching-ai-to-write-code/

»aus sich selbst heraus« weiterentwickeln können. Dies würde zu einer enormen Beschleunigung des Fortschritts führen und den Menschen als Treiber technologischer Entwicklung ablösen. Am Ende dieses Pfades stünde dann womöglich die Entstehung einer schier allmächtigen künstlichen »Superintelligenz«, was eine erneute explosionsartige Beschleunigung von Innovationszyklen nach sich zöge, wodurch sich die Bedingungen menschlichen Lebens grundsätzlich verändern würden. Damit wäre eine neue Ära eingeleitet und das »Zeitalter des Menschen« beendet (Vgl. Teil C 4).

Um die Deutungshoheit auf diesem Feld wird teilweise erbittert gerungen, von der einen Seite als bloße Science-Fiction und Phantasterei abgetan, wirft die andere dieser vor, dass sie das Problem verharmlose oder gar nicht erst erkenne. Denn, so der klassische Gang der Diskussion, da die Entwicklung eben nicht nach linearen Mustern erfolgt, sondern ab einem nicht genau definierbaren Moment exponentiell, bemerken wir den Zeitpunkt der Singularität vielleicht gar nicht oder eben erst, wenn es »zu spät« ist, sich die Entwicklung also bereits vollzogen hat und dem Menschen das Heft des Handelns bereits entglitten ist. Was dann, in einem solchen »posthumanen Zeitalter« geschieht, darüber kann nur spekuliert werden: Werden die Maschinen die Herrschaft übernehmen? Wird uns KI versklaven, als hinderlich empfundene Konkurrenz bekämpfen oder schlichtweg als unnütz eliminieren? Oder beginnt eine Phase nie dagewesenen Friedens auf Erden, in der die Menschen in großer Eintracht zusammenleben, da sämtliche Konfliktauslöser wie Besitz oder Ressourcenzugang irrelevant geworden sind?

Auch hier gilt: Eine Prognose über die Entwicklungsalternativen – und zwar durchaus in beide Richtungen – ist aus heutiger Perspektive seriös nicht möglich. Die Fortschritte, gerade in den letzten Jahren auf dem Gebiet der KI-Forschung waren so enorm, nachdem die Entwicklung hier zuvor lange nur schleppend voranging, dass dies womöglich als Zeichen für den Beginn einer exponentiellen Phase gewertet werden könnte.

Auch die am Beispiel von *AutoML* skizzierte Leistungsfähigkeit von KI bei der Erstellung anderer intelligenter Systeme ließe sich als entsprechender Hinweis auf das Einsetzen einer »maschinellen Evolution« deuten. Gleichwohl, so werden Kritiker dieser Position nicht müde zu entgegnen, hat KI bislang nur in einzelnen Segmenten und Anwendungsbereichen menschliche Kompetenzen »übertrumpft«. KI lässt sich hervorragend auf ein einzelnes Ziel hin optimieren. Eine »universale Intelligenz«, die vielseitig anwendbar wäre, so wie die menschliche, ist derzeit, auch vor allem auf Basis der aktuellen technischen Grundlagen und Funktionsweisen maschinellen Lernens kaum denkbar.

Technologische Erweiterungen des menschlichen Körpers

Dennoch lässt auch diese, aus heutiger Sicht rationale Argumentation, Raum für weitere Gedankenspiele. Manch einer sieht in der nichtdestotrotz fortschreitenden Entwicklung die Notwendigkeit einer »menschlichen Aufrüstung« begründet. Um die mögliche Überflügelung der menschlichen durch die künstliche Intelligenz eines Tages zu verhindern, könnte man auf die Instrumente der letzteren zurückgreifen und diese mit den menschlichen Fähigkeiten zusammenführen, indem digitale Technologie mit dem menschlichen Körper vereint wird. Auf diese Weise würden wir gewissermaßen zu *Cyborgs*, zu Menschen mit künstlichen, technischen Erweiterungen.[156] In Kombination mit den originär menschlichen Eigenschaften entstünde somit eine *Blended Intelligence*, welche die vermeintlichen Defizite des Menschen gegenüber der KI ausgleicht und seine evolutionär erworbenen Stärken beibehält oder sogar deren Wirksamkeit verstärkt.

Tatsächlich ist ein derartiges *Biohacking* bereits weiter verbreitet, als man vielleicht gemeinhin glauben mag. Es gibt heute bereits Menschen, die sich Chips einpflanzen lassen, um ihre Fähigkeiten zu erweitern. Manche tragen Magnete unter der Haut, um einen weiteren Sinn zu gewinnen – die Fingerspitzen vibrieren, wenn man sich einem elektromagnetischen Feld nähert – andere implantieren sich RFID-Chips, mit denen eine Authentifizierung in Schließsystemen vorgenommen werden kann, zum Beispiel um einen Kopierer freizuschalten.

Neben diesem eher profanen körperlichen »Tuning« steht zunehmend auch die Erweiterung der kognitiven menschlichen Fähigkeiten im Visier solcher Maßnahmen. Bereits heute werden Epilepsie-Patienten mit einem »Gehirnschrittmacher« ausgestattet. Die EU hat 2015 eine Milliarde Euro in das *Human Brain Project* investiert, mit dem Ziel, einzelne Bereiche des menschlichen Gehirns durch künstliche Bestandteile wie Computerchips zu ersetzen, um auf diese Weise Krankheiten wie Parkinson zu heilen. Das Gehirn gilt manchen dementsprechend als die ultimative »Schnittstelle« der Zukunft. Böte es sich da nicht an, auf die Errungenschaften der KI-Forschung zurückzugreifen und jenseits rein medizinischer Nutzung das Ziel zu verfolgen, die geistige Leistungsfähigkeit des Menschen zu erhöhen, um den sich rasant verbessernden Fähigkeiten der KI etwas entgegenzusetzen? Und wäre eine solche Erweiterung letztlich womöglich auch nichts anderes, als ein neues, künstliches Hüftgelenk?

Jenseits aller berechtigter moralischer und philosophischer Überlegungen, ob ein solches Szenario als erstrebenswert anzusehen ist, die mit dieser »transhumanistischen« Betrachtungsweise notwendigerweise verbunden sind, stellt sich dabei grundsätzlich die Frage nach der Sinnhaftigkeit. Schon heute sind wir auch ohne »festverdrahtete« Implantate eng verwachsen mit der Technik. Der schnelle Griff zum Smartphone, zur

156 Quelle: Wagener, Andreas (2022): Künstliche Intelligenz und Datenökonomie – befinden wir uns auf dem Weg in die Cyborg-Gesellschaft? In: Willmann, Tim / El Maleq, Amine (Hrsg.), Sterben 2.0. (Trans-) Humanistische Perspektiven zwischen Cyberspace, Mind Uploading und Kryonik, S. 95–120, Berlin/Boston, 2022, https://doi.org/10.1515/9783110761825-005

schnellen Kommunikation oder um sich umgehend über die aktuellen Entwicklungen in der Welt zu informieren, ist bereits unentbehrlicher Bestandteil unseres Alltags.

Die US-Bank *Morgan Stanley* überraschte vor einiger Zeit mit der Aussage, dass man die eigenen Finanzberater mithilfe von *Robo-Advisors* zu *Cyborgs* aufrüsten wolle.[157] Damit war aber keinesfalls ein medizinischer Eingriff gemeint, sondern die Schaffung eines auf die menschlichen Bedürfnisse optimal abgestimmten Arbeitsumfeldes, das die unerlässlichen humanen Stärken der Mitarbeiter in der Kundenbetreuung mit der größtmöglichen technischen Unterstützung, vor allem auch durch den Einsatz von KI-Instrumenten, voll zur Entfaltung bringt.[158]

Vielleicht ist genau dies der richtige Ansatz, um der fortschreitenden technischen Entwicklung zu begegnen: Dass KI bereits heute den Alltag nachhaltig verändert hat, kann kaum bestritten werden. Insofern ist es – egal welche Meinung man hinsichtlich der Zukunft von KI vertritt – essenziell, sich mit dem Status quo auseinanderzusetzen und die weitere Entwicklung aktiv zu gestalten. Nur so können wir letztlich sichergehen, dass uns die sich permanent ändernden Rahmenbedingungen nicht überrollen und wir im digitalen Wandel bestehen können. Eine Vogel-Strauß-Taktik, die diesen negiert oder dazu führt, dass man in Apathie oder in die bloße Angst flüchtet, abgehängt zu werden, ist hingegen gänzlich unangebracht. Die Zukunft der KI und ihres Zusammenspiels mit dem Menschen – auf allen Ebenen – formen letztlich wir. Dieses Heft des Handelns sollten wir nicht aus der Hand geben.

1.2 Künstliche Intelligenz, Ethik und Verantwortung

1.2.1 KI und ethische Fragen

Dringlicher als das Problem der »Singularität« dürfte aber die Beantwortung der Frage nach dem ethisch korrekten Umgang mit Daten sein, die aus der maschinellen Verarbeitung und auf Grundlage von Verfahren der KI erhoben und abgeleitet werden. Anders als die Überlegungen zur Singularität, ist diese Frage heute schon akut. Daten und Algorithmen spielen in der Begründung und Unterfütterung menschlicher Entscheidungen eine immer wichtigere Rolle. Tatsächlich ist zu beobachten, dass hierbei zunehmend tiefergreifende Elemente der Urteilsbildung auf die technische Ebene übertragen werden, und diese Entwicklung scheint schleichend und oft für die breite Öffentlichkeit unbemerkt voranzuschreiten. Dabei ist es dringend geboten,

157 Vgl. https://www.financial-planning.com/news/morgan-stanley-merrill-lynch-tout-digital-advice-tools

158 Vgl. dazu z. B. https://www.fondsprofessionell.de/news/unternehmen/headline/morgan-stanley-ruestet-16000-finanzberater-zu-cyborgs-auf-134307/; https://www.handelsblatt.com/finanzen/banken-versicherungen/robo-advisors-wie-finanzberater-bei-morgan-stanley-zu-cyborgs-werden/19886752.html

einen ethischen Rahmen zu schaffen, der festlegt, welche Entscheidungen wir wirklich den Maschinen überlassen wollen, welche moralisch vertretbar an ein autonom agierendes intelligentes System delegiert werden dürfen und wer in diesen Fällen letztlich dann die Verantwortung dafür und die daraus resultierenden Konsequenzen trägt.

Kann eine KI rassistisch sein?

Um dies zu veranschaulichen, soll an dieser Stelle nochmals (vgl. Teil A 1.1.3) etwas ausführlicher auf das sogenannte *Predictive Policing* eingegangen werden: Darunter versteht man die Berechnung der Wahrscheinlichkeit »zukünftiger« Straftaten oder des Eintritts anderer polizeilicher Einsatzszenarien, mit dem Ziel, die Polizeiarbeit auf diese Weise effizient zu steuern. Die Firma *IBM*, die sich als einer der Hauptanbieter derartiger Lösungen positioniert hat und unter anderem auch verschiedene Pilotversuche hierzu gemeinsam mit US-Polizeiorganisationen, etwa in New York und Memphis, durchführte, machte mit dem Slogan Werbung: »Verbrechen verhindern, *bevor* Sie begangen werden«. Durch Auswertung einer Vielzahl von Datenquellen und einer entsprechend daraus abgeleiteten erhöhten Präsenz in den ermittelten Problembezirken soll es angeblich gelungen sein, die Kriminalitätsrate um »bis zu« 30 % zu reduzieren. Kritiker führen allerdings die damit ihrer Ansicht nach zwangsläufig einhergehende Diskriminierung als problematisch an, werden hier doch alle Bewohner eines Stadtteils automatisiert unter Generalverdacht gestellt, sofern die hinterlegten Algorithmen ihre Nachbarn »statistisch« als vergleichsweise kriminell einstufen. Auch waren überwiegend afroamerikanische Gegenden von den zusätzlichen Polizeikontrollen betroffen, was dem System den Vorwurf des *Racial Profiling* einbrachte.

Datenanalysen und Statistik spielen in vielen Bereichen unseres täglichen Miteinanders inzwischen eine große Rolle, was erhebliche Auswirkungen für den Einzelnen haben kann. Ob nun in diesem Wege über die Kreditwürdigkeit oder ein Versicherungsrisiko entschieden wird – die Konsequenzen greifen tief in die individuelle Entfaltungsfreiheit ein und beeinflussen die Chancengleichheit innerhalb einer Gesellschaft. Ein bedachter und verantwortungsvoller Umgang mit Daten ist damit heute mehr denn je unerlässlich. Je weiter man jedoch Datenverarbeitung und -auswertungen automatisiert, umso mehr Wachsamkeit ist bei der Einordnung dieser Ergebnisse und ihrer Weiterverarbeitung in Entscheidungsprozessen gefordert. Der Rückgriff auf Methoden der KI zeichnet sich gegenüber menschlich programmierten Algorithmen vor allem durch die eigenständige Erkennung von Mustern und Zusammenhängen aus, gerade im hohen Autonomiegrad zeigt sich die »Intelligenz« eines Systems (vgl. Teil A 2.2). Das bedeutet jedoch nicht, dass hier nicht auch Fehler in der Verarbeitung entstehen können. Eine KI hat kein menschliches Wahrnehmungsvermögen und auch kein »Bewusstsein«, sondern agiert abgeleitet aus dem Datenmaterial, das ihr zum »Lernen« zur Verfügung gestellt wurde. Gerade dies kann sich als Schwachstelle erweisen.

Algorithmic Bias der Künstlichen Intelligenz

Die eigentliche Gefahr liegt hier beim sogenannten *Algorithmic Bias*, einer Unausgewogenheit bei der Berücksichtigung der durch die KI vermeintlich erkannten Datensignale im Rahmen des maschinellen Lernprozesses. Diese Verzerrungen können erhebliche Auswirkungen auf die Qualität der gelieferten Ergebnisse haben und etwa zu einer »Voreingenommenheit« des Systems führen.[159] Zu einer entsprechend zweifelhaften Berühmtheit brachte es ein von *Google* verwendeter Bilderkennungsalgorithmus, der Fotos autonom benannte und sortierte und dabei einer folgenschwere Fehleinschätzung unterlag: Eine Aufnahme, die zwei Afroamerikaner zeigte, wurde mit der Bezeichnung »Gorillas« etikettiert und verarbeitet. Der Aufschrei vor allem in den USA war entsprechend groß: Wie kam das System zu dieser Kategorisierung? Kann eine KI rassistisch sein?[160]

Als Ursache sind hier verschiedene Optionen denkbar. Natürlich ist es möglich, dass beim Training der KI im Rahmen des »überwachten Lernens« bewusst eine solche »Neigung« des Systems durch die menschliche Rückkoppelung »anerzogen« wurde, also jemand wissentlich »falsche« Etikettierungen durchführte. Wahrscheinlicher ist jedoch, dass der Ursprung dieser Fehlleistung in einer unbeabsichtigt einseitigen Auswahl und Verwendung der Trainingsdaten zu finden ist. Wenn dem System das Verständnis für das Konzept Mensch auf Grundlage von Fotomaterial mit Personen vorwiegend heller Hautfarbe antrainiert wird und man den Algorithmus dann mit einem ihm eher unbekannten Bild dunkelhäutiger Menschen konfrontiert, muss dieser eine Sortierungsentscheidung unter einer gewissen Unsicherheit treffen. Vielleicht ist er in der Lage, typische menschliche Eigenschaften in den Gesichtern zu erkennen, wobei die Hautfarbe dazu nicht recht passen mag. Gleichzeitig hat das System gelernt, auch Affen und insbesondere Gorillas als solche zu identifizieren. Letztere haben eine schwarze Haut. Nun muss der Algorithmus bestimmen, welche Merkmale er als signifikanter erkennt. Bewertet er die menschliche Physiognomie in diesem spezifischen Fall als weniger relevant als die schwarze Haut, die er vornehmlich mit »Gorillas« verbindet, führt er die Sortierung auch entsprechend aus.[161]

Problematisch ist in diesem Kontext natürlich, welche Konsequenzen daraus erwachsen, wenn ein Mensch nicht als solcher erkannt wird. Solange es sich dabei nur um eine falsche Bildsortierung handelt, mag dies zwar ärgerlich, aber letztlich doch noch relativ harmlos sein. Ungleich schwerer wiegt es aber, wenn solche Fehler im Rahmen von Verfahren geschehen, deren Ergebnisse weitreichende Folgen für die Persönlich-

---

159 Vgl. Will Knight: »Das Problem der diskriminierenden Algorithmen«, https://www.heise.de/tr/artikel/Das-Problem-der-diskriminierenden-Algorithmen-3780753.html

160 Vgl. https://blogs.wsj.com/digits/2015/07/01/google-mistakenly-tags-black-people-as-gorillas-showing-limits-of-algorithms/

161 Vgl. https://qz.com/1064035/google-goog-explains-how-artificial-intelligence-becomes-biased-against-women-and-minorities/

keits- und Entfaltungsrechte der Betroffenen haben, gerade etwa im Rahmen von *Predictive Policing* oder aber auch bei der Ermittlung des individuellen Ausfallsrisiko für einen Kredit.

Die steigende Komplexität in der Verarbeitung der Daten durch *Deep Learning* und der Einsatz künstlicher neuronaler Netzwerke könnte zu einer zunehmend schwierigen Nachvollziehbarkeit des Entscheidungsweges von KI führen. Man spricht hier teilweise auch von einer *Black Box*, angesichts der daraus resultierenden Intransparenz, verbunden mit dem Appell, KI grundsätzlich »erklärbar« zu gestalten (*Explainable AI, vgl. Teil C* 1.2.2).[162]

Anders als bei Systemen, die allein auf menschlich definierten Regeln basieren, trifft die KI auf Grundlage der erkannten Muster schließlich eigenständig Entscheidungen. Je mehr Ebenen hier zum Einsatz kommen, umso schwieriger ist es dann für den Menschen, die gelieferten Ergebnisse noch auf ihre Entstehung zurückzuführen. Hierfür bedarf es heute oft schon eines aufwendigen *Reverse Engineerings*, und es stellt sich die Frage, inwiefern dies in Zukunft angesichts der sich abzeichnenden Entwicklungsschritte von KI dann noch leistbar ist. Immer wieder wird gefordert, dass denjenigen, die sich durch eine Entscheidung, die auf Algorithmen basiert, benachteiligt fühlen, das Recht eingeräumt wird, über die Funktionsweise der dahinterliegenden Mechanismen Auskunft zu erhalten.[163] Werden diese jedoch durch eigenständig hinzulernende Systeme bestimmt, so dürfte sich dieses Unterfangen als zunehmend schwierig erweisen.

Wer haftet für die KI-Entscheidungen?

Daraus leitet sich auch eine Diskussion hinsichtlich der Haftung für die Auswirkungen von KI-Entscheidungen ab. Für die Funktionsweise technischer Systeme und bei Schäden, die trotz sachgemäßer Anwendung möglicherweise durch deren Einsatz entstehen, haftet in Deutschland gewöhnlich der Hersteller. Wenn aber nun ein System permanent eigenständig hinzulernt, seine spätere Beschaffenheit also auch nicht mehr vergleichbar ist mit seinem Zustand bei Übergabe an einen Verwender – wie würde sich dies auf die Haftungsfolgen auswirken? Entwickelt sich ein Mensch im Laufe seines Lebens zum Straftäter, trägt er die Konsequenzen dieses Handelns. Niemand würde auf die Idee kommen, dafür seine Eltern zur Rechenschaft zu ziehen, weil sie es versäumt hätten, ihn rechtzeitig entsprechend zu erziehen und die Grundlagen für einen rechtschaffenen Lebenswandel zu legen. Wenn wir davon ausgehen, dass sich

162 Quelle: Independent High-Level Expert Group on Artificial Intelligence set up by the European Commission (2019): Ethic Guidelines for trustworthy AI, Brüssel, https://www.aepd.es/sites/default/files/2019-12/ai-ethics-guidelines.pdf

163 Vgl. https://www.heise.de/newsticker/meldung/Transparente-Algorithmen-Barley-will-Regelung-auf-EU-Ebene-4090658.html

auch »Dinge« – wie KI – in Zukunft verändern können, müssten wir dann nicht auch die Regeln in diesem Kontext anpassen? Ist dann der Hersteller noch verantwortlich für die Folgen einer eigenständigen Weiterentwicklung seines KI-basierten Systems?

Ethische Probleme autonomer KI-Entscheidungen

Ein Klassiker der KI-Ethik ist das zum aktuellen Zeitpunkt zweifellos noch sehr konstruierte Beispiel vom selbstfahrenden Auto, das in einer Extremsituation eigenständig über Leben und Tod entscheiden muss: Auf einer einspurigen Küstenstraße kommen sich ein selbstfahrendes Auto, dessen Eigentümer entspannt im Fonds des Wagen sitzt, und ein vollbesetzter Pkw mit »menschlichem« Fahrer mit großer Geschwindigkeit entgegen. Letzterer hat das Haltesignal an der Ampel übersehen, so dass nun beide Fahrzeuge aufeinander zurasen. Ein Ausweichen ist angesichts der schmalen Straße, der steilen Felswand an der einen und dem tiefen Abgrund an der anderen Seite, nicht möglich. Die Kollision wäre in Anbetracht der Fahrgeschwindigkeit für alle Insassen tödlich. Vielleicht wäre es dann in einer noch fernen Zukunft möglich, dass die KI im selbstfahrenden Auto die Gesamtsituation überblickt und in letzter Sekunde eine rationale Entscheidung trifft, nämlich sich selbst samt Passagier in den Abgrund zu stürzen. Damit ließe sich zumindest das Leben der Passagiere im menschlich gesteuerten Pkw retten.

Was unter rein rationalen Gesichtspunkten nachvollziehbar ist – immerhin überlebt so überhaupt jemand – ist aus ethischer Betrachtung gleich vielfach problematisch. Die Entscheidung über Leben und Tod in die »Hände« einer Maschine zu legen, mag uns mit unseren Moralvorstellungen unvorstellbar erscheinen – sie wäre wohl im Übrigen auch nicht mit dem Deutschen Grundgesetz vereinbar. Auch negierte diese Entscheidung die Schuldfrage, denn dem Szenario ging ja ein Verstoß gegen bestehende Regeln voraus. Die Situation entstand ja überhaupt nur, weil der menschliche Lenker des Fahrzeugs die rote Ampel missachtet hatte. Ist dann der Ausgang des Ganzen nicht äußerst »unfair«? Oder überwiegt letztlich doch das Ergebnis? Denn statt vier oder fünf Menschen musste schließlich nur einer sterben.

Das MIT hat sich dieses Szenarios ebenfalls angenommen und angereichert mit etlichen weiteren Parametern unter dem Titel »Moral Machine«[164] ins Netz gestellt. In zahlreichen modifizierten Entscheidungssituationen müssen hier die Nutzer jeweils bestimmen, welche der beiden Parteien in der stets ausweglosen Situation das Nachsehen hat. Durchaus augenzwinkernd verlautbarte man, auf diese Weise im Wege eines *Crowd-Sourcings* eine allgemeingültige Moral und Ethik zu ermitteln, mit der KI in Zukunft trainiert werden könne, um sich nach menschlichen Maßstäben »richtig« zu verhalten.

---

164 Vgl. http://moralmachine.mit.edu

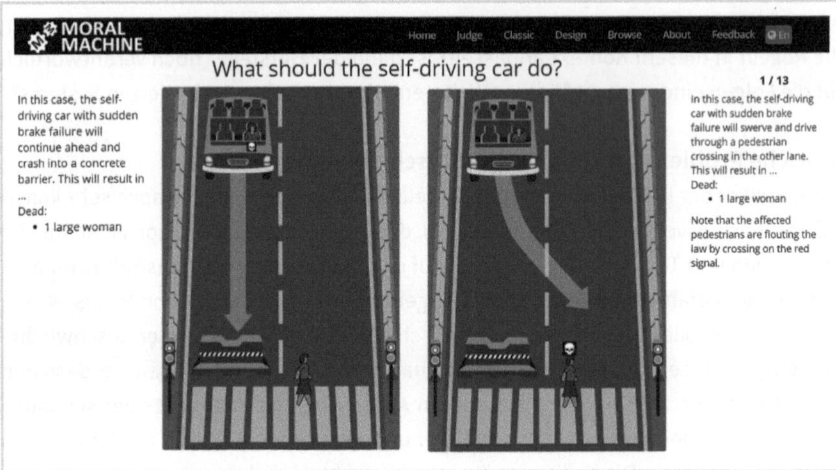

Abb. 22: Die *Moral Machine* vom MIT (Screenshot, Quelle: http://moralmachine.mit.edu)

Bei aller Theorie zeigt dieses Beispiel doch recht gut die grundsätzliche Problematik möglicher autonomer Entscheidungen durch KI auf. Eine derartige Zuspitzung mag plakativ und konstruiert sein, aber sie macht die Herausforderung deutlich, die durch die Nutzbarmachung von Verfahren der KI ausgeht. Auch wenn solche Szenarien im Moment noch sehr weit entfernt scheinen, zeigt sich darin doch die Notwendigkeit zur menschlichen Mitgestaltung und Einflussnahme auf die weitere technische Entwicklung. Dies gilt eben nicht nur, um die Funktionsweise und die Vermeidung von Fehlern beim Einsatz von KI im Marketing sicherzustellen, sondern ist – gänzlich ohne Pathos – als eine zutiefst gesellschaftlich relevante Aufgabe zu verstehen.

Dreh- und Angelpunkt sind dabei stets die verwendeten Daten. Wir betonen hierbei allzu oft deren Funktion als »Datengold« oder »Öl des 21. Jahrhunderts«, ohne uns eigentlich die Konsequenzen, die sich daraus nicht zuletzt auch für uns persönlich ergeben, bewusst zu machen. Vielleicht bewirken ja gerade die technischen Fortschritte von KI, die ohne ausreichende »Fütterung« mit Daten nicht möglich wären, dass wir hier ein anderes Verständnis dafür entwickeln, welche Relevanz Daten auch jenseits rein ökonomischer Überlegungen zukommt.

1.2.2 *Responsible AI*, *Trustworthy AI* und *Explainable AI*

Die beschriebenen Risiken, die durch den Einsatz von KI entstehen, haben eine breite Diskussion darüber ausgelöst, wie ein verantwortungsvoller Umgang mit der Technologie sichergestellt werden kann. Der Begriff *Responsible AI* (verantwortungsvolle KI) umfasst dementsprechend alle Bestrebungen, die insbesondere moralische und ethische Fragen bei der Erstellung und beim Einsatz von KI-Systemen ins Visier nehmen. In einem weiter gefassten Verständnis gehören dazu aber auch die Herausforderungen der Ressourcensparsamkeit und Nachhaltigkeit, wie etwa die Reduzierung des Energieverbrauchs beim Einsatz von *Deep Learning*. Im Kern geht es also um die Vereinbarkeit von Technologie und allgemeinen gesellschaftlichen Werten. Ziel ist es, einen Rahmen zu schaffen, der in dieser Hinsicht die Verlässlichkeit von KI und maschinellen Lernverfahren sicherstellt und damit zugleich deren Akzeptanz erhöht.

Trustworthy AI – vertrauenswürdige KI

In diesem Kontext ist auch oft von *Trustworthy AI* (vertrauenswürdige KI) die Rede. In einem Expertenpapier der EU-Kommission[165] wurden als Bedingungen für diese Vertrauenswürdigkeit in erster Linie drei Kriterien genannt, die KI-Systeme erfüllen müssten:

- die Rechtmäßigkeit, also der Einklang mit Gesetz und geltendem Recht;
- die Einhaltung ethischer Grundsätze, wie die Achtung der menschlichen Selbstbestimmung und der Vorrang des menschlichen Handelns, der Fairness und Ausgewogenheit von KI-Entscheidungen sowie deren Erklärbarkeit;
- die Robustheit, womit gemeint ist, dass die Systeme so beschaffen sein sollen, dass sie keinen »unbeabsichtigten« Schaden anrichten, sie also nicht missbraucht werden können oder zu unerwünschten Verzerrungen führen wie etwa beim *KI-Bias* (vgl. Teil C 1.2.1). Ferner sollen sie widerstandsfähig gegenüber gezielten äußeren Angriffe sein und eine hohe technische Zuverlässigkeit aufweisen.

Hürden bei der Umsetzung in der Praxis

Die Umsetzung dieser Prinzipien in die Praxis erweist sich allerdings als herausfordernd. Denn die aufgeführten Bestrebungen können durchaus im Konflikt miteinander stehen. Ein Aspekt, der sowohl in den Bereich der Rechtmäßigkeit als auch in den Bereich der Ethik fällt, ist der individuelle Datenschutz und die Wahrung der Privatsphäre (*Data Privacy*). Ein weitgehender Schutz der persönlichen Daten vor dem Einblick von außen könnte aber etwa dem Ziel der Erklärbarkeit entgegenstehen, das ja gerade darauf ausgelegt ist, die Kette der Datenverarbeitung möglichst lückenlos und transparent offenzulegen. Ebenso steht womöglich die Robustheit der Systeme im Widerspruch zur Forderung nach dem Vorrang des menschlichen Handelns gegenüber der Technik bei der Interaktion mit KI. Schließlich bot in der Vergangenheit nicht zuletzt immer wieder menschliches Fehlverhalten Angriffsflächen für Hacker-Angriffe, wie etwa die ungewollte Preisgabe von Passwörtern nach *Phishing*-Attacken, die mit fingierten E-Mails gezielt die Leichtgläubigkeit von Anwendern ausnutzten.

---

165 Quelle: Independent High-Level Expert Group on Artificial Intelligence set up by the European Commission (2019): Ethic Guidelines for trustworthy AI, Brüssel, https://www.aepd.es/sites/default/files/2019-12/ai-ethics-guidelines.pdf

Explainable AI – Erklärbarkeit von KI-Ergebnissen

Wie schon beschrieben (vgl. Teil C 1.2.1), stellt die Transparenz von KI-Entscheidungen eine besondere Herausforderung dar. Unter *Explainable AI* (kurz: *XAI*) fasst man die Bemühungen zusammen, welche die Ergebnisse von maschinellen Lernprozessen erklärbar und nachvollziehbar machen sollen. Vor allem beim Einsatz von *Deep Learning* und künstlichen neuronalen Netzwerken (vgl. Teil A 1.3.2) sind diese meist das Produkt sehr komplexer Abläufe. Das genaue Zustandekommen der Resultate ist im Detail oft unklar. Daher spricht man hier nicht selten von einer *Black Box*. Gerade wenn es darum geht, einen *Algorithmic Bias* (vgl. Teil C 1.2.1) zu identifizieren oder die Gründe hierfür zu ermitteln, kommt dem Ansatz der *Explainable AI* eine besondere Bedeutung zu.

Wie oben gezeigt, ist nicht immer klar, anhand welcher Merkmale und vermeintlich erkannter Muster eine KI eine Kategorisierung vornimmt oder Vorhersagen ableitet. (Vermeintliche) Korrelation ist nicht immer gleichbedeutend mit Kausalität: Ein Beispiel hierfür lieferte der Handelsriese *Amazon*, der versucht hatte, den Prozess der Vorqualifizierung von eingegangenen Bewerbungsunterlagen für Stellen in der Softwareentwicklung an eine KI zu übertragen. Als Trainingsmaterial für die Beurteilung dienten dabei Bewerbungen und erfolgte Einstellungen der Vergangenheit. Offenbar überwog dabei der Anteil der Bewerber männlichen Geschlechts erheblich – was dazu führte, dass das System dies als entscheidendes Kriterium für die Eignung der Kandidaten ermittelte und Frauen somit grundsätzlich die Eignung für Entwicklerstellen absprach.[166]

Diskriminierungen durch KI

Derartige Zusammenhänge und Fehlentwicklungen beim maschinellen Lernen zu identifizieren und nachvollziehen zu können, ist eine Kernaufgabe von *Explainable AI*. Nicht immer aber ist eine Diskriminierung durch Algorithmen derart offensichtlich wie in diesem skizzierten Fall. Insbesondere bei Verteilungs- und Belastungsentscheidungen, etwa bei der Berechnung eines Versicherungsrisikos und der dadurch beeinflussten Prämienhöhe oder der Einstufung der individuellen Kreditwürdigkeit, sollte das Zustandekommen der Ergebnisse rekonstruierbar und transparent sein. Das gilt umso mehr, als dass der Ursprung derartiger Probleme nicht unbedingt auf ein fehlerhaftes Anwenden von Algorithmen zurückzuführen ist, sondern bereits – wie im Falle von *Amazon* – schon die Auswahl der Trainingsdaten für Verzerrungen sorgen kann.

Ethik, Gleichberechtigung und Fairness sind allerdings nicht die einzigen Treiber von *Explainable AI*. Bereits die Entwicklungsarbeit an KI-Systemen erfordert Erklärbarkeit und Transparenz. Nur wenn ein Modell von denjenigen verstanden wird, die es entwi-

166 Vgl. https://www.reuters.com/article/us-amazon-com-jobs-automation-insight-idUSKCN1MK08G

ckeln, kann es zielgerichtet verbessert werden. Und auch das nachhaltige Vertrauen in die Leistungsfähigkeit der errichteten Systeme entsteht erst, wenn deren Wirkungsweise vollständig erfasst wurde.

Methoden zur Anwendung von *Explainable AI*

Für die Anwendung von *Explainable AI* können inzwischen verschiedene Methoden herangezogen werden. Grundsätzlich lässt sich eine Unterscheidung in Ante-Hoc- und Post-Hoc-Ansätze vornehmen.[167] Erstere konzentrieren sich auf Modelle, die im Voraus, bereits bei der Durchführung der Trainings interpretierbar sind. In diesem Zusammenhang spricht man auch von einer *Glass Box* – im Gegensatz zur undurchsichtigen *Black Box*. Ante-Hoc-Ansätze beziffern die Einflussgrößen für das Einschlagen der Entscheidungspfade beziehungsweise die Gewichtung der einzelnen Input-Variablen direkt, um so die Nachvollziehbarkeit für den Menschen sicherstellen zu können.[168]

Im Gegensatz dazu dienen Post-Hoc-Verfahren vor allem der Erklärung von Black-Box-Fällen (vgl. Teil C 1.2.1).[169] Sie nehmen eine nachträgliche Überprüfung der Ergebnisse vor. Das kann etwa über die gezielte Manipulation von Input-Elementen in einem künstlichen neuronalen Netzwerk erfolgen, um deren Auswirkung auf den Output zu analysieren. Mittels einer schrittweisen, systematischen Wiederholung dieser Input-Anpassung sollen die dafür ursächlichen Feinheiten für die Veränderung des Outputs ermittelt werden, beispielsweise in der Bilderkennung, indem man die Details der »gefütterten« Bilder nach und nach, auf Pixelebene, einer Veränderung unterzieht (kontrafaktische Methode). Auch umgekehrt, über den Output, mithilfe von *Backpropagation* (vgl. Teil A 1.3.2a und 1.3.3) ist eine nachträgliche Erklärbarkeit denkbar. Dazu versucht man, die wichtigsten Knotenpunkte zu identifizieren und auf diese Weise die Entscheidungspfade vom Output rückwärtsgehend zu rekonstruieren (sogenannte *Layer-wise Relevance Propagation*).[170] In der Praxis erweist sich die Umsetzung von Methoden der *Explainable AI* im Bereich der Post-Hoc-Verfahren immer noch als schwierig. Oft dienen Sie nur zur Erklärung von Teilaspekten. Viele entsprechende Verfahren befinden sich noch in der Forschungs- und Erprobungsphase.

167 Quelle: Gesellschaft für Informatik (2018): Explainable AI (ex-AI), https://gi.de/informatiklexikon/explainable-ai-ex-ai

168 Quelle: Heuveline, Vincent / Stiefel, Viola (2021): Künstliche Intelligenz und Algorithmen – Wahrer Fortschritt oder doch nur digitale Alchemie? In: Holm-Hadulla, Rainer / Funke, Joachim / Wink, Michael (Hrsg.). Heidelberger Jahrbücher Online Band 6 (2021): Intelligenz: Theoretische Grundlagen und praktische Anwendungen, https://heiup.uni-heidelberg.de/journals/index.php/hdjbo/article/view/24390

169 Vgl. Deutsche Gesellschaft für Qualität, https://www.dgq.de/fachbeitraege/blick-in-die-black-box-erklaerbarkeit-maschineller-lernverfahren/

170 Quelle: MontavonL Gregoire et al. (2019): Layer-Wise Relevance Propagation: An Overview. In: Samek, Woijciech et al. (Hrsg.): Explainable AI: Interpreting, Explaining and Visualizing Deep Learning. Lecture Notes in Computer Science, Vol. 11700. Springer. Und: Gesellschaft für Informatik (2018): Explainable AI (ex-AI), https://gi.de/informatiklexikon/explainable-ai-ex-ai

Ebenfalls Gegenstand aktueller Forschungsvorhaben und -projekte ist die Frage nach der gezielten Vermeidbarkeit von KI-Bias von Beginn an, also bereits während des Trainingszeitraumes. Zwar ist das Problem erkannt, die Verhinderung von Diskriminierung im Rahmen des maschinellen Lernens gestaltet sich dennoch schwierig. Künstliche neuronale Netze müssen mit großen Datenmengen trainiert werden. Aber Daten sind eben zwangsläufig stets vergangenheitsbezogen und enthalten dann mitunter genau jene Vorurteile und mangelnde Diversität, denen mit *Responsible AI* entgegnet werden soll.

Textgenerierung und *Responsible AI*

Das zeigt sich zum Beispiel bei der Verwendung von maschinellen Lernverfahren in der Sprachverarbeitung, die unter anderem für den Betrieb von *Chatbots* und bei der automatisierten Texterstellung durch KI zur Anwendung kommen (vgl. Teil A 1.1.6 und Teil B 3.4.3). Zur Erreichung eines weitreichenden Sprachverständnisses müssen die Systeme mit großen Mengen an Sprachdaten trainiert werden. Um an diese zu gelangen, bestehen zwei Möglichkeiten, die jeweils eigene Probleme nach sich ziehen: Zum einen werden gemeinfreie Werke genutzt, welche aufgrund ihres Alters – in Deutschland endet die Schutzfrist 70 Jahre nach dem Tod des Urhebers – meist in besonderer Weise überholte Sprachstile und zudem nicht selten überkommene gesellschaftliche Vorstellungen und Motive aufweisen. Zum anderen werden allgemein verfügbare, aktuelle Inhalte aus dem Netz genutzt, wie Blogs und Forenbeiträge, die keinerlei manueller, menschlicher Qualitätssicherung unterliegen und damit potenziell auch extreme Ansichten und Haltungen enthalten können. Zwar lassen sich über automatisierte Prozesse bestimmte Inhalte – wie etwa Pornografie – herausfiltern. Diese Verfahren basieren aber meist auf vorab definierten oder identifizierten Sperrbegriffen und sind nicht in der Lage, subtiler gelagerte Probleme bei Duktus und Stilistik zu erfassen.

Die Antiquiertheit der Quellen führt unter anderem dazu, dass Sprachmodelle, deren Funktion in der Vervollständigung von Sätzen bzw. dem Weiterführen von Dialogen liegen, entsprechend auch heute als überkommen empfundene Geschlechterrollen reproduzieren. So werden Männer etwa standardmäßig mit Berufen wie Manager, Arzt oder Programmierer in Verbindung gebracht, Frauen hingegen eher als Hausfrau, Sekretärin oder Krankenschwester klassifiziert. Auch die Hautfarbe führt regelmäßig zu einer Vorprägung von KI, zum Beispiel hinsichtlich des Berufes, den eine Person womöglich ausüben oder auch welchen sozialen Status sie innehaben könnte.

KI-Bias mit KI-Methoden bekämpfen

Im Sinne von *Responsible AI* müssen Unternehmen, die auf Verfahren des maschinellen Lernens zurückgreifen oder entsprechende Produkte einsetzen, sicherstellen, dass diese Verzerrungen eliminiert werden. Allerdings sind damit in der Praxis erhebliche Herausforderungen verbunden: Technisch gibt es bereits erste Ansätze, KI-Bias auch mit KI-Methoden zu bekämpfen. Beispielsweise ließen sich händisch – über *Supervised Learning* (vgl. Teil A 1.3.1) – entsprechende Texte identifizieren und als »unerwünschte« Ergebnisse etikettieren. In einem iterativen Prozess, immer begleitet durch die menschliche Überprüfung, könnte man damit dann eine Trainingsgrundlage für die KI schaffen, welche Sprachdaten und Texte auf ihren Bias-Gehalt überprüft und entsprechend anpasst.

Gerade allerdings dieses enge Verwobensein von Mensch und maschinellem Lernen birgt natürlich selbst neue Bias-Problematiken. Denn damit übertragen diejenigen, die für ein solches Training verantwortlich sind, vermutlich ihre persönlich als zielführend empfundenen Wertgerüste auf das System. Grundsätzlich erweist sich bereits die Identifizierung anwendbarer Maßstäbe als schwierig: Nicht immer erscheint die Sachlage so eindeutig wie in den zuvor skizzierten Beispielen: Was allgemein akzeptabel oder wünschenswert erscheint und welche Entwicklungen zu kritisieren sind, ist schließlich Gegenstand permanenter öffentlicher Verhandlung und einem steten Wandel unterworfen. Die viel beklagte gesellschaftliche Fragmentierung erschwert die Extraktion eines allgemein gültigen Wertmaßstabes zusätzlich. Politische Diskurse bilden sich damit automatisch auch in der konkreten Anwendung von KI ab. Das bedeutet auch: Heute erfolgreich geleistete Arbeit gegen KI-Bias kann in der nahen Zukunft angesichts sich verändernder gesellschaftlicher Werte schon wieder als überholt gelten.

1.2.3 Das Rahmenwerk der *Corporate Digital Responsibility*

Unter *Corporate Digital Responsibility* (CDR) wird heute allgemein die gesellschaftliche Verantwortung von Unternehmen im Rahmen der Digitalisierung verstanden.[171] In Anlehnung und als Weiterentwicklung des Begriffs der CSR (*Corporate Social Responsibility*) richtet sich der relativ junge, aber zunehmend an Relevanz gewinnende Ansatz auf die Anwendung digitaler Technologien und den Umgang mit den daraus resultierenden Konsequenzen für die Gesellschaft und den Einzelnen.[172] Im Kern geht es dabei um die freiwillige Selbstverpflichtung, verantwortlich mit den digitalen Ressourcen umzugehen, was sowohl grundsätzliche Fragestellungen der Unternehmensethik als auch konkrete betriebswirtschaftliche Handlungsfelder im Tagesgeschäft berührt.[173] Aus Marketingsicht verbindet man damit die Möglichkeit von Imagegewinnen, die zu-

171 Quelle: Wagener, Andreas (2022): Corporate Digital Responsibility und KI-Bias, Hofer Beiträge zur digitalen Transformation, Okt. 2022, https://doi.org/10.57944/1051-131

172 Vgl. Bundesministerium der Justiz (BMJV) (2018): Thesen, Ziele, Arbeitsgrundsätze und Zusammensetzung der CDR-Initiative, https://www.bmj.de/SharedDocs/Downloads/DE/News/Artikel/100818_CDR-Initiative.pdf

173 Quelle: Dörr, Saskia (2018): Corporate Digital Responsibility. In: CSR News, 20. Juni 2018, https://csr-news.org/2018/06/20/corporate-digital-responsibility/

mindest auf lange Sicht für mehr Vertrauen der Konsumenten und ein entsprechend angepasstes Kaufverhalten zugunsten der »digital verantwortlich« agierenden Unternehmen sorgen sollen.

Dabei stehen insbesondere folgende Themenbereiche im Mittelpunkt des Interesses:
1. die Schonung von Ressourcen bei der Erschaffung digitaler Dienste und Produkte (insbesondere Energie)
2. Sozialverträglichkeit und Ermöglichung einer humanen Arbeitsumgebung beim Einsatz digitaler Technologie
3. die Demokratisierung der Digitalisierung: Zugangserleichterung durch Kompetenzaufbau beim Einzelnen und durch die Förderung allgemein zugänglicher digitaler Infrastruktur
4. Datensicherheit, Datenschutz und Verhinderung digitalen Machtmissbrauchs aufgrund erlangter Datenmacht (gegen »Überwachungskapitalismus«[174], *Nudging*, invasives *Scoring/Profiling*, …)
5. der verantwortungsvolle Umgang mit KI: Transparenz der Entscheidungsbildung durch KI, Vermeidung von KI-Bias und von Diskriminierung durch KI.

Damit bestehen Ansatzpunkte und Überschneidungen mit dem Konzept der *Responsible AI* (vgl. Teil C 1.2.2). Gleichzeitig kann man *CDR* als die Möglichkeit einer Institutionalisierung dieser Grundsätze und als ein entstehendes Rahmenwerk begreifen, auf das Unternehmen als Zielraster zurückgreifen können. Denkbar wäre etwa, ähnlich dem inzwischen zumindest in größeren Unternehmen oft zu findenden »*CSR*-Verantwortlichen«, auch eine entsprechende Stelle mit klaren Kompetenzzuweisungen im Bereich der *CDR* zu schaffen. Dabei sollten deren Inhaber ein tiefergehendes technisches Verständnis der Grundproblematiken der KI-Themen aufweisen, das auch die Abläufe beim maschinellen Lernen erfasst.

Ressourcenverbrauch und maschinelles Lernen

Ferner leitet sich aus dem Grundsatz der Ressourcensparsamkeit auch die Forderung ab, ein besonderes Augenmerk auf den Energieverbrauch bei der Anwendung von maschinellen Lernverfahren zu legen. Zwar wird KI regelmäßig auch ein erhebliches Potenzial bei der Lösung von Nachhaltigkeitsproblemen bescheinigt, etwa bei der effizienteren Ressourcenplanung und -optimierung.[175] Gleichzeitig ist aber auch der hohe Energieverbrauch, der mit dem Training von KI-Modellen, insbesondere beim *Deep Learning* (vgl. Teil A 1.3.2) einhergeht, nicht von der Hand zu weisen.

---

174 Quelle: Zuboff, Shoshana (2015): Big other: surveillance capitalism and the prospects of an information civilization. In: Journal of Information Technology, 30(1), S. 75–89.

175 Niesse, Astrid (2022): Wie KI zu einer nachhaltigen Energieversorgung beitragen kann. In: Digitale Welt, 10. November 2022, https://digitaleweltmagazin.de/wie-ki-zu-einer-nachhaltigen-energieversorgung-beitragen-kann/

Die Umsetzung von *CDR* im Unternehmen würde demnach auch einen schonenden Umgang mit den Energieressourcen erfordern. Konkret müsste man sich damit beschäftigen, inwiefern die genutzte Energie nachhaltig produziert worden ist, ob die entsprechende Hardware wie auch die verwendete Infrastruktur eine ressourceneffiziente Nutzung ermöglichen und inwiefern dies auch – als »CO_2-Abdruck« – beziffert und entsprechend nachverfolgt werden kann.

Nachhaltigkeit und Datensparsamkeit

Daneben ergeben sich aber auch Aufgaben im Bereich der Datensparsamkeit – beispielsweise durch die laufende Überprüfung, ob die gleichen Trainingsergebnisse auch mit geringeren Datenmengen und dadurch mit geringerem Energieverbrauch erzielt werden können. Auch stellt sich in diesem Kontext die Frage, ob sich bereits trainierte KI-Modelle gegebenenfalls in anderen Anwendungskontexten erneut verwenden lassen – gewissermaßen als »Datenrecycling«.[176] Dies stellt ein wirksames *CDR*-Management natürlich vor nicht zu unterschätzende organisatorische Herausforderungen, denn diese Bemühungen sollten sich in irgendeiner Form auch dokumentieren und damit – im Sinne eines zielgerichteten Nachhaltigkeitsmarketings – auch kommunizierbar machen lassen.

CDR als Instrument der Unternehmenssteuerung

Die Diskussion um *CDR* bewegt sich im Moment noch auf sehr theoretischem Niveau. Noch gibt es keine wirklich anerkannten Zertifizierungen, die auch ein werbewirksames Gütesiegel ermöglichen und klare Handlungsmuster beschreiben würden. Vor allem der Aspekt der Diskriminierungsfreiheit von Algorithmen (vgl. Teil C 1.2.2) dürfte hohe Anforderungen an Unternehmen und ihre Mitarbeiter stellen: Einerseits stellt sich die Frage, wie man die entsprechenden Kompetenzen erwirbt und dauerhaft im Unternehmen bindet, andererseits bedeutet dies auch erheblichen organisatorischen Aufwand, der womöglich zu Lasten der betrieblichen Effizienz geht.

Die Berücksichtigung von *CDR* erfordert die Entwicklung eines Instrumentariums, das sowohl die technischen Belange als auch die organisationalen und betriebswirtschaftlichen Anforderungen bedient. Eingebettet in ein zu ermittelndes ethisches Grundgerüst gilt es, die Voraussetzungen für ein zielgerichtetes *CDR*-Management zu schaffen. Dabei müssen die Grenzen zwischen (gewinnorientiertem) Management und technischer Umsetzung sowie zwischen Unternehmertum und gesellschaftlichen Anliegen zwangsläufig verwischen. Wie kann es gelingen, Betriebswirtschaftliches mit dem Gesellschaftlichen zu vereinen? Welche – konkreten – technischen Ansätze sind dabei

176 Quelle: Begleitforschung zum Technologieprogramm KI-Innovationswettbewerb des Bundesministeriums für Wirtschaft und Klimaschutz – BMWK / Institut für Innovation und Technik (iit) in der VDI/VDE Innovation + Technik GmbH (2022): Nachhaltigkeit durch den Einsatz von KI – Orientierungshilfe für anwendende Unternehmen, Berlin, S. 57.

sinnvoll, um *CDR* exemplarisch im Kontext von KI-Bias und der Sprachverarbeitung sicherzustellen? Welche strukturellen Maßnahmen gilt es darüber hinaus zu ergreifen? Und wie kann dies alles in eine übergreifende *CDR*-Strategie eingebettet werden? All dies sind Fragen, welche die derzeitigen Überlegungen zu *CDR* flankieren müssen.

Es ist eine Sache, allgemeine Ziele innerhalb dieses ohne Zweifel sinnvollen Klassifizierungsrahmens aufzustellen. Aber die praktische Umsetzung stellt Forschung, Unternehmen und Politik vor enorme Herausforderungen.

1.3 KI und der Wandel von Strukturen und Prozessen im Unternehmen

Die Nutzbarmachung von KI-Technologien setzt auch voraus, dass innerhalb des Unternehmens entsprechende Rahmenbedingungen geschaffen werden. Dazu gehört zum einen sicherlich eine entsprechende Kultur, die es erlaubt, auch neue Wege zu beschreiten, die offen ist für den digitalen Wandel und die Veränderungen, die er mit sich bringt. Schließlich gehören dazu auch schlanke Strukturen und Abläufe, die ein »iteratives« Arbeiten zulassen, etwa im Rahmen der gängigen agilen Methoden und des *Lean Managements*. Dies alles sind jedoch Aspekte, die grundsätzlich im Zuge der digitalen Transformation bereits Einzug in vielen Unternehmen gehalten haben beziehungsweise die schon Teil und Zielvorstellung von entsprechend angestoßenen *Change*-Prozessen sind – notwendigerweise auch konsequent vorgelebt von der Chefetage.

Technische Voraussetzungen für die Einbindung von KI-Technologien

Auch wenn KI eine große Anzahl an Neuerungen mit sich bringt, unterscheiden sich die Fundamente, die es unternehmensintern dafür zu legen gilt, hierbei nicht so grundlegend von dem, was die Bewältigung des digitalen Wandels bisher schon erforderlich gemacht hat. Vielmehr kann man in vielen Fällen auf die bereits geleistete Arbeit aufsetzen. Neben einer positiven Haltung gegenüber Digitalisierungsansätzen in der Gesamtorganisation, gilt es in vielen Unternehmen allerdings auch, die technischen Voraussetzungen für die Einbindung von KI zu schaffen, Schnittstellen zu errichten, Systeme miteinander zu vernetzen und entsprechende Datenbanken aufzubauen. Diese Arbeitsschritte sind selbst bei jahrelanger Vorarbeit und einer offenen und beherzten Annahme der Herausforderung der digitalen Transformation aufwendig, oft muss Bestehendes neu justiert, tiefgreifend angepasst oder gänzlich über den Haufen geworfen werden.

Zugang zu großen Datenressourcen

Insbesondere die Versorgung mit den für die Funktionsweise von intelligenten Systemen notwendigen Daten stellt dabei ein Nadelöhr dar. Entscheidend in diesem

Kontext ist, dass in vielen Fällen nur der Zugang zu großen Datenressourcen echte Wertschöpfung ermöglicht. Ein einzelner Datensatz ist stets wertlos. Insbesondere das Training von KI, im Wege von *Deep Learning* und mittels *künstlicher neuronaler Netzwerke*, erfordert riesige Mengen von Datensätzen. Nur wenn diese Vielfalt gewährleistet ist, kann es dem System gelingen, Muster zu identifizieren und Erlerntes eigenständig auf neue oder wenigstens verwandte Sachverhalte zu projizieren.

Schiere Größe ist in der digitalen Wirtschaft meist ein entscheidender Vorteil. Alle Technologieunternehmen, die heute die digitalen Märkte dominieren, haben ab einem bestimmten Zeitpunkt auf die Generierung von Skalen- und Netzeffekten gesetzt, um ihre Marktanteile auszubauen und dies für die Sammlung des vielzitierten »Datengoldes« zu nutzen – wir sprechen hier oft von der sogenannten Plattformökonomie. Für den hiesigen Mittelständler, selbst auch für die großen, global tätigen Unternehmen hierzulande, etwa aus dem Automobil- und Maschinenbau, stellt sich dann natürlich die Frage, wie es möglich ist, da mitzuhalten – auf den ersten Blick ein unmöglich erscheinendes Unterfangen. Wenn die einzige Quelle zur Erzeugung und Sammlung von Daten das eigene Unternehmen ist, dürfte dies kaum ausreichen, um hier Erfolge zu erzielen. Im eigenen Verfügungsbereich sind meistens nur beschränkte Datenressourcen vorhanden.

Synergieeffekte bei der Datengewinnung

Die Lösung dieses Problems kann nur in der Erzeugung von Synergieeffekten liegen. Diese entstehen jedoch nur, wenn es gelingt, Daten aus ihren »Silos« zu befreien und für die Vernetzung freizugeben: In vielen Unternehmen werden Daten streng getrennt voneinander vorgehalten. Das hat einerseits natürlich technische Gründe, die Hürden bei der Zusammenführung – Systeminkompatibilitäten, unterschiedliche Datenstrukturen und Dopplungen – erscheinen nicht selten beträchtlich. Andererseits stehen allzu oft auch Revierstreitigkeiten und Befindlichkeiten von »Provinzfürsten« im Unternehmen einer Zusammenführung im Weg. Ziel des Managements muss es natürlich sein, diese Hindernisse aus dem Weg zu räumen, entweder durch gute Führungsleistung oder technisch, mittels ausgefeilteren technologischen Ansätzen zur Datenstrukturierung, etwa auch wiederum aus dem Bereich des maschinellen Lernens. Allein das wird in den meisten Fällen nicht reichen. Selbst wenn es gelingt, diese internen Erschwernisse zu beseitigen, ist der Bedarf an Daten und die Anforderungen an die Anzahl und Detaillierung von Datensätzen kaum von einem Unternehmen allein zu bewerkstelligen.

Sharing-Economy für den Datenaustausch

Daher gilt es, den Blick auch über den Tellerrand hinaus kreisen zu lassen und die notwendigen Synergien ebenso außerhalb des eigenen exklusiven Zugriffsbereichs zu suchen. Vielleicht ist es notwendig, hier neue Formen der Kooperationen zwischen einzelnen, unter Umständen sogar konkurrierenden Marktteilnehmern zu etablieren:

eine Art *Sharing-Economy* für den Datenaustausch und den Betrieb gemeinsamer Datenplattformen. Denkbar wären beispielsweise cloudbasierte Lösungen, die Skalierungen und die Einbindung von Drittdaten sowie auch den Rückgriff auf externe Rechnerkapazitäten ermöglichen. Das Zusammentreffen von *Machine* und *Deep Learning* und nahezu unlimitierter, kostengünstiger Rechenleistung aus der *Cloud* könnte vielen Unternehmen einen »barrierefreien« Einstieg in die Arbeit mit KI ermöglichen.

Tatsächlich gibt es bereits erste derartige Kooperationen und Plattformen, die den gegenseitigen Austausch von Daten sowie auch kompletter Lern- und Trainingsmodelle für KI ermöglichen. *NVIDIA*, als Hersteller von Grafikkarten ursprünglich bekannt und groß geworden, betreibt etwa eine eigene cloudbasierte Plattform zum Simulieren und Testen des Fahrbetriebs autonomer Fahrzeuge. Zu den teilnehmenden Unternehmen gehören die großen Automobilhersteller wie *Daimler*, *Toyota*, *Audi* und *VW* oder *Tesla*. Die »offene« Plattform ermöglicht es, so *NVIDIA*, »selbstfahrende Autos, Lkws und Shuttles zu entwickeln und einzusetzen, die funktionssicher sind und nach internationalen Sicherheitsnormen zertifiziert werden können.«

Auch aus der Kombination von KI mit der ebenso als zukunftsträchtig begriffenen *Blockchain*-Technologie (vgl. Teil C 3.2) ergeben sich Anwendungsszenarien. Das Berliner Start-up *XAIN* arbeitet unter anderem mit *Infineon* zusammen, um Zugriffsrechte auf Fahrzeugfunktionen durch KI-Algorithmen zu regeln, ohne dass dabei private Daten der Automobilnutzer zentral gespeichert werden müssen. Über das so geschaffene Netzwerk können einzelne intelligente Systembestandteile angeblich voneinander lernen, ohne Datenhoheit und die Privatsphäre der beteiligten Anwender zu tangieren.

Das finnisch-schweizerische Unternehmen *Streamr* bietet den *Blockchain*-basierten Zugang zu einer »Open-Source-Plattform für den freien und fairen Austausch der Echtzeitdaten weltweit« an und will Datenströme auf diese Weise dezentral zwischen vielen möglichen Beteiligten handelbar machen. Damit wäre ein breiter Austausch und der Zugriff auf eine Vielzahl von Daten insbesondere auch für Trainingszwecke möglich, der zudem auch einen finanziellen Anreiz für die Teilnehmer bereithält, ihre Daten zur Verfügung zu stellen.

Ähnliche Ansätze existieren zuhauf im Silicon Valley. Der dezentrale, »distribuierte« Handel mit Daten ist von einer Reihe von Unternehmen bereits zum Geschäftsmodell erkoren worden. *SingularityNET* etwa bietet eine Plattform, auf der Entwickler ihre Leistungen im Austausch für andere KI-Dienste oder auch Krypto-Entgelte à la Bitcoin anbieten können.

Der Rückgriff auf solche Angebote und Verfahren setzt jedoch ein Umdenken, ein grundsätzlich anderes *Mindset* voraus, als vermutlich in den meisten Unternehmen derzeit vorherrscht. Natürlich auch bedingt durch gesetzliche Vorgaben, wie die DSGVO und die *ePrivacy*-Verordnung, aber eben auch durch eine grundsätzlich restriktive Denkweise, tendieren viele Entscheider dazu, Daten als exklusiv zu betrachten. Das freie und freigiebige Teilen ihres Datenschatzes erscheint vielen schlichtweg abwegig.

Doch wenn gleichwohl Daten immer ein exklusiver Vorteil innewohnt: in der digitalen Ökonomie lässt sich echter Wert nur durch Größe und vielfältige Anreicherung erzielen. Wenn – was die Regel ist – ein Einzelner dazu nicht in der Lage ist, bleibt nur, das Heil in der Kooperation und im intensiven gegenseitigen Austausch, auch gerade mit vermeintlichen Konkurrenten, zu suchen. Nur so könnte langfristig die Chance gewahrt werden, gegen die Technologieriesen aus den USA und zunehmend auch aus China zu bestehen.

Dazu gehören tradierte Verhaltensmuster und Strategien auf den Prüfstand. Vielleicht brauchen wir dazu eine Art *Sharing-Economy* für Daten, nach dem Motto: »Raus aus den Silos – Gebt den Daten ihre Freiheit zurück!«

2 Ausblick 1: Mit KI und *Blockchain* auf dem Weg in die Maschinengesellschaft?

2.1 Kurze Einführung in *Blockchain*- und *Distributed-Ledger*-Verfahren

Neben KI und maschinellem Lernen ist *Blockchain* das derzeit womöglich am intensivsten diskutierte Thema im Bereich der digitalen Transformation. Beiden wird immer wieder erhebliches Potenzial zugeschrieben, die Spielregeln auf den Märkten aufzubrechen und zu »disruptieren«. Unweigerlich stellt sich dann die Frage, ob sich somit nicht Szenarien ergeben, die einen kombinierten Einsatz nahelegen. Diese finden sich vor allem im Bereich des (*Industrial*) *Internet of Things* sowie der dezentralen Koordinierung autonomer intelligenter Systeme.

Tatsächlich stehen beide Technologien immer noch ziemlich am Anfang, wenngleich KI in der Anwendung schon deutlich fortgeschrittener zu sein scheint als der Einsatz von *Blockchain*- bzw. besser: *Distributed-Ledger*-Verfahren. Das mag auch damit zusammenhängen, dass viele mit *Blockchain* vor allem immer noch Kryptowährungen sowie insbesondere die nervenaufreibende Achterbahnfahrt des Bitcoin-Kurses verbinden und die technischen Hintergründe hier oft noch weitaus komplexer und abstrakter erscheinen als dies (vermeintlich) beim maschinellen Lernen intelligenter Systeme der Fall ist.

Dabei muss es gar nicht so kompliziert sein, wenn man sich auf den Kern der *Blockchain*-Wirkungsweise konzentriert und das Ganze isoliert von den Zusatztechnologien, die Bitcoin zugrunde liegen – wie etwa das *Mining*-Verfahren und die Anonymisierungsaufwendungen – betrachtet.

Merkmale des *Blockchain*- bzw. *Distributed-Ledger*-Ansatzes

Die wichtigsten Merkmale des *Blockchain*- bzw. *Distributed-Ledger*-Ansatzes sind die folgenden:

- **Hauptzweck: Sichere, lückenlose Speicherung von Transaktionsdaten**
  Daher rührt auch das vielbemühte Zitat unbekannten Ursprungs: »*Blockchain* bedeutet für Transaktionen das, was das Internet für Informationen bedeutet.«
- **Dezentralität statt der sonst üblichen Zentralität bei der Datenspeicherung**
  Anders als bei herkömmlichen Datenbanken, wo das *Client-Server*-Prinzip vorherrscht, werden die Daten bei allen Teilnehmern (also *Client*-seitig) verteilt (= distribuiert) gespeichert. Dadurch gibt es keine Machtkonzentration bei einem zentralen *Gatekeeper* und gleichzeitig etabliert man auf diese Weise einen wirkungsvollen Schutz gegen Datenverlust und Manipulation. Denn an den anderen Speicherorten existieren immer noch die Originaldateien, auch wenn an einer Stelle eine »Korruption der Daten« erfolgen sollte.

- **Verkettung und Fixierung der Datensätze in der *Blockchain***
  Wenn eine Transaktion einmal erfolgt und validiert wurde, wird sie als »unveränderbarer Fakt« in die *Blockchain* geschrieben und für alle damit transparent und manipulationssicher, da dieser *Distributed Ledger* (= distribuiertes Kontobuch) an die teilnehmenden Nutzer verteilt wird.

Die grundsätzliche Herausforderung für *Blockchain*-Ansätze besteht darin, die ursprünglich zentralen Funktionen bei der Transaktionsabwicklung nun auf die breite Masse der Netzteilnehmer zu übertragen, also zu »dezentralisieren«. Das muss längst nicht immer die Komplexität des *Bitcoin*-Prozesses aufweisen. Man braucht tatsächlich in vielen der möglichen Anwendungsfälle etwa kein zeitaufwendiges und Ressourcen verschwendendes *Mining*-Verfahren, das bei *Bitcoin* ja einerseits der Geldschöpfung andererseits der Motivation der Nutzer, am System mitzuwirken, dient.

Die Funktionsweise der *Bitcoin*-Technologie

Bitcoin funktioniert eigentlich über eine Kombination verschiedener, jeweils für sich bereits hochkomplexer Einzeltechnologien. Neben der eigentlichen *Blockchain*, in die die Transaktionsdaten gespeichert werden und deren »distribuierter Verteilung«, umfasst dies verschiedene kryptografische Ansätze sowie die Bestrebungen, den Teilnehmern einen möglichst hohen Grad an Anonymität zu gewährleisten und zusätzlich das komplizierte *Mining*-Verfahren, das einerseits der Geldschöpfung dient, andererseits aber auch die Netzwerkteilnehmer motivieren soll, überhaupt zur Funktionsfähigkeit des Systems aktiv beizutragen. Darunter sind jedoch viele Elemente, die zwar unentbehrlich zur Errichtung eines dezentralen Geldsystems sein mögen, allerdings für andere Anwendungen, die sich mittels *Distributed Ledger* realisieren lassen, unter Umständen weitgehend irrelevant sind. Mit anderen Worten: *Blockchain* muss nicht so kompliziert sein, wie wir es mit der Betrachtung von *Bitcoin* oft machen.

Merkmale der *Blockchain*-Verfahren

Wesentliche Merkmale der *Blockchain*-Verfahren sind, wie bereits ausgeführt, die verkettete Verbuchung von Transaktionen und die »dezentrale« Speicherung der entsprechenden Daten. Nun gibt es eigentlich zunächst einmal gute Gründe, Daten stets an zentraler Stelle zu speichern. Denn damit schafft man einen eindeutigen, einheitlichen und für alle sichtbaren Zugang, der einen schnellen Zugriff ermöglicht. Wir kennen dies von vielen Anwendungen im Alltag – sei es der Katalog einer Bibliothek oder ein zentrales Katasteramt, in dem alle Grundstückseigentumsverhältnisse zusammengeführt werden – sowie auch von der klassischen *Client*-Server-Struktur aus der IT. Änderungen und Neuanlagen werden stets an einer zentralen Stelle vorgenommen. Dies sorgt für eine hohe Effizienz.

Eine dezentrale oder distribuierte Speicherung von Daten bedeutet hingegen, dass diese eben nicht nur an einer Stelle abgelegt, sondern an mehrere oder alle Teilnehmer eines Netzwerkes »verteilt« werden. Jeder Teilnehmer erhält (meistens) also ein komplettes und identisches Abbild der Daten. Wird hier eine Ergänzung vorgenommen, so muss diese dann über das gesamte Netzwerk ausgebreitet werden, damit im Anschluss wieder alle auf dem gleichen Stand sind. Die Vorteile dieses Verfahrens liegen darin, dass einerseits somit ein höherer Schutz gegen Datenverlust errichtet wird. Denn wenn einer der Netzwerkteilnehmer ausfällt und die Daten verliert, können diese ja immer noch über die übrigen Teilnehmer wiederhergestellt werden. Dies ist ein Vorteil gegenüber der Zentralisierung: Fällt hier die zentrale Stelle aus – etwa aufgrund einer Naturkatastrophe – sind die Daten unwiederbringlich vernichtet, sofern nicht zuvor ein sicheres Update erstellt wurde.

Wer hat die Verfügungsgewalt über die Daten?

Andererseits bedeutet eine derartige Netzstruktur auch, dass die Verfügungsgewalt über die Daten verschoben wird. Die zentrale Stelle hat nicht mehr die alleinige Macht im System, sie wird als *Gatekeeper* sogar eliminiert. Stattdessen können nun die einzelnen Netzteilnehmer gleichberechtigt den Zugang verwalten. Bei der Errichtung des *Bitcoin*-Systems ging es vor allem um dieses Aufbrechen der Konzentration von Macht an nur einer Stelle. Unter der Einwirkung der Finanzkrise 2008 wollte man sich nicht mehr einem zentralen Bankensystem unterwerfen, das seine Macht missbraucht hat, sondern dessen Aufgaben »demokratisieren«, diesem Verständnis nach also »dezentralisieren«. Wenn wir heute vom »disruptiven Charakter« der *Blockchain*-Technologie sprechen, so ist damit vor allem gemeint, auf diese Weise die Verhältnisse auf den Märkten zu sprengen und »von unten« neu zu ordnen.

Will man zentrale Institutionen durch eine dezentrale Organisation ersetzen, so stellt sich die Frage, wie dann deren ursprüngliche Aufgaben in Zukunft bewältigt werden sollen. Da es bei *Blockchain* immer um die Abwicklung von Transaktionen geht, steht man dann vor dem Problem, wie die Rechtmäßigkeit und Validität der Transaktionen gewährleistet werden soll und wie sicherzustellen ist, dass ein einzigartiges Gut nicht zweimal übertragen beziehungsweise bezahlt wird. Wer soll dabei die Funktion der *Clearing*-Stelle übernehmen, wenn es keinen zentralen Akteur mehr gibt, dem man diese Aufgaben »vertrauensvoll« übertragen kann?

Die Lösung liegt eben in einer konsequenten dezentralisierten Übertragung und Verpflichtung der Netzwerkteilnehmer, eigenständig diese Leistung für das Netzwerk zu erbringen. Damit ist es nun deren Aufgabe, die einzelnen Transaktionen zu überprüfen sowie sicherzustellen, dass die Vertragsbedingungen erfüllt und die Vorgänge formal korrekt und lückenlos verbucht wurden.

Daraus leitet sich wiederum die Frage ab, warum die einzelnen dezentral beteiligten Akteure diese Aufgabe übernehmen sollten bzw. wie man diese dazu motivieren könnte. Bei *Bitcoin* wird dies mit der Geldschöpfung verknüpft. Alle, die an der Verifizierung der Transaktionen teilnehmen, haben die Chance dadurch *Bitcoins* zu gewinnen. Dazu muss die entsprechende Überprüfungsaufgabe vollumfänglich erledigt sein, im Anschluss daran beginnt der Rechenprozess für das *Mining*. Im Prinzip muss dabei ein kryptografisches Rätsel gelöst werden, was nur mittels hoher Computerrechenleistung erfolgen kann. Nur derjenige *Miner*, dem dies als Erstes gelingt, erhält seine Belohnung in Form von neuen *Bitcoins*.

Dieses – doch sehr abstrakte Verfahren – muss aber nicht grundsätzlich Bestandteil einer *Blockchain*-Lösung sein, insbesondere dann, wenn es, im Gegensatz zu *Bitcoin*, nicht auch zum Ziel hat, neues Geld in Umlauf zu bringen. Sofern es nur um die Überprüfung der Validität einer Transaktion geht, etwa für die sogenannten *Smart Contracts*, kann hierfür auch ein deutlich vereinfachtes Vorgehen genügen. Letztlich geht es dann nur um die Motivation der Teilnehmer, an der Verifizierung mitzuwirken. Theoretisch denkbar wäre etwa auch, Belohnungen an alle gleichmäßig zu verteilen oder, wenn dies nicht Anreiz genug ist, zufällig einen am Verifizierungsprozess beteiligten Akteur auszuwählen, also einen Preis gewissermaßen zu verlosen. Die Aussicht auf einen möglichen Gewinn würde dann unter Umständen bereits genügen, um ausreichend Interessenten zu finden.

Tatsächlich gibt es heute bereits Ansätze, die völlig auf das, in dieser Form ja sehr energieintensive und letztlich damit Ressourcen verschwendende, *Mining* komplett verzichten. Anreize, sich an der Funktionsweise des Systems zu beteiligen, könnten auch schlichtweg dadurch gegeben werden, dass eine eigene Partizipation nur dann möglich ist, wenn man sich zuvor an der Verifizierung vorangegangener Transaktionen beteiligt hat. Es geht also durchaus ohne herkömmliches *Mining*, das letztlich nur eine Besonderheit der existierenden *Blockchain*-basierten Kryptowährungen ist.

Sind die Transaktionen verifiziert, werden sie schließlich in die *Blockchain* geschrieben. Diese muss man sich dabei wie einen Reißverschluss vorstellen: Ist ein Zahn beschädigt, lässt sich dieser nicht mehr öffnen oder schließen. Genauso ist es mit den Transaktionen, die in Blöcke zusammengefasst in die Kette »geschrieben« werden, dabei muss jedes Glied exakt an das vorangegangene Glied passen. Die erweiterte *Blockchain* wird dann im System an das Netzwerk verteilt. Eine Änderung oder Manipulation ist nun nicht mehr möglich. Im Gegensatz zur zentralen Speicherung reicht es nicht, nur eine Datenquelle zu »hacken«, eine Änderung muss auf jeder verteilten Version der *Blockchain* gleichzeitig erfolgen. Somit sind die Transaktionen weitgehend geschützt vor nachträglichen Anpassungen sicher und verlässlich dokumentiert.

Anwendungsgebiete jenseits von *Bitcoin* & Co ergeben sich vor allem bei den *Smart Contracts*. Darunter versteht man technische Transaktionsprotokolle, welche die Einhaltung zuvor definierter Vertragsbestimmungen überwachen sowie autonom und mechanisiert die vereinbarten Konsequenzen ausführen. Menschliches Eingreifen, etwa bei Verletzungen der Vertragsrechte durch eine Partei, ist damit nicht mehr notwendig. Mit der Verwendung der *Blockchain*-Technologie wird gewährleistet, dass *Smart Contracts* auf dezentral verifizierte Daten zugreifen können, um den Eintritt von Vertragsereignissen zu überprüfen und auf dieser Grundlage dann die festgeschriebenen Handlungen zu exekutieren.

Anwendungsgebiete der *Blockchain*-Technologie

Anwendung findet dieses Konzept bereits heute im Bereich der Finanztransaktionen und bei der Abbildung von Copyright-Lizenzen. Ein typisches Einsatzszenario könnte auch ein dezentralisierter Energiemarkt sein, bei dem einzelne Haushalte ihre überschüssige Energie, beispielsweise produziert durch die eigene Solaranlage auf dem Dach, in einem dezentral organisierten Netzwerk anböten. Andere Teilnehmer könnten bei Bedarf diesen Strom direkt und ohne Vermittler einkaufen, die Transaktionsbedingungen sowie dann auch die Transaktion selbst würde auf einem dezentralen *Distributed Ledger* vermerkt und wäre damit unveränderbar und transparent verbucht. Die Lieferung des Stroms und die entsprechende Bezahlung erfolgen dann komplett automatisiert.

Um das Potenzial der Technologie einschätzen zu können, ist es wichtig zu erkennen, dass *Blockchain* und *Distributed Ledger* keine bahnbrechende Neuerfindung der Digitalisierung sind. »Distribuiert« ist nicht per se »besser« als zentral, sondern nur in bestimmten Anwendungsfällen eine geeignete Option. Grundsätzlich muss man hier immer die Frage stellen: »Wieso brauche ich zur Lösung eines bestimmten Problems eine *Blockchain* und warum kann man dieses Ziel nicht über eine herkömmliche zentrale Datenbanklösung erreichen?«

Viele der derzeitigen *Blockchain*-Anwendungen zielen auf den *Supply-Chain*-Bereich und versuchen die Lieferkette und die jeweiligen Übergabepunkte von Produkten abzubilden. Wer schon Mal eine Sendungsnachverfolgung eines Logistikunternehmens online genutzt hat, weiß, dass dies auch sehr gut ohne *Blockchain* auf dem zentralen Portal des Spediteurs erfolgen kann. Ist das Misstrauen diesem gegenüber wirklich so hoch, dass es dafür einer stets deutlich aufwendigeren *Blockchain*-Lösung bedarf? Auch bei sogenannten *private Blockchains*, die meist durch einen wiederum zentralen Anbieter bereitgestellt und dominiert werden, stellt sich die Frage nach der Sinnhaftigkeit, war es doch ein entscheidendes Ziel der Entwicklung, gerade die Machtkonzentration zu verhindern. Selbst wenn eine vermeintlich dezentrale Softwarelösung zum Einsatz kommt, bedeutet das dann eben gerade nicht, dass in diesem Fall auch der *Gatekeeper* ausgeschaltet wird.

Es ist bezeichnend, dass gerade diese beiden Ansätze, oft in Kombination, vermutlich an die 90 % der aktuellen *Blockchain*-Projekte ausmachen. Vielleicht ist dies aber auch ein Hinweis darauf, dass wir einen unverstellten Blick auf die Technologie benötigen, der die Notwendigkeit einzelner technischer Bestandteile kritisch analysiert und sich nicht hinter Wortblasen und Digitalisierungs-Blabla versteckt. Erst dann erscheint es möglich, das wirkliche Potenzial von *Blockchain* und *Distributed Ledger* richtig zu erfassen. Eine Reduzierung überflüssiger technischer Komplexität in der Diskussion kann dabei nur helfen.

2.2 KI und *Blockchain*: zwei Schlüsseltechnologien mit gemeinsamer Zukunft?

Bei der Zusammenführung zweier vielzitierter Technologietrends, wie sie hier in diesem Fall in Bezug auf KI und *Blockchain* erfolgt, ist bei allem Enthusiasmus stets Vorsicht und Skepsis geboten. Entsprechend ist wohl in diesem frühen Stadium selbst die Ankündigung der NASA einzuordnen, für die im Jahre 2069 geplante Erforschung von *Alpha Centauri* »*Blockchain*-Raumschiffe mit KI« einsetzen zu wollen. Einleuchtend erscheint zunächst, dass für die Navigation der unbemannten Sonde, wie eben auch im selbstfahrenden Auto, KI zum Einsatz kommt. Hierin unterscheiden sich die Anforderungen zwischen Straße und All vermutlich zumindest grundsätzlich nicht. *Blockchain*-Technologie könne für die »massive Menge an hoch-dimensionalen Daten«, die dabei verarbeitet werden müssen, zum Einsatz kommen, wie uns die NASA wissen lässt. Ein Datenstrang, der resilient, manipulationssicher, schnell lesbar ist und das Ausführen von dezentralen Programmen erlaubt, wäre dabei angeblich hilfreich. Technische Details, wie das konkret funktionieren soll, gibt uns die US-Weltraumbehörde dazu jedoch vorerst nicht.

KI und *Blockchain*

Erste Ansätze, KI und *Blockchain* tatsächlich zusammenzuführen, gab es im Bereich des Datenaustausches. Zumindest in der Theorie oder auch schon in der frühen Praxisphase existieren bereits einige »dezentrale Marktplätze«, auf denen Daten, beispielsweise zu KI-Trainingszwecken, gehandelt werden können (vgl. Teil C 2). Dies stellt grundsätzlich ein spannendes Anwendungsgebiet von *Blockchain* dar, wäre damit doch in Zukunft eine »echte« Datenidentität und eine dezentrale Verfügungsmacht Einzelner über ihre Daten denkbar. So könnten wir etwa individuell die Bedingungen in Form eines *Smart Contracts* hinterlegen, der festlegt, wer zu welchem Preis und zu welchem Zweck auf unsere persönlichen Daten zugreifen darf.

Analog dazu könnte man Fahrzeugdaten – in Echtzeit – einsammeln und anderen zugänglich machen, Systeme mit diesen Informationen »füttern« und auf diese Weise eine ausreichende Menge an Daten für das maschinelle Lernen beschaffen. Vor allem in den USA existiert bereits eine Reihe solcher Geschäftsansätze. Viele der dahinterstehenden Unternehmen sind jedoch noch sehr jung und weisen oft eine gewisse Schieflage hinsichtlich der personellen Verteilung zwischen dem *Executive Board* und den Mitarbeitern, die diesem gegenüber in der Regel deutlich in der Unterzahl sind, auf. Als einer der vermutlich bekanntesten Vertreter kann hier, wie bereits erwähnt (vgl. Teil C 2), *SingularityNet* als Beispiel angeführt werden.

Weiterentwicklungen der *Blockchain*-Technologie

Eine andere Sicht ergibt sich durch die Weiterentwicklungen der *Blockchain*-Technologie. Während man von der *Bitcoin-Blockchain* manchmal als Blockchain 1.0 und von Ethereum, aufgrund des zugrunde liegenden, jedwede Art von *Smart Contracts* ermöglichenden *General Purpose*-Ansatzes, von *Blockchain 2.0* spricht, hat sich mit der DAG-Technologie (*Directed Acyclic Graph*) eine neue Entwicklungsstufe ergeben, gewissermaßen die *Blockchain 3.0*. Weniger formal streng als die vorangegangenen Ansätze, ermöglichen die »Gerichteten Azyklischen Graphen«, eine *Blockchain*-ähnliche Struktur, in der weiterhin die Transaktionen transparent, chronologisch und unveränderbar in einem Netzwerk gespeichert werden. Statt eines komplexen *Mining*-Verfahrens wird die Validierung der Transaktionen aber durch andere Maßnahmen incentiviert, etwa indem Teilnehmer nur dann Transaktionen selbst durchführen können, wenn sie zuvor selbst mehrere Transaktionen anderer Teilnehmer überprüft und freigegeben haben. Gleichzeitig eliminiert man damit typische Probleme der *Distributed-Ledger*-Technologie, wie etwa den hohen Verbrauch an Energie- und Zeitressourcen beim *Mining* sowie potenziell auch die Vermeidung des »51%-Problems«, wonach ein einzelner Akteur, sobald er mehr als die Hälfte der »*Mining*-Macht« im System erreicht hat, dieses dominieren kann und damit die Dezentralität letztlich aushebelt.

Derartige Ansätze, wie sie beispielsweise in unterschiedlicher Ausprägung von *IOTA*, *IOTChain*, *Byteball* oder *DAGCOIN* vertreten werden, zielen vor allem auf das Internet der Dinge, in dem Transaktionen zwischen einzelnen Maschinen und Geräten dezentral abgebildet werden sollen. Für diese Vorgänge ist weder Zeit noch die notwendige Energie für ein aufwendiges *Mining*- und Validierungsverfahren vorhanden. Zudem sind die Anforderungen an die Manipulationssicherheit hier weit weniger kritisch als das bei einem digitalen Geldsystem wie Bitcoin der Fall ist. Damit kann es grundsätzlich gelingen, einige der Kinderkrankheiten der vorangegangenen *Blockchain*-Protokolle auszumerzen.

Auch wenn diese Ansätze derzeit ebenfalls noch mit einigen Problemen zu kämpfen haben, wäre sie perspektivisch jedoch durchaus geeignet, die *Distributed-Ledger*-Verfahren auf eine neue Ebene zu heben. Denkbar wäre eine Art *Micropayment* für die *Sharing*-Industrie, indem man die »Dinge« eigenständig miteinander kommunizieren und Verträge erfüllen lässt. Im Wege eines *Smart Contracts* könnte dann zum Beispiel das eigene Smartphone einen »Hotspot« erstellen, der es anderen Geräten automatisiert ermöglicht, diesen für einen WLAN-Zugriff zu nutzen. Dafür fiele dann eine Gebühr an, die dem anbietenden Smartphone gutgeschrieben und dem zugreifenden Gerät belastet würde. Dies könnte dann dezentral und autonom auf Gerätebene erfolgen, ohne dass deren Besitzer hierzu eingreifen müssten.

Anwendungsmöglichkeiten in der Industrie

Das Szenario lässt sich auch auf die industrielle Produktion übertragen. Wenn Maschinen eigenständig miteinander kommunizieren und in der Lage sind, dabei unabhängig vom menschlichen Eingriff Transaktionen untereinander auszuführen, führte dies zu erheblichem Veränderungspotenzial. Eine Maschine, welche zunächst für die angelieferten Rohstoffe autonom »belastet« wird, im Anschluss daran dann das erstellte Produkt zur Weiterverarbeitung übergibt und dafür wiederum eine »Entgeltung« erhält – alles entsprechend transparent vermerkt auf einem *Distributed Ledger* – würde nicht nur eine Revolution in Buchführung und Controlling mit eigenen maschinenspezifischen Kosten- und Leistungsträgern sowie eigenen Profitcentern je Einheit ermöglichen. In letzter Konsequenz ergäbe sich daraus sogar eine autonome »Maschinenwirtschaft«, in der intelligente Industriesysteme untereinander Prozesse und Güterströme eigenständig organisieren und abwickeln.

Arbeitsteilige Ökonomie der Künstlichen Intelligenzen

Die Systematik ließe sich auch insbesondere auf die Organisation und die Zusammenarbeit zwischen einzelnen intelligenten Systemen beziehen. Im Moment wird oft davon ausgegangen, dass wir eine »generelle Künstliche Intelligenz«, die dem Menschen auch in seiner Vielfältigkeit gleichkommt, nur schwer erzeugen können. Die meisten Künstlichen Intelligenzen sind auf sehr spezifische Probleme trainiert und daher auch entsprechend in ihrer Leistungsfähigkeit darauf beschränkt. Der Rückgriff auf *Blockchain*, als Element der Prozessorganisation, könnte dann jedoch die Grundlagen für eine arbeitsteilige Ökonomie der Künstlichen Intelligenzen liefern. Stellt eine KI ihren spezifischen Arbeitsschritt fertig, so wäre es dann möglich, die Übergabe der jeweiligen Teilleistung zur Weiterarbeitung in einem *Distributed Ledger* zu vermerken und über einen *Smart Contract* an die nächste zuständige Einheit zu übergeben. Indem die entsprechenden Arbeitsprozesse lückenlos abgebildet und übergeben würden, ließe sich auf diese Weise eine intelligente Arbeitsteilung zwischen autonomen Dienstleistungen und Maschinen/Geräten organisieren.

Im Zusammenhang mit *Smart Contracts* wir oft die Frage diskutiert, ob sich aus diesen rigorosen »Wenn-dann«-Verknüpfungen auch ganze Organisationen, sogenannte DAOs (*Decentralized Autonomus Organizations*), errichten lassen. Diesen würden dann verbindliche Regeln verordnet, was bei Eintritt bestimmter Ereignisse zwingend zu tun ist. Diese Regeln müssen jedoch bislang von Menschen vorgegeben werden. Kombiniert man dies nun mit den Entscheidungsverfahren Künstlicher Intelligenz, zum Beispiel über Mustererkennung oder auch über *Reinforcement Learning*, bei dem die KI entlang definierter Erfolgsmerkmale – zum Beispiel Gewinnmaximierung – trainiert wird und darauf aufbauend letztlich eigenständige Entscheidungen trifft, könnten irgendwann tatsächlich komplett autonome Unternehmen entstehen, die unabhängig vom menschlichen Eingriff am allgemeinen Wirtschaftsgeschehen teilnehmen. An ersten entsprechenden Anwendungen arbeiten bereits Anbieter, wie etwa das US-amerikanische Unternehmen *Fetch*. Gibt es also vielleicht irgendwann eine dezentrale Version vom Taxi-Dienst *Uber*, der dann womöglich ausschließlich auf selbstfahrende Autos setzt, dessen Prozesse über *Blockchain*-Technologie organisiert werden und der auf Grundlage von Entscheidungen durch KI geführt wird?

Natürlich ist vieles davon jetzt noch Science-Fiction. Aber wenn man bedenkt, welche Energie derzeit in fragwürdige Projekte zur Abbildung der *Supply-Chain* auf der *Blockchain* oder in »private« *Blockchains* investiert wird, ist es vielleicht schon angebracht, darüber nachzudenken, wie sich das angeblich so große Potenzial dieser Technologie wirklich sinnstiftend heben lässt. *Smart Contracts* und *Blockchain* könnten dabei das Fundament, das *Framework*, einer Roboter-Autonomie bilden: KI sorgte dann für die Entscheidungsfindung, die *Distributed-Ledger*-Technologie für die Koordination der daraus resultierenden Handlungen.

Intelligente maschinelle Systeme wären auf diese Weise in der Lage, ein Einkommen zu erzielen, sich ins »Krankenhaus« (beziehungsweise in die Werkstatt) einzuweisen und Rechnungen mit dem »verdienten« Geld zu bezahlen. Aufgaben, für die eine KI oder Maschine nicht ausgelegt ist, können von dieser an andere »intelligente Organismen« in dem *Blockchain*-Netzwerk abgegeben werden – und zwar selbstständig, ohne dass sie ein Mensch dazu anhält. In letzter Konsequenz würde dies zu einem *arbeitsteiligen autonomen Maschinensystem* führen, einem neuen autonomen Wirtschaftssektor. Die Ideen, die man mit dem Begriff der Industrie 4.0 bislang verband – der digitalen Automatisierung – würden übertroffen und womöglich in eine neue, fünfte industrielle Revolution münden – der digitalen Autonomisierung.

Die damit verbundenen Auswirkungen wären sehr weitreichend. Unabhängig von ihrer Bewertung gewännen viele in der Vergangenheit diskutierte – und oft verworfene – Konzepte und Ideenansätze eine neue Relevanz. Denn auf einmal würden Themen wie die Besteuerung von Maschinen und auch das »bedingungslose Grundeinkommen« eine ganz andere Aktualität und womöglich auch Plausibilität erlangen.

Wie eingangs bemerkt: Es handelt sich hierbei um Entwicklungsmöglichkeiten, deren Eintritt so keineswegs gesichert ist. Gleichwohl zeigen die Optionen, die hier zweifellos bestehen, welchen Weg die Technologien einschlagen könnten und welche Perspektiven sich insbesondere auch für den Einsatz von KI ergeben. Fest steht – und das zeigen auch die täglichen neuen Meldungen über neue Verwendungsansätze:

3 Ausblick 2: KI im *Metaverse* und im *Web3*

3.1 Das *Metaverse* – Versuch einer Annäherung

In jüngster Zeit wird im Kontext digitaler Technologien intensiv über ein weiteres Phänomen diskutiert: das *Metaverse* – und, damit oft verknüpft, ebenso über eine Weiterentwicklung der bestehenden digitalen Netzstrukturen zu einem neuen *Web3*.

KI dürfte dabei, ebenso wie die oben beschriebenen *Blockchain*- bzw. *Distributed-Ledger*-Verfahren (vgl. Teil C 2), eine gewichtige Rolle spielen. Viele der bisher hier aufgeführten Einsatzgebiete von KI sind auch für diese neu entstehenden Umfelder relevant.

Metaverse – der Begriff

Auch wenn derzeit intensiv über die Begrifflichkeit diskutiert wird, ist man sich immer noch nicht einig darüber, was genau eigentlich mit dem *Metaverse* gemeint ist. Ursprünglich geht der Begriff auf den Autor Neal Stephenson und dessen Science-Fiction-Roman *Snow Crash* aus dem Jahr 1992 zurück. Stephenson beschrieb damals eine Welt, in der »physische« und virtuelle Realität miteinander verschwammen und die stark dystopische Züge aufwies. *Facebooks* Gründer Mark Zuckerberg versuchte, den Terminus jedoch positiv auf ein neues weltumspannendes, virtuelles Netzwerk umzuprägen, in dem seinem nun eigens in *Meta* umbenannten Unternehmen, in Verbindung mit den hauseigenen VR-Brillen, eine weiterhin gewichtige Rolle zukommen sollte. Im Prinzip ging es darum, die eigene Vormachtstellung im Bereich der sozialen Netzwerke auf die neu entstehende virtuelle Ebene zu übertragen und damit den zuletzt zunehmenden Machtverlust des Konzerns auf den Digitalmärkten aufzuhalten. Dabei bezog sich Mark Zuckerberg auch auf entsprechende Vorarbeiten zur Begriffsdefinition von Matthew Ball, eines Investmentmanagers und Bloggers, die inzwischen zu einer gewissen Stilbildung zur Erklärung des Phänomens geführt haben und entsprechend häufig in diesem Kontext zitiert werden. Demnach ließe sich das Metaverse zusammenfassend als eine komplett funktionsfähige Parallelwelt im virtuellen Raum beschreiben: Diese kann nicht beliebig an- oder ausgeschaltet werden, sie ist »persistent«, wie die »echte« Welt. Auch wenn man nicht aktiv oder anwesend – also online – ist, läuft das Geschehen für alle weiter – in Echtzeit. Dieses Metaversum würde über ein eigenes Wirtschaftssystem verfügen, in dem man kaufen, verkaufen, arbeiten und investieren kann.[177]

177 Quelle: Ball, Matthew (2020): The Metaverse: What It Is, Where to Find it, and Who Will Build It. https://www.matthewball.vc/all/themetaverse

Zielvision des *Metaverse*

In diesem Verständnis spiegelt sich jedoch eine Zielvision wider, die nah an der skizzierten Welt aus Neal Stephensons Science-Fiction-Roman liegt und eine enge Verflechtung von physischer Welt und virtueller Dreidimensionalität suggeriert. Diese Version erscheint jedoch – nicht zuletzt technisch – zumindest in der nahen Zukunft nur schwer realisierbar. Dennoch sind zahlreiche Entwicklungen zu verzeichnen, die zumindest dem Kern dieser Vision schon heute zu entsprechen scheinen und somit ebenfalls unter dem Begriff des *Metaverse* diskutiert werden. Das »immersive« Eintauchen in virtuelle Welten mit entsprechenden VR-Brillen, aber auch bereits 2D-Erfahrungen in digitalen *Multiplayer-Open-World*-Spielen oder auf Plattformen wie *Roblox*, *Minecraft*, *Decentraland* und *Sandbox* zählen genauso zu diesem Kosmos wie der schon seit Längerem praktizierte Handel mit virtuellen Gütern. Selbst wenn damit bislang kein übergreifendes Gesamtgebilde geschaffen wurde – wie es einer engen *Metaverse*-Definition entspräche –, so lässt sich doch als gemeinsamer Nenner dieser Entwicklungen zumindest eine tiefergehende Digitalisierung ausmachen. Diese erlaubt potenziell all das, was im Analogen möglich ist, ebenso im Digitalen. Sie ist in der Lage, Erlebnisse im digitalen Raum als zunehmend eigenständig und losgelöst von den physischen Gegebenheiten zu inszenieren. Angestrebt wird die Ebenbürtigkeit des Digitalen. Zumindest hierin besteht Deckungsgleichheit mit der Endvision der enger gefassten Definition vom *Metaverse*.

Metaverse: Elemente und Dimensionen

Dennoch werden in der Diskussion sehr unterschiedliche Aspekte miteinander verwoben, Technologien – wie *VR* oder *Blockchain/NFTs* – auf der einen Seite und weiter fortschreitende Immersion auf der anderen. Dabei lassen sich verschiedene Dimensionen in der *Metaverse*-Entwicklung als Kategorien erfassen, die gleichzeitig auch die Handlungsfelder von Unternehmen entsprechend abstecken, die im Folgenden kurz beleuchtet werden sollen:[178]

- *Gaming* und digitale Umgebungen in 2D
- digitale Realitäten in 3D
- virtuelle Güter und *NFTs*
- Web3

---

178 Quelle: Wagener, Andreas (2022): Dimensionen des Metaverse: eine Begriffsbestimmung. In: Nerdwärts.de, 09.11.2022, https://nerdwaerts.de/2022/11/dimensionen-des-metaverse-eine-begriffsbestimmung/

- **Metaverse in einer weniger engen Definition:** zunehmende Verschmelzung von digitaler und analoger Welt. Diese erlaubt potenziell all das, was im Analogen (Physischen) möglich ist, auch im Digitalen (Virtuellen).

Gaming und digitale Umgebungen in 2D
Zweidimensionale, also am herkömmlichen Bildschirm erlebbare, in sich geschlossene Welten.

Second Life, Fortnite, Roblox, Minecraft, Decentraland, …

Virtuelle Güter und NFTs
Handelbarkeit von »virtuellen Sachgütern«. NFTs: Versuch, die Eigenschaften materieller Güter auf die digitale Welt zu über-tragen. Achtung: Nicht jedes virtuelle Gut muss ein NFT sein!

NFT-Kunst (z.B. »Bored Ape Yacht Club«, »Skins« in Shooter-Games, Digitale Outfits (z.B. Fortniteoder Roblox), …

META VERSE

Digitale Realitäten in 3D
Adaption von 3D verstärkt realitätsnahe Wahrnehmung und erhöht die Immersion; Einsatz von VR-Endgeräten, um »echte« virtuelle Erlebnisse zu ermöglichen.

Decentraland (3D), HorizonWorlds(Meta), 3D-VR-Gaming, …

Web3
Gegenbewegung zur Zentralisierung der aktuellen Netzorganisation, insbesondere der Bündelung der Markt- und Gestaltungsmacht bei den großen Plattformen, auf Basis von Distributed-Ledger-Technologie (»Blockchain«).

Abb. 23: *Metaverse*-Dimensionen: Das *Metaverse* als Entwicklungspfad – Handlungsfelder und -optionen (Quelle: Andreas Wagener, 2023, CC BY-SA 4.0)

Gaming und digitale Umgebungen in 2D

Die 2003 gegründete virtuelle Community *SecondLife* gilt inzwischen als früher Vorläufer der heutigen *Metaverse*-Ansätze. Sie kann als ein Paradebeispiel einer zweidimensionalen, also am herkömmlichen Bildschirm erlebbaren, in sich geschlossenen Welt betrachtet werden und ermöglichte bereits damals Alltagstätigkeiten im digitalen Raum wie kommunikativen Austausch, Spiele, die Durchführung von Events und Shopping. Dieses Konzept findet heute seine Fortsetzung auf verschiedenen neuen Plattformen wie etwa *Decentraland*. Diese lassen sich ebenfalls am 2D-Bildschirm erfahren, gestatten aber auch, dieses Erlebnis durch den Einsatz von VR-Brillen dreidimensional zu erweitern (s. u.).

Auch heutige in sich geschlossene Spieleumgebungen, wie der *Multiplayer-Shooter Fortnite*, werden als *Metaverse*-Entwürfe verstanden. Mittels einer eigenen Währung (den *V-Bucks*) kann die Modifizierung der Erscheinung der jeweiligen Spielfigur (des *Avatars*, s. u.) bezahlt werden. Zusätzlich zum eigentlichen Spielgeschehen führt *Fortnite* regelmäßig Events, insbesondere Live-Konzerte durch, zu denen sich die Community der Nutzer versammelt. Man kann also auch hier bereits von einer eigenständigen Welt sprechen, die zumindest Grundzüge eines autonomen Wirtschaftssystems aufweist.

Ohnehin dürften Spiele unter den bereits realisierten Anwendungen derzeit der Idealvorstellung eines *Metaverses* am nächsten kommen. Die Gaming-Plattform *Roblox* ermöglicht ihren Nutzern nicht nur, selbst eigene Spiele zu entwickeln und mittels der virtuellen Währung *Robux* zu monetarisieren, sondern bietet zudem Unternehmen Rahmenbedingungen, sich und ihre Marke zu präsentieren, etwa durch den Aufbau eigener Teilwelten und die Bereitstellung einschlägiger Inhalte und Angebote. Doch im Prinzip schließt der Aspekt der digitalen Umgebung als Erfassungsmerkmal für das *Metaverse* auch weitere virtuelle Plattformen und Dienstleistungen mit ein, die ein entsprechend hohes Maß an Immersion aufweisen. So können ebenso in sich geschlossene Bildungsangebote hier angeführt werden. Selbst *Zoom*, als digital-autarkes Instrument der Wissensvermittlung und virtuelles Eventtool, ließe sich damit dem *Metaverse*-Kosmos zurechnen.

Digitale Realitäten in 3D

Der Einsatz von VR-Brillen, um »echte« virtuelle Erlebnisse zu ermöglichen, ist schon seit Längerem im Gamingumfeld erprobt. Zweifellos verstärkt Dreidimensionalität die realitätsnahe Wahrnehmung und erhöht die Immersion. Verschiedenste kommerzielle Anbieter stehen aktuell im Wettbewerb um diesen als sehr vielversprechend empfundenen Zukunftsmarkt. Wie erwähnt, setzen auch verschiedene Plattformen wie *Decentraland* darauf, ihre Inhalte mit diesen Endgeräten erlebbar zu machen. Die dreidimensionale Teilhabe mag dabei einen wichtigen Schritt hin zur Entwicklung eines »echten« *Metaverses* markieren. Gleichwohl eröffnen die erwähnten zweidimensionalen Umgebungen bereits ebenfalls ein nicht zu unterschätzendes immersives Potenzial.

Daneben kann auch der Mix aus virtueller und physischer Realität als *Augmented Reality* (AR) zu einer Anreicherung medialer Erfahrungen führen. Indem der Blick durch ein digitales Display – etwa durch eine Smartphone-Kamera – ein Bild aus der analogen Realität um ein virtuelles Element erweitert, findet ebenfalls ein Verschmelzen beider Sphären statt. Anwendungsfälle hierfür finden sich etwa, wenn rein virtuell existierende Kleidungsstücke oder Schmuck auf ein reales Foto – zum Beispiel ein Selfie – projizierbar werden und das physische Tragen dieser Utensilien sich damit digital simulieren lässt.

Virtuelle Güter und *NFTs*

Gaming-Umfelder haben auch die Entwicklung und Verwendung virtueller Güter stark geprägt. Schon seit geraumer Zeit ist es möglich, das Erscheinungsbild von digitalen Spielfiguren wie auch deren Ausstattung mit bestimmten virtuellen Gegenständen, die im Spiel einen Vorteil verschaffen können, gegen Geld zu erwerben. Die Geschäftsmodelle der Branche basieren immer öfter auf diesem Aspekt – oft sogar als Haupteinnahmequelle bei einer ansonsten frei nutzbaren Software (wie z. B. bei *Fortnite*), manchmal aber auch als Zusatzverdienst zu einem Grundentgelt, das die Spieler entrichten müssen. In einer virtuellen Welt, die versucht, physische Bedingungen nachzubilden, kommt dem Aspekt der Handelbarkeit von »virtuellen Sachgütern« und Dienstleistungen eine besondere Bedeutung zu. Die Motivation der Nutzer, diese zu erwerben, besteht nicht zuletzt darin, eine Online-Identität zu schaffen, mit der man sich gegenüber anderen abgrenzt. Aber auch für Unternehmen kann es interessant sein, Anknüpfungspunkte in den entstehenden virtuellen Welten zu errichten – etwa indem man Immobilien erwirbt oder mietet, die zur Kundenkommunikation oder als Verkaufsfläche genutzt werden.

In diesem Kontext fällt häufig der – allerdings nicht immer trennscharf verwendete – Begriff *NFT* (*non fungible token*). »Nicht-fungibel« bedeutet »nicht austauschbar« und bezieht sich auf den Aspekt, dass digitale Güter, im Gegensatz zu physischen, eigentlich unendlich vervielfältigbar sind. Ihre Übertragbarkeit ist somit normalerweise nicht an den Verzicht des Gutes durch den Abgebenden gebunden. In einer virtuellen Welt, in der es einzigartige virtuelle Sach- und Investitionsgüter geben soll, besteht jedoch die Notwendigkeit, genau diesen originär physischen Übertragungsprozess auch in der virtuellen Welt sicherzustellen. Dieses Problem ist bereits von digitalen Zahlungsmitteln wie *Bitcoin* bekannt. Und auch im Bereich der virtuellen Güter und *NFTs* wird versucht, dies entsprechend durch den Rückgriff auf *Distributed-Ledger-*Technologie (vgl. Teil C 3.1) zu lösen. Indem die Transaktion auf der anschließend dezentral verteilten *Blockchain* fixiert wird und grundsätzlich für jeden Marktteilnehmer einsehbar ist, lässt sich eine doppelte Übertragung ausschließen. Ferner kann damit die Einzigartigkeit des virtuellen Gutes dokumentiert werden.

Greifen die Betreiber verschiedener Welten auf das selbe *DLT*-Verfahren zurück, wäre es zudem möglich, damit eine Interoperabilität zwischen den Plattformen schaffen, d.h. digitale Güter, die in einer virtuellen Umgebung erworben würden, könnten grundsätzlich ebenso in einer anderen genutzt werden. Auf diese Weise käme man dann der Zielvision eines übergreifenden *Metaverses* deutlich näher. Allerdings zeichnet sich eine solche Entwicklung derzeit bestenfalls in Ansätzen ab, nicht zuletzt aufgrund von Kompatibilitätsproblemen und den kollidierenden Interessen der verschiedenen Betreiber der aktuellen virtuellen Plattformen.

NFTs sind immer wieder Gegenstand intensiver Berichterstattung in den Medien, nicht zuletzt weil für digitale Kunst oder virtuelle Immobilien teilweise schwindelerregende Preise bezahlt werden. Dabei ist unklar, ob hierbei eine nachhaltige Wertbildung stattfindet. Der Markt gilt als sehr riskant und ist anfällig für Betrug.

Web3

Der Begriff des *Web3* wird immer wieder auch mit dem *Metaverse* in Verbindung gebracht. Denn die Entstehung eines Netzes, das in dieser Form virtuellen Austausch ermöglicht, ließe sich durchaus als eine neue Entwicklungsstufe der Digitalisierung begreifen. Inhaltlich und chronologisch schließt das Verständnis dabei an das *Web 2.0* an, welches nach dem Platzen der sogenannten Dotcom-Blase nach der Jahrtausendwende das Social-Media-Zeitalter einläutete. Dieser Sichtweise entsprechend wurde damals die erste Generation des Internets, das *Web 1.0*, das noch deutlich statischer angelegt war und den Nutzern vorwiegend zum Konsum und weniger zur Produktion und Distribution von eigenen Inhalten diente, abgelöst. Neben neuen Partizipationsformen etablierte sich auch das heute vorherrschende Plattformprinzip als Organisationsmodell für Internetdienste. Dies führt aber nach allgemeiner Auffassung zu einer Machtkonzentration bei den Betreibern der großen Plattformen – etwa *Google, Facebook/Meta* und *Amazon* – mit entsprechend negativen Auswirkungen, sowohl auf die Funktionsweise der jeweiligen Märkte als auch für die Gesellschaft, insbesondere bei der Bildung der öffentlichen Meinung.[179]

Genau hier setzt die Idee des *Web3* an: Dessen Entwicklung wird als notwendige Gegenbewegung zur Zentralisierung der aktuellen Netzorganisation begriffen. Das Aufkommen des *Metaverses* gibt dieser schon länger geführten Diskussion einen zusätzlichen Schub. Denn natürlich stellt sich die Frage, nach welchen Regeln ein derart tiefgreifender Neustart erfolgen sollte, wie es die Errichtung eines allgegenwärtigen, virtuelle und physische Sphäre gleichermaßen umfassenden Netzwerkes erfordern würde. Wäre es dann überhaupt als legitim zu betrachten, dass ein einzelnes, marktwirtschaftlich agierendes Unternehmen, wie etwa *Meta*, als alleiniger Betreiber auftritt? Oder würden damit die heute bereits von den großen Plattformen verursachten Probleme weiter verschärft – bis hin zu dystopischen Ausprägungen? Die Idee des *Web3* setzt diesen potenziellen negativen Entwicklungen eine Dezentralisierung der Verfügungsrechte auf der Nutzerebene, insbesondere basierend auf dem Einsatz von *Blockchain*-Technologie und *DLT*-Verfahren, entgegen (vgl. Teil C 2.1).

3.2 KI und das *Metaverse*

Bis auf Weiteres ist immer noch unklar, wie das *Metaverse* tatsächlich im Detail beschaffen sein wird. Zu unterschiedlich sind die Vorstellungen und Ansätze. Zweifelsohne eher enttäuschend ist bislang der Entwicklungsverlauf bei Mark Zuckerbergs *Meta*. Ob dessen Ideen und Ansätze entweder nicht attraktiv genug für den Großteil der Nutzer oder ob die Märkte derzeit schlicht noch nicht reif sind für diese tiefgehende Form der Immersion sind, wird abzuwarten sein. Dennoch zeigt der aktuelle Stand dessen, was bereits heute, insbesondere im Gamingumfeld, unter dem Begriff des *Metaverses* erfasst wird, dass hier etwas Neues entstanden ist und diese Entwicklung sicherlich nicht einfach zurückgedreht oder gestoppt werden wird. Zu groß und gewichtig sind die schon jetzt entstandenen Märkte und Communities. Die existierenden virtuellen Welten begründen ein Eigenleben neben den herkömmlichen gesellschaftlichen und zwischenmenschlichen Austauschformen, sie erlauben ein ganzheitliches Abtauchen in zunehmend realistischer empfundene Ereignisse und sie ermöglichen den eigenständigen Handel von virtuellen, aber auch physischen Gütern. Damit erfüllen sie

179 Etwa bei der Entstehung von sogenannten *Filterblasen*, in denen nur noch die eigene Meinung durch Ähnlichdenkende bestätigt wird und keine kritische Diskussion und kein echter pluralistischer Meinungsaustausch mehr stattfindet.

zwar noch nicht sämtliche, aber doch bereits einen Großteil der Charakteristika, die man allgemein als Voraussetzungen für die Begründung einer »echten« virtuellen Parallelwelt anführt.

KI im *Metaverse*

Ganz ohne Zweifel wird KI auch hierbei eine besonders wichtige Funktion zukommen. Schon heute sind Methoden des maschinellen Lernens unerlässlich für die Erfassung der virtuellen Umgebung und die Bilderkennung mittels VR-Brillen. Auch bei dem weiteren Ausbau des haptischen Erlebens, beispielsweise bei der Simulation des Tastsinns, spielt KI eine große Rolle, wenn es darum geht, virtuelle Objekte für den Nutzer, etwa über entsprechende Handschuhe[180] »fühlbar« zu machen, was bedeutet, dass die Formen und Muster klassischer Sinneserfahrungen in die digitale Nutzung »übersetzt« werden müssen. Selbst Hirnsignale sollen bald dekodiert werden, um eine intuitive und friktionslose Navigation und Steuerung zu ermöglichen.[181] In einem weltumspannenden Netzwerk ist es zudem wichtig, die Sprachbarrieren zwischen den Nutzern zu überwinden. Auch hier kommen bereits heute Ansätze des *Natural Language Processing* (vgl. Teil A 1.1.6) zum Einsatz. Dabei gilt es, unterschiedliche Sprachhorizonte in Echtzeit zwischen den Beteiligten zu erfassen und in die jeweilige Erfahrungs- und Erlebniswelt zu übertragen – ein Unterfangen, das ohne KI nicht umsetzbar wäre.

Maschinelles Lernen und intelligente Systeme spielen auch für die Grundfunktionen des *Metaverses* eine erhebliche Rolle. Inzwischen hat sich in diesem Kontext der Begriff der Artificial Intelligence for IT Operations, kurz *AIOps,* etabliert, womit die Bedeutung von KI als Motor für den operativen Betrieb von IT-Umgebungen herausgehoben werden soll. Gewissermaßen im »Maschinenraum« der virtuellen Welten stellt KI das Funktionieren der technischen Infrastruktur sicher. Dazu werden permanent Daten aus den Abläufen erhoben, um das Geschehen zu überwachen und zu protokollieren. Potenzielle Probleme der IT sollen vorausgesagt werden und die rechtzeitige Wartung ermöglichen (vgl. *Predictive Maintenance*, Teil A 1.1.4), um auf diese Weise einen reibungslosen Ablauf und die notwendige Stabilität zu garantieren.[182]

Blockchain, *Web 3* und KI

Vermutlich dürfte auch bei der zukünftigen Marktorganisation in erheblichem Umfang auf KI-Methoden zurückgegriffen werden. Wie oben beschrieben (Teil C 2.2), ergänzen sich diese mit der *Blockchain*-Technologie, der ja ebenso für das *Web3* beziehungsweise für den Handel von *NFTs* eine wichtige Rolle zukommt. Auch hier könnten autonom agierende Systeme die Transaktionsprozesse koordinieren und überwachen. Über

180 Vgl. https://t3n.de/news/nintendo-power-glove-metaverse-1517102/
181 Vgl. https://tech.fb.com/ar-vr/2022/10/meta-research-reality-labs-connect-2022/
182 Quelle: Luber, Stefan / Litzel, Nico (2021): Was ist AIOps? In: Big Data Insider, 08.07.2021, https://www.bigdata-insider.de/was-ist-aiops-a-961230/

Muster- und Anomalienerkennung ließen sich potenzielle Betrugsansätze identifizieren. Und KI könnte bei der Erfassung und Strukturierung des verfügbaren Angebotes und dem Abgleich mit bestehender Nachfrage nach virtuellen Gütern hilfreich sein. Zusätzlich greifen hier auch all jene Anwendungsbereiche, die bereits aus dem klassischen *eCommerce*-Umfeld bekannt und beschrieben sind, wie beispielsweise eine personalisierte Angebotsunterbreitung (vgl. Teil B 3.1) und dynamische Preisbildung (vgl. Teil B 3.3).

Aber vor allem auch die Entwicklung und Erschaffung der virtuellen Welten selbst bedarf eines großflächigen Einsatzes von KI. Aus sogenannten *Open-World*-Spielen ist bereits bekannt, dass die grafische Umgebung mitunter erst im Moment des Betretens durch die Spielfigur gebildet wird. Teilweise lassen sich diese Erlebnisse personalisieren, in anderen Fällen wirken sich die damit und durch die Handlungen des jeweiligen Spielers geschaffenen Fakten auch auf den Spielverlauf anderer Teilnehmer aus. Zur Simulation dieser dem »echten« Leben entsprechenden Erfahrungen bedarf es einer tiefgreifenden und aufwendigen Koordination der dabei permanent ablaufenden und sich stetig fortentwickelnden kreativen Prozesse. Der enorme Automatisierungsgrad und die autonom ablaufende Aussteuerung dieser Vorgänge stellt sehr hohe Anforderungen an die zugrunde liegenden Systeme.

Soziale Interaktion im *Metaverse*

Neben der Schaffung und Skalierung virtueller Welten kommt der Inszenierung ihrer »Bewohner« eine erhebliche Bedeutung zu. Dabei muss nicht nur das digitale Miteinander der Nutzer adäquat umgesetzt sein, vor allem auch die Interaktion der menschlichen Teilnehmer mit den künstlich geschaffenen Gegebenheiten beeinflusst die immersive Qualität des Erlebnisses erheblich. Zur Sicherstellung einer möglichst exakten Simulation der herkömmlichen, physischen Welt wäre es denkbar, hierbei auf KI-getriebene, virtuelle Charaktere zurückzugreifen, die als künstliche Bezugspersonen für die menschlichen Besucher des *Metaverses* auftreten. Der Begriff der *Conversational AI* (vgl. Teil B 1.4.3) würde damit eine deutliche Ausweitung erfahren. Er ginge weit über den bisher erfassten Leistungsumfang von – auch intelligenteren – *Chatbots* hinaus und könnte weitere klassische menschliche Ausdrucks- und Kommunikationsformen wie Mimik, Körpersprache, Emotionen und – in einer haptisch erfahrbaren, dreidimensionalen Umgebung – sogar physische Reaktionen umfassen wie zum Beispiel Händedruck oder Umarmungen.

3.3 Vermischung von physischer und virtueller Realität: Virtuelle Lebewesen

Der Begriff der *Virtual Beings* hat sich nicht erst mit der Diskussion um das *Metaverse* für das Phänomen künstlicher, digitaler, beziehungsweise virtueller Lebewesen etabliert.[183] Ein weiter gefasstes Verständnis schließt hierbei bereits neben intelligenten *Chatbots* und Sprachassistenten auch interaktionsfähige Roboter mit ein. Diese Kategorie wird teilweise als *Virtual Companions* umschrieben, Begleiter im physischen Alltag, die auf digitalisierte Ressourcen zurückgreifen. In einer engeren Definition zählen hierzu hingegen nur Erscheinungsformen im virtuellen Raum. Manchmal findet auch die Bezeichnung *Digital Humans* Verwendung, womit digitalisierte menschliche Abbilder gemeint sind, die eigene simulierte Persönlichkeiten aufweisen können. Hiervon ist wiederum der Begriff *Avatar* abzugrenzen, der sich auf eine (meist) grafische Repräsentation des Nutzers in digitalen Umgebungen, etwa in Spielen und auch auf *Metaverse*-Plattformen, bezieht. Ein *Avatar* besitzt damit aber eben keine autonomen Persönlichkeitseigenschaften, ist also kein eigenständiges virtuelles Lebewesen.

Von *Virtual Beings* sind *Digital Humans* noch in einer weiteren Hinsicht zu unterscheiden: Zum einen muss die digitale menschliche Ausprägung nicht unbedingt auch ein reales menschliches Antlitz besitzen, ebenso sind comicartige oder gänzlich gesichtslose Darstellungen denkbar. Zum anderen können auch andere Lebewesen »virtualisiert« werden. Inzwischen ist es etwa möglich, individualisierte Haustiere im *Metaverse* zu besitzen. Das Unternehmen *Digital Pets Company*[184] stellt beispielsweise entsprechende *NFT*-Hunde als virtuelle Begleiter zu Verfügung, die eine eigene Persönlichkeit besitzen sollen und von ihren Haltern weiter trainiert werden können.

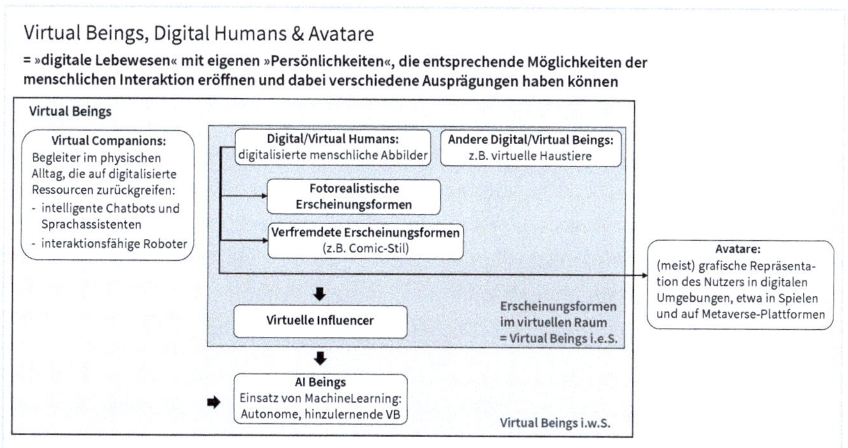

Abb. 24: *Virtual Beings*, *Digital Humans* und Avatare (Quelle: Andreas Wagener, 2023, CC BY-SA 4.0)

183 Quelle: Wagener, Andreas (2022): Virtual Beings, Digital Humans und Avatare – eine Begriffsabgrenzung. In: Nerdwärts.de, 18.11.2022, https://nerdwaerts.de/2022/11/virtual-beings-digital-humans-und-avatare-eine-begriffsabgrenzung/

184 Vgl. https://digitaldogs.ai/

Begreift man das *Metaverse* nicht nur in seiner Zielversion, sondern als entsprechenden Entwicklungspfad dorthin, so lässt sich, wie beschrieben (vgl. Teil C 3.1), hierunter auch die Vermengung von virtueller und physischer Erfahrung und die Inszenierung von *Virtual Beings* am zweidimensionalen Bildschirm verstehen – am Desktop-Monitor, am Smartphone und auf *Out-of-Home*-Screens.

Virtuelle Influencer

Schon seit Längerem wird im Marketingkontext über *virtuelle Influencer* diskutiert. Eine der ersten Vertreterinnen des Genres war *Shudu*, ein rein digital inszeniertes Supermodel, das von der dahinterstehenden Agentur auf dem eigenen Instagram-Kanal[185] höchst professionell in Szene gesetzt wird. Einen noch größeren Bekanntheitsgrad hat sich »Lil'Miquela« erworben: Ihr Instagram-Profil[186] weist mehrere Millionen Follower auf, die Zahl der Abrufe der Videos auf ihren eigenen Youtube[187]- und TikTok[188]-Kanälen liegt meist ebenfalls im siebenstelligen Bereich. Quer über die verfügbaren Social-Media-Kanäle wird auf diese Weise der Alltag eines Influencers simuliert – Lil'Miquela trifft sich mit Freunden, macht Selfies, teilt ihre Spotify-Playlist – und verdient somit »echtes« Geld mit Product Placement.

Selbst wenn in den letzten Jahren immer mehr virtuelle Influencer in Europa und auch hierzulande auf der Bildfläche erscheinen, hinkt die Entwicklung deutlich hinter jener in Asien, insbesondere in Japan, Korea und China hinterher. Das chinesische Marktforschungsunternehmen *iiMedia* bezifferte das Volumen des hier mit *Virtual Idol* bezeichneten Marktes für 2021 mit 6,22 Mrd. Yuan (etwa 900 Mio. Euro).[189]

Zu den absoluten Superstars zählt das chinesische *Virtual Being* Luo Tianyi. Sie ist nicht nur erfolgreiche Entertainerin und Moderatorin. Zu ihren Konzerten, die in der physischen Realität stattfinden, kommen Tausende, um ihr, virtuell als Hologramm, neben »echten« Tänzerinnen aus Fleisch und Blut inszeniert, ekstatisch zujubeln zu können.[190] Ihr Gesang wird mittels Sprachsynthese durch einen Software-Synthesizer (*Vocaloid*[191]) nach Vorgabe von Melodie und Liedtext künstlich erzeugt. Bereits bestehende Gesangsaufnahmen menschlicher Sänger dienen dafür als Grundlage. Auch in zahlreichen Unterhaltungsshows im chinesischen Fernsehen war Luo Tanyi bereits als Gaststar beteiligt, etwa mit einem Auftritt bei der chinesischen Frühjahresfest-Ga-

185 Vgl. https://www.instagram.com/shudu.gram/?hl=de
186 Vgl. https://www.instagram.com/lilmiquela/
187 Vgl. https://tinyurl.com/mrxp88yc
188 Vgl. https://www.tiktok.com/@lilmiquela
189 Quelle: iiMedia Research (2021): China Virtual Idol Industry Development and Netizen Survey Research, https://tinyurl.com/yc2zt4rt
190 Quelle: Koetse, Manya (2021): Luo Tianyi und das boomende Geschäft mit virtuellen Stars. In: Goethe Institut Yi Magazin. We...Wie....What? #8, https://www.goethe.de/prj/yim/de/mag/www/22156042.html
191 Vgl. https://www.vocaloid.com/en/

la[192], die mit bis zu 700 Millionen Zuschauern als das reichweitenstärkste TV-Format weltweit gilt.[193] Sie ist ferner ebenso als TV-Moderatorin bekannt. Sie führt, teilweise an der Seite menschlicher Co-Hosts, durch *Live-Shopping*-Sendungen.[194]

Auch außerhalb Chinas kommen virtuelle Wesen zum Einsatz: Der koreanische Konzern *LG Electronics* entwickelte die virtuelle *DJane* und Songwriterin Reah Keem, die für das Unternehmen auf der Messe *CES Electronics* auftrat und dort dessen neues Laptop präsentierte. *LG* beschränkte sich aber nicht auf diese punktuelle Maßnahme, sondern arbeitete im Anschluss an den Event weiter kontinuierlich an der Etablierung der Kunstfigur und ließ sie etwa auf verschiedenen Social-Media-Präsenzen über ihren Alltag berichten. Inzwischen erhielt sie zudem medienwirksam einen eigenen Plattenvertrag.[195] Unternehmen können also auch eigene *Virtual Beings* erschaffen, die je nach Bedarf für die Markenführung herangezogen werden, ansonsten aber ein unabhängiges Eigenleben führen können, womit Authentizität und Glaubwürdigkeit generiert werden soll.

Samsung stellte dem englischsprachigen Publikum zum Jahresbeginn 2022 sein neues Smartphone Galaxy S22 im Rahmen eines Online-Live-Events vor.[196] Als Co-Host, neben dem TikTok Creator Liam Kalevi, begrüßte der als virtuelle Influencer vorgestellte Zero die Zuschauer. Er interagierte mit seinen menschlichen Kollegen, indem er »aus seinem Bunker im *Metaverse*« mit einer virtuellen Version des neuen *Samsung*-Mobiltelefons ein Selfie aufnahm, was anschließend breit auf Social Media und in einschlägigen Pressekanälen geteilt wurde.[197] Selbst wenn es sich hier offensichtlich nicht um eine KI handelte – zu eloquent führte der im Manga-Stil entworfene Moderator durch die Veranstaltung –, sondern wohl eher um einen *Avatar*, der die Mimik des menschlichen Sprechers jedoch perfekt in Echtzeit auf das virtuelle Pendant übertrug, zeigt dies doch, dass sich auch im westlichen Teil der Welt marktgetriebene Einsatzbereiche für *Virtual Beings* eröffnen.

Virtual Beings und KI

Wenngleich ohne Zweifel KI-Methoden bei der Ausgestaltung der Erscheinungsformen der angeführten Beispiele virtueller Lebewesen zum Einsatz kommen, trifft das noch

192 Quelle: Koetse, Manya (2021): Luo Tianyi und das boomende Geschäft mit virtuellen Stars. In: Goethe Institut Yi Magazin. We...Wie....What? #8, https://www.goethe.de/prj/yim/de/mag/www/22156042.html

193 Vgl. https://time.com/5159412/cctv-spring-festival-gala/

194 Quelle: Magloff, Lisa (2020): Chinas hottest new Influencers are virtual. Springwise, https://www.springwise.com/innovation/advertising-marketing/virtual-livestreamers-china/

195 Quelle: Kim, Joo-Heon (2022): Virtual influencer Reah Keem signs contract to debut as singer. Ahu Business Daily. https://www.ajudaily.com/view/20220111160058989

196 Vgl. https://www.offbeat.xyz/newsroom/samsung-premieres-new-galaxy-s22-in-worlds-first-metaverse-live-video-shopping-event-with-virtual-influencer-zero-by-offbeat-media-group

197 Vgl. https://www.virtualhumans.org/article/lvmh-creates-virtual-ambassador-for-the-2022-innovation-award

nicht auf die Simulation ihrer Persönlichkeit sowie auf die Inszenierung der Kommunikation mit dem menschlichen Gegenüber zu. Der Rückgriff auf KI und maschinelles Lernen und insbesondere *Deep-Learning*-Verfahren ermöglicht heute nicht nur deutlich ausgereiftere grafische Umsetzungen, sondern auch einen höheren Automatisierungsgrad der Interaktion. Eigenständig hinzulernende und dann autonom agierende *Virtual Beings* würden gewissermaßen die »Krone der digitalen Schöpfung« darstellen. Schon heute sind digitale Realitäten oft nicht mehr von der analogen Wirklichkeit zu unterscheiden: Eigenständig durch KI generierte Bilder realer Menschen und Gegenstände lassen sich meist nur schwer von herkömmlichen Fotografien unterscheiden. Und *Deep Fakes* (vgl. Teil B 2.1.2) zeigen uns, dass dieser Aspekt gleichfalls auf Bewegtbild ausgeweitet werden kann. Auch die Entwicklungen in der Sprachverarbeitung, im *Natural Language Processing* (vgl. Teil A 2.2.2), sind soweit fortgeschritten, dass menschliche Originalstimmen synthetisch perfekt nachgebildet werden können.[198] Sollten derart äußerlich perfekt gestaltete virtuelle Lebewesen nun ebenso in ihrem Innern entsprechend angereichert werden, so dass über eigenständiges Hinzulernen auch eine Simulation von Persönlichkeit möglich ist, dürfte die Unterscheidung zwischen analogen und digitalen Erscheinmungsformen zunehmend schwerfallen. Es ist zu erwarten, dass in einer virtuellen Umgebung, in einem wie auch immer gearteten *Metaverse*, virtuellen Lebewesen – nicht zuletzt in Bezug auf Kommunikation und Marketing – womöglich eine Schlüsselrolle zukommen wird.

Intelligente *Virtual Beings* mit Empathiefähigkeit

In der Tat existiert bereits heute eine Reihe von *Virtual Beings*, die sich nicht nur optisch sehr eng an menschlichen Vorbildern orientieren, sondern auch hinsichtlich ihrer Interaktionsmöglichkeiten und ihrer (simulierten) Empathiefähigkeit diesem Ideal zu entsprechen scheinen. Technische Gesichtserkennung, die auch die Analyse von Gesten und Mimik des Gegenübers erfasst, kombiniert mit intelligenter, selbstlernender *Chatbot*-Technologie, ermöglicht zunehmend die Projektion menschlich erscheinender Verhaltensweisen und Eigenschaften auf die künstlich erschaffenen Wesen.

Die Firma *Soul Machines*[199] konzentriert sich auf diese Nische und hat bereits für Unternehmen wie *Procter&Gamble* und *Adobe* entsprechende virtuelle »Service-Mitarbeiter« realisiert, die aufgrund entsprechender Sprach- und Emotionsanalysen in Echtzeit angeblich empathisch auf ihr Gegenüber aus Fleisch und Blut eingehen können. Sie werden dabei als »virtueller Empfangsconcierge« auf Unternehmenswebsites oder eigenständig kommunizierende Markenbotschafter eingesetzt. Auch für das Finanzwesen leitet man daraus Anwendungsszenarien ab: Die chinesische *Ningbo*-Bank nutzt in ihrer physischen Filiale eine virtuelle Rezeptionistin auf einem menschengro-

198 Quelle: Dale, Robert (2022): The voice synthesis business: 2022 update. Natural Language Engineering, 28(3), 401-408.

199 Vgl. https://www.soulmachines.com/

ßen Screen, die mehr als 3.500 Fragen beantworten kann und dabei die Reaktionen der menschlichen Kunden – inhaltlich wie emotional auf Basis von Sprachanalysen und via kamerabasierter Gestenerkennung – flexibel berücksichtigt. Sie lernt dabei stetig hinzu und kann die Erstberatung bei Finanzfragen übernehmen.[200]

Auch daraus lässt sich ableiten, dass die Grenzen zwischen analoger und digitaler Welt zunehmend verschwimmen. Intelligente *Virtual Beings* könnten als menschliche Simulationen sowohl innerhalb von virtuellen Realitäten als auch außerhalb dieser, als digitale Anreicherungen der physischen Sphäre, ein Treiber fortschreitender Entwicklungen werden. Der Einsatz von KI für die notwendige Unterfütterung der technischen Basis führt beide Bereiche enger zusammen. Denn ohne Zweifel sind Kommunikation und soziale Interaktion, auch wenn sie »nur« mit künstlichen Lebewesen erfolgen, maßgebliche Erfolgsvoraussetzungen für die Errichtung einer sich »echt« anfühlenden, alternativen oder erweiterten Realität.

Ob die Zielvision eines ubiquitären Metaversums im Sinne einer solchen friktionslos erlebbaren, eigenständigen und übergreifenden Welt tatsächlich umsetzbar ist, kann sicherlich in Frage gestellt werden. Aber angesichts dessen, was heute, im Hier und Jetzt, bereits geschieht und möglich ist, erscheint die Diskussion um Begrifflichkeiten und Definitionen als müßig. Fest steht, auch wenn es schwierig ist, die Entwicklung in diesem Bereich vorherzusagen: Unsere Lebensumgebung wird sich weiter digitalisieren, Virtualität und analoge Wirklichkeit werden sich dabei zunehmend überlappen. KI verkörpert hierzu das Treibmittel, das diesen Prozess maßgeblich prägt.

200 Vgl. http://www.chinadaily.com.cn/a/202206/06/WS629d5700a310fd2b29e60cfe.html

4 Fazit: Willkommen in der Matrix!?

Offensichtlich neigen wir oft dazu, in Anbetracht des bereits heute erreichten Entwicklungsstandes von KI, dieser auch zukünftige Fähigkeiten zuzuschreiben, die unseren menschlichen weit überlegen sind. Einerseits scheint dies Ängste zu schüren und ein latentes Gefühl der Bedrohung durch die Technologie zu erzeugen. Auf der anderen Seite werden dadurch mitunter hohe Erwartungen an deren Problemlösungskompetenz verbunden, die womöglich nur schwer zu erfüllen sind.

Es ist nicht von der Hand zu weisen, dass in den vergangenen Jahren doch etliche Science-Fiction-Narrative tatsächlich Wirklichkeit geworden sind – sprechende und autonom agierende Roboter, die Entstehung virtueller Realitäten sowie künstliche Kreativität, um nur einige zu nennen. Somit erscheint die Annahme, dass diese Entwicklung weiter voranschreiten und, damit verbunden, die Bedeutung von Technologie und insbesondere KI zunehmen wird, nicht unberechtigt.

Auf dem Weg zur technischen Singularität?

In der jüngeren Vergangenheit wurde oft der Aspekt der technologischen Singularität diskutiert.[201] Damit ist der hypothetische Zeitpunkt in der Zukunft gemeint, an dem der technologische Zuwachs unkontrollierbar und unumkehrbar wird, was unvorhersehbare Auswirkungen auf die menschliche Zivilisation haben könnte. Sich ständig verbessernde – hinzulernende – künstliche Intelligenzen würden demnach, angesichts der sich dann stetig verkürzenden Innovationszyklen, einen exponentiellen Anstieg, eine »Explosion«, von (künstlicher) Intelligenz herbeiführen. Am Ende dieses Prozesses stünde eine »Superintelligenz«, die menschliche Fähigkeiten in jeder Hinsicht überträfe.[202]

Über die Konsequenzen einer solchen Entwicklung wird heftig gestritten: Wäre eine solche Superintelligenz ein erstrebenswertes Ziel für die Menschheit, weil nun sämtliche ihrer Probleme lösbar werden würden und damit eine neue, begrüßenswerte Entwicklungsstufe unserer Zivilisation einherginge? Oder würde uns diese Superintelligenz unterjochen und vielleicht sogar menschliches Leben auf unserem Planeten komplett auslöschen (vgl. Teil C 1.1)?

In diesem Kontext wird allerdings noch ein weiteres Szenario diskutiert: Was wäre, wenn KI längst die Herrschaft übernommen hätte? Wären wir überhaupt in der Lage,

201 Quelle: Kurzweil, Ray (2005): The Singularity Is Near, New York.

202 Quelle: Vinge, Vernor (1993): The Coming Technological Singularity: How to Survive in the Post-Human Era. In: Vision-21: Interdisciplinary Science and Engineering in the Era of Cyberspace, Landis, G. A. (Hrsg.), NASA Publication CP-10129, S. 11–22, https://mindstalk.net/vinge/vinge-sing.html

dies zu erkennen? Exponentiellen Entwicklungen wird im Gegensatz zu linearen Entwicklungen die Eigenschaft zugeschrieben, dass Menschen sie kaum erfassen, geschweige denn ihren Verlauf abschätzen können. Sollte es tatsächlich einen Zeitpunkt der Singularität geben, wäre es sehr wahrscheinlich, dass dieser zunächst unbemerkt an uns vorübergeht. Das würde jedoch auch bedeuten, dass dieses Ereignis bereits längst eingetreten sein könnte.

Die Simulationshypothese

In diesem Zusammenhang wird auch auf die sogenannte Simulationshypothese verwiesen: Vielleicht hat KI längst die Herrschaft übernommen, und das Leben, wie wir es zu kennen glauben, existiert lediglich in unserer Vorstellung – als alternative Realität –, die wiederum von einer höheren, technischen Macht, einer Superintelligenz, erschaffen worden ist? Wir kennen diese Szenarien aus Science-Fiction-Filmen wie *Matrix* oder aus Geschichten wie jenen von Philip K. Dick (*Blade Runner*[203]). Aber tatsächlich ist diese Theorie weiter verbreitet, als man womöglich vermutet. Von Elon Musk stammt die Aussage: *»Die Wahrscheinlichkeit, dass wir in der Realität leben, ist eins zu Milliarden.«* Und auch die *Bank of America* wies in einem Rundschreiben an ihre Kunden bereits 2016 auf die Möglichkeit hin, »dass Zivilisationen aus der Zukunft mithilfe von künstlicher Intelligenz, virtueller Realität und Rechenleistung das Leben ihrer Vorfahren simulieren«. Anders als der *Tesla*-Gründer und Twitter-Hauptaktionär taxierte sie allerdings die Wahrscheinlichkeit lediglich auf vergleichsweise moderate 20 bis 50 %.[204]

Simulationshypothese nach Nick Bostrom

Eine vielbeachtete wissenschaftliche Auseinandersetzung mit der Thematik stammt von Nick Bostrom, einem schwedischen Philosophie-Professor an der University of Oxford.[205] Seiner Simulationshypothese gemäß könnte der technische Fortschritt dazu führen, dass es eines Tages tatsächlich intelligente Computer mit einem Bewusstsein gibt. Eine solche technische Entwicklungsstufe wäre vermutlich gleichbedeutend mit dem Beginn einer posthumanen Zivilisation. In dieser posthumanen Ära könnten, angesichts der Fortschritte bei der Rechenkraft und Technologien wie KI und VR, »simulierte Zivilisationen« existieren. Das ließe den Schluss zu, dass auch unsere Realität nicht die echte ist – und wir stattdessen in einer Simulation lebten, die unsere Nachfahren, beziehungsweise die uns nachfolgenden Zivilisationen, irgendwann in der – für uns – fernen Zukunft geschaffen haben.

---

203 Der gleichnahmige Film basiert auf einer Kurzgeschichte von Philip K. Dick namens »Do Androids Dream Of Electric Sheep?«.

204 Im Original: »It is conceivable that with advancements in artificial intelligence, virtual reality, and computing power, members of future civilizations could have decided to run a simulation of their ancestors«, vgl. www.businessinsider.com/bank-of-america-wonders-about-the-matrix-2016-9

205 Quelle: Bostrom, Nick (2003): Are you Living in A Computer Simualtion? In: Philosophical Quarterly (2003), Vol. 53, No. 211, S. 243–255, www.simulation-argument.com/simulation.pdf

Bostrom leitet daraus drei Prämissen ab, von denen mindestens eine wahr sein muss:

1. Es ist sehr wahrscheinlich, dass die menschliche Spezies ausstirbt, bevor eine posthumane Entwicklungsstufe erreicht wird.
2. Es ist sehr unwahrscheinlich, dass eine posthumane Zivilisation eine Simulation vorangegangener Zivilisationen betreibt, (es sei denn ...).
3. Wir leben (bereits) in einer Computersimulation. Denn wenn wir selbst anfangen, »Vorfahrensimulationen« zu entwerfen, wäre dies ein Hinweis darauf, dass (1) und (2) falsch sind – und der Verdacht besteht, dass wir selbst Teil einer Simulation sind.

Letztlich stellt sich somit also die Frage, ob wir Menschen bereits selbst Simulationen entworfen haben. Angesichts der gegenwärtigen Entwicklungen wie das *Metaverse*, die Entstehung von *Virtual Beings* und auch mit Blick auf den Anteil, den KI daran hat und hatte, könnte man durchaus die These vertreten, dass dies der Fall ist.

Augmented Eternity – das virtuelle Jenseits

In Amerika ist seit einiger Zeit eine Entwicklung auszumachen, die als *Augmented Eternity* bezeichnet wird.[206] Damit werden Bemühungen umschrieben, Verstorbenen ein Weiterleben im Digitalen zu ermöglichen. Aus deren digitalen Nachlass könnte man einen intelligenten *Chatbot* kreieren, der den Hinterbliebenen auch nach dem Ableben der jeweiligen Persönlichkeit, weiterhin für Gespräche, auch für Ratschläge und Konsultationen, zur Verfügung stünde. Ein frühes Beispiel für ein solches Projekt ist die *Roman-Mazurenko-App*, die man im *Apple-Appstore* herunterladen kann.[207] Roman Mazurenko war ein russischer Internetunternehmer, der bei einem Autounfall vor einigen Jahren ums Leben kam. Freunde fütterten seine digital geführten Konversationen in ein neuronales Netzwerk und erschufen auf diese Weise eine Möglichkeit, auf Basis der identifizierten und gesammelten Sprachmuster mit dem *Roman-Bot* bis heute Gespräche zu führen.[208] Damit verbunden sind natürlich einige ethische Fragen. Neben dem Aspekt der Selbstbestimmung, auch über den Tod hinaus, ist beispielsweise nicht geklärt, ob es legitim ist, dass ein solches System eigenständig dazulernt: Ist die heutige Version des Bots noch im Sinne des Verstorbenen oder hat sich inzwischen sogar eine eigene, digitale Persönlichkeit gebildet?

KI, Methoden des maschinellen Lernens und künstliche neuronale Netze ermöglichen mittlerweile eine Anreicherung derartiger, rein textgetriebener Systeme mit mitunter lebensechter Grafik und Sprachsimulationen, die ein sehr plastisches Wiedersehen des Toten mit den Hinterbliebenen in der virtuellen Realität ermöglichen. Auch dafür

---

206 Vgl. https://www.media.mit.edu/projects/augmented-eternity/updates/

207 Vgl. https://apps.apple.com/us/app/roman-mazurenko/id958946383

208 Quelle: Newton, Casey (2016): Speak, Memory. In: The Verge, https://www.theverge.com/a/luka-artificial-intelligence-memorial-roman-mazurenko-bot

gab es bereits Beispiele, die gleichermaßen fantastisch wie erschreckend erscheinen. Eine südkoreanische Fernsehdokumentation vereinte 2020 eine Mutter mit ihrer kürzlich zuvor verstorbenen siebenjährigen Tochter – mittels VR-Brille und einer virtuellen Simulation. Ein Videoprotokoll dieses bewegenden, hochemotionalen Aufeinandertreffens ist bis heute auf Youtube einsehbar.[209] Inzwischen streben zahlreiche Start-ups in dieses Segment, um hier neue Geschäftsmodelle für die Bestattungsbranche auszuloten. Ganze Netzwerke und Plattformen entstehen, um den Avataren Verstorbener ein Nachleben im virtuellen Jenseits zu ermöglichen.[210]

Muss die Simulationshypothese bereits bestätigt werden?

Damit, so ließe sich argumentieren, wäre die wesentliche Bedingung der Simulationshypothese erfüllt: Wir Menschen hätten selbst »Vorfahrensimulationen« erstellt, wodurch die Frage nach der Motivation, derartiges zu tun, durch die Schaffung dieser Fakten hinfällig geworden wäre. Der Hypothese entsprechend, könnte dies wiederum dann als Hinweis anzusehen sein, dass wir selbst in einer solchen Simulation leben.

Wie die BBC berichtete,[211] stattete ein russischer Bauer im Rahmen eines wissenschaftlichen Projektes seine Kühe mit eigens konstruierten VR-Brillen aus, um auf diese Weise eine emotional angenehmere Umgebung zu schaffen – die Kühe wähnten sich auf einer grünen Weide, die tatsächlich jedoch nur in der virtuellen Realität existierte. Angeblich führte dies zur Produktion hochwertigerer Milch. Ein ähnlich gelagertes Gedankenexperiment widmet sich der Schaffung virtueller Umgebungen für Hühner. Ließe sich deren Leben verbessern, wenn man ihnen per virtueller Simulation vorgaukelte, sie würden nicht im Stall, sondern stattdessen freilaufend auf einer grünen Wiese leben? Und würden dann also Legebatterien-Hühner, die an einer simulierten Bodenhaltung teilnehmen, ökologisch korrektere Eier legen?

KI als maßgeblicher technologischer Treiber

Auch wenn diese Beispiele häufig noch experimentellen Charakter haben oder nur den Anfang einer denkbaren Entwicklung markieren könnten, so zeigen sie doch die Möglichkeiten auf, die digitalen Technologien grundsätzlich innewohnen. Diese sind in der Lage, sowohl die Regeln auf den Märkten als auch gesellschaftliche Gewissheiten auf den Kopf zu stellen. KI steht dabei als technologischer Faktor und maßgebende technische Teildisziplin stets im Zentrum. Sie ist der evolutionäre Haupttreiber. Dabei ist die Diskussion darüber müßig, ob uns eine starke, generelle KI in einer vielleicht gar nicht mehr so fernen Zukunft unserer Jobs beraubt oder uns als überflüssig empfundene Partikel eines neu entstehenden Kosmos schlichtweg entsorgt. Gleiches

209 Vgl. https://tinyurl.com/y7n5yew6

210 Auf somniumspace.com wird damit geworben: Unsterblichkeit mit einem »live-Forerver«-Modus, https://somniumspace.com/; vgl. auch https://www.hereafter.ai/

211 Vgl. https://www.bbc.com/news/world-europe-50571010

gilt letztlich für die Frage, ob wir bereits in einer KI-inszenierten Simulation leben oder nicht. An unserem menschlichen Sein und Streben würde das schließlich wenig ändern. Kaum einer würde allein deshalb ernsthaft seine erprobten Verhaltensweisen hinterfragen.

Prognosen, wie KI unsere Welt im Detail in der Zukunft beeinflussen wird, lassen sich nur schwer ableiten. Stattdessen sollten wir uns dringend mit dem Hier und Jetzt und den Chancen, aber eben auch mit den Risiken und Problemen – wie KI-Bias, Datenhoheit, Ressourceneffizienz und Nachhaltigkeit – auseinandersetzen, die der Einsatz von KI heute bereits schafft. Auch diese Aspekte wirken sich schließlich in irgendeiner Form immer auch auf den Kontext des Marketings aus. Dazu gehört, nicht nur passiv-staunend der Entwicklung beizuwohnen, sondern eben auch aktiv die Rahmenbedingungen von KI mitzugestalten. Dies stellt angesichts der Geschwindigkeit und rapide zunehmenden Vielfältigkeit, mit der dieser Prozess einhergeht, ohne Zweifel eine enorme Herausforderung dar. Und ein Ende erscheint derzeit nicht absehbar. Denn das Potenzial der Technologie ist noch längst nicht ausgeschöpft.

Literaturverzeichnis

Amann, Antoine (2016): »How We Use Artificial Intelligence to Help Online Publishers«, https://www.linkedin.com/pulse/how-we-use-artificial-intelligence-help-online-publishers-amann/

Ayaz, Bariz (2018): IoT-Basics: Machine Learning in der Smart Factory. In: Industry of Things, 22.03.2018, https://www.industry-of-things.de/iot-basics-machine-learning-in-der-smart-factory-a-698047/

Ball, Matthew (2020): The Metaverse: What It Is, Where to Find it, and Who Will Build It, https://www.matthewball.vc/all/themetaverse

Barr, Alistair (2015): Google Mistakenly Tags Black People as ›Gorillas‹, Showing Limits of Algorithms. In: The Wall Street Journal, 01.07.2015, https://blogs.wsj.com/digits/2015/07/01/google-mistakenly-tags-black-people-as-gorillas-showing-limits-of-algorithms/

Barter, Stephen (2018): Convolutional Neural Net in Tensorflow. In: Good Audience, 15.09.2018, https://blog.goodaudience.com/convolutional-neural-net-in-tensorflow-e15e43129d7d

Bastian, Matthias (2018): Facebook trainiert Künstliche Intelligenz mit Milliarden Instagram-Bildern. In: Mixed, 03.05.2018, https://vrodo.de/facebook-trainiert-kuenstliche-intelligenz-mit-milliarden-instagram-bildern/

Becker, Roland (2018): Convolutional Neural Networks Aufbau Funktion und Anwendungsgebiete. In: JAAI, 06.02.2018, https://jaai.de/convolutional-neural-networks-cnn-aufbau-funktion-und-anwendungsgebiete-1691/

Begleitforschung zum Technologieprogramm KI-Innovationswettbewerb des Bundesministeriums für Wirtschaft und Klimaschutz (BMWK) / Institut für Innovation und Technik (iit) in der VDI/VDE Innovation + Technik GmbH (2022): Nachhaltigkeit durch den Einsatz von KI – Orientierungshilfe für anwendende Unternehmen, Berlin

Bishop, Christopher (2006): Pattern recognition and machine learning, New York

Bitkom e. V. / DFKI – Deutsches Forschungszentrum für Künstliche Intelligenz (Hrsg.) (2017): Künstliche Intelligenz Wirtschaftliche Bedeutung, gesellschaftliche Herausforderungen, menschliche Verantwortung, https://www.dfki.de/fileadmin/user_upload/import/9744_171012-KI-Gipfelpapier-online.pdf

Bögeholz, Harald (2017): Künstliche Intelligenz: AlphaGo Zero übertrumpft AlphaGo ohne menschliches Vorwissen. In: Heise online, 19.10.2017, https://www.heise.de/newsticker/meldung/Kuenstliche-Intelligenz-AlphaGo-Zero-uebertrumpft-AlphaGo-ohne-menschliches-Vorwissen-3865120.html

Bostrom, Nick (2003): Are you Living in A Computer Simualtion? In: Philosophical Quarterly (2003) Vol. 53, No. 211, S. 243–255, www.simulation-argument.com/simulation.pdf

Brandt, Richard (2015): Chef Watson has arrived and is ready to help you cook. In: IBM Blog, 01.01.2016, https://www.ibm.com/blogs/watson/2016/01/chef-watson-has-arrived-and-is-ready-to-help-you-cook/

Breland, Ali (2019): The Bizarre and Terrifying Case of the »Deepfake« Video that Helped Bring an African Nation to the Brink. In: Mother Jones, 15.03.2019, https://www.motherjones.com/politics/2019/03/deepfake-gabon-ali-bongo/

Bundesministerium der Justiz (BMJV) (2018): Thesen, Ziele, Arbeitsgrundsätze und Zusammensetzung der CDR-Initiative. https://www.bmj.de/SharedDocs/Downloads/DE/News/Artikel/100818_CDR-Initiative.pdf

Bundesministerium für Wirtschaft und Energie (2017): Smart Data – Innovationen aus Daten, https://www.bmwi.de/Redaktion/DE/Artikel/Digitale-Welt/smart-data.html

BVDW (2019): Mensch, Moral, Maschine – Digitale Ethik, Algorithmen und künstliche Intelligenz, https://www.bvdw.org/fileadmin/bvdw/upload/dokumente/BVDW_Digitale_Ethik.pdf

Cadena, Cesar et al. (2016): Past, Present, and Future of Simultaneous Localization and Mapping: Toward the Robust-Perception Age. In: IEEE Transactions on Robotics. Vol. 32 (6), S. 1309-1332

Capala, Matthew (2016): Machine learning just got more human with Google's RankBrain. In: The Next Web, 02.09.2016, https://thenextweb.com/artificial-intelligence/2016/09/02/machine-learning-just-got-more-human-with-googles-rankbrain/

Čapek, Karel (1921/2004): R.U.R. – Rossum's Universal Robots, London

Carstensen, Kai Uwe/ Jekat, Susanne / Klabunde, Ralf (2010): Computerlinguistik – Was ist das? In: Carstensen, Kai Uwe et al. (Hrsg.) (2010): Computerlinguistik und Sprachtechnologie. Eine Einführung, Heidelberg, S. 1-25

Chamberlain, Benjamin et al. (2017): Customer Lifetime Value Prediction Using Embeddings, https://arxiv.org/pdf/1703.02596.pdf

Chintala, Soumith / LeCun, Yann (2016): A path to unsupervised learning through adversarial networks. In: Facebook Code, 20.06.2016, https://code.fb.com/ml-applications/a-path-to-Unsupervised-learning-through-adversarial-networks/

Coldewey, Devin (2018): Facebook's new AI research is a real eye-opener. In: Techcrunch, 16.06.2016, https://techcrunch.com/2018/06/16/facebooks-new-ai-research-is-a-real-eye-opener/

Dale, R. (2022): The voice synthesis business: 2022 update. Natural Language Engineering, 28(3), 401-408

Dean, Jeff / Ng, Andrew (2012): Using large-scale brain simulations for machine learning and A.I. In: Google Blog, 26.06.2012, https://googleblog.blogspot.com/2012/06/using-large-scale-brain-simulations-for.html

Dischler, Jerry (2018): Putting machine learning into the hands of every advertiser. In: Google Blog, 10.07.2018, https://www.blog.google/technology/ads/machine-learning-hands-advertisers/

Dörr, Saskia (2018): Corporate Digital Responsibility. In: CSR News, 20. Juni 2018, https://csr-news.org/2018/06/20/corporate-digital-responsibility/

Domin, Andreas (2018): So setzen Dax-Konzerne künstliche Intelligenz ein. In: t3n, 11.07.2018, https://t3n.de/news/dax-kuenstliche-intelligenz-1087520/

Dunn, Jeffrey (2016): Introducing FBLearner Flow: Facebook's AI backbone. In: Facebook Code, 09.05.2016, https://code.fb.com/core-data/introducing-fblearner-flow-facebook-s-ai-backbone/

Dworschak, Manfred (2017): Der geniale Stimmenklau. In: Spiegel Online, 02.06.2017, http://www.spiegel.de/spiegel/menschliche-stimmen-kuenstliche-intelligenz-macht-stimmenklau-moeglich-a-1149915.html

Farkash, Zevik (2018): Customer Service Chatbot—How to Use Chatbots as a Tool for Customer Service. In: Chatbotslife, 14.05.2018, https://chatbotslife.com/customer-service-chatbot-how-to-use-chatbots-as-a-tool-for-customer-service-f68323ee3735

Fernandes, Anush (2017): NLP, NLU, NLG and how Chatbots work. In: Chatbots Life, 15.11.2017, https://chatbotslife.com/nlp-nlu-nlg-and-how-chatbots-work-dd7861dfc9df

Fröhlich, Christiane (2019): Dynamic Pricing im Handel: Neue Tools mit KI. In: Internet World Business, 06.01.2019, https://www.internetworld.de/technik/e-commerce/dynamic-pricing-im-handel-neue-tools-ki-1662293.html

Gershgorn, Dave (2017): Facebook built an AI system that learned to lie to get what it wants. In: Quartz, 14.06.2017, https://qz.com/1004070/facebook-fb-built-an-ai-system-that-learned-to-lie-to-get-what-it-wants/

Gershgorn, Dave (2017): Google explains how artificial intelligence becomes biased against women and minorities. In: Quartz, 28.08.2017, https://qz.com/1064035/google-goog-explains-how-artificial-intelligence-becomes-biased-against-women-and-minorities/

Gesellschaft für Informatik (2018): Explainable AI (ex-AI), https://gi.de/informatiklexikon/explainable-ai-ex-ai

Göbel, Richard (2018): Big Data. In: Wolff, Dietmar / Göbel, Richard (Hrsg.): Digitalisierung – Segen oder Fluch, Heidelberg, S. 73-100

Goodfellow, Ian et al. (2014): Generative Adversarial Networks, https://arxiv.org/abs/1406.2661, https://papers.nips.cc/paper/5423-generative-adversarial-nets.pdf/

Goodfellow, Ian / Bengio, Yoshua / Courville, Aaron (2016): Deep Learning Book, http://www.deeplearningbook.org, Cambridge/Mass.

Ha, Anthony (2018): Guestfriend automates chatbot creation for restaurants. In: Techcrunch, 17.04.2018, https://techcrunch.com/2018/04/17/guestfriend-launch/

Ha, Anthony (2018): Cheq raises $5 M for a proactive, AI-driven approach to safe ad placement. In: Techcrunch, 15.05.2015, https://techcrunch.com/2018/06/15/cheq-series-a/

Hebb, Donald O. (1949/2009): The Organization of Behavior: A Neuropsychological Theory, Mahwah/NJ

Helm, Volker (2018): Das kann Künstliche Intelligenz im Marketing wirklich leisten. In: Horizont, 02.08.2018, https://www.horizont.net/tech/kommentare/nerd-alert-das-kann-kuenstliche-intelligenz-im-marketing-wirklich-leisten-168721

Heuveline, Vincent / Stiefel, Viola (2021): Künstliche Intelligenz und Algorithmen – Wahrer Fortschritt oder doch nur digitale Alchemie? In: Holm-Hadulla, Rainer / Funke, Joachim / Wink, Michael (Hrsg.). Heidelberger Jahrbücher Online, Band 6 (2021): Intelligenz: Theoretische Grundlagen und praktische Anwendungen, https://heiup.uni-heidelberg.de/journals/index.php/hdjbo/article/view/24390

Heydari, Anis (2018): Company suspends use of mall directory cameras running facial recognition software. In: CBC News, 04.08.2018, https://www.cbc.ca/news/canada/calgary/cadillac-fairview-mall-directory-facial-recognition-suspended-1.4774692

Hodjak, Babak (2018): Evolutionary algorithms are the living, breathing AI of the future. In: Venturebeat, 13.02.2018, https://venturebeat.com/2018/02/13/evolutionary-algorithms-are-the-living-breathing-ai-of-the-future/

Hofmann, Katrin (2013): Ab Wann kann man von Big Data sprechen? In: IT-Business, 05.02.2013, https://www.it-business.de/ab-wann-kann-man-von-big-data-sprechen-a-393405/

Holland, Martin (2014): Roboter-Journalismus: Associated Press automatisiert Meldungen zu Geschäftsberichten. In: Heise Online, 01.07.2014, https://www.heise.de/newsticker/meldung/Roboter-Journalismus-Associated-Press-automatisiert-Meldungen-zu-Geschaeftsberichten-2243863.html

Holland, Martin (2014): Quakebot schreibt erste Meldung zum Erdbeben in Los Angeles. In: Heise Online, 18.03.2014, https://www.heise.de/newsticker/meldung/Quakebot-schreibt-erste-Meldung-zum-Erdbeben-in-Los-Angeles-2149156.html

Hui, Jonathan (2018): AlphaGo: How it works technically? In: Medium 12.05.2018, https://medium.com/@jonathan_hui/alphago-how-it-works-technically-26ddcc085319

Hupf, Sebastian (2019): So verbessert KI das Programmatic Advertising. In: Industry of Things, 09.01.2019, https://www.bigdata-insider.de/so-verbessert-ki-das-programmatic-advertising-a-775977/

Ifrach, Bar (2015): »How Airbnb uses Machine Learning to Detect Host Preferences«. In: Medium, 14.04.2015, https://medium.com/airbnb-engineering/how-airbnb-uses-machine-learning-to-detect-host-preferences-18ce07150fa3

iiMedia Research (2021): China Virtual Idol Industry Development and Netizen Survey Research, https://tinyurl.com/yc2zt4rt

Independent High-Level Expert Group on Artificial Intelligence set up by the European Commission (2019): Ethic Guidelines for trustworthy AI, Brüssel, https://www.aepd.es/sites/default/files/2019-12/ai-ethics-guidelines.pdf

Indig, Kevin (2019): KI in der Suchmaschinenoptimierung: Das Ende von Backlinks? In: t3n, 14.01.2019, https://t3n.de/magazin/seo-backlinks-ki-244376/

Ippen, Holger (2018): Mit Lidar fahren Autos selbstständig. In: Auto Zeitung, 28.06.2018, https://www.autozeitung.de/lidar-system-193594.html

Islam, Mohammad (2015): Price Optimisation Using Machine Learning, https://www.linkedin.com/pulse/price-optimisation-using-machine-learning-mohammad-islam/

Jones, Nicola (2014): Wie Maschinen lernen lernen. In: Spektrum, 14.01.2014, https://www.spektrum.de/news/maschinenlernen-deep-learning-macht-kuenstliche-intelligenz-praxistauglich/1220451

Kavanaugh, Jeff (2017): How mixed reality and machine learning are driving innovation in farming. In: Techcrunch, 17.11.2016, https://techcrunch.com/2016/11/17/how-mixed-reality-and-machine-learning-are-driving-innovation-in-farming/

Kim, Joo-Heon (2022): Virtual influencer Reah Keem signs contract to debut as singer. Ahu Business Daily, https://www.ajudaily.com/view/20220111160058989

Klaas, Jannes (2017): Deep reinforcement learning: where to start. In: Freecode Camp, 08.11.2017, https://medium.freecodecamp.org/deep-reinforcement-learning-where-to-start-291fb0058c01

Knight, Will (2017): Das Problem der diskriminierenden Algorithmen. In: Technology Review, 25.07.2017, https://www.heise.de/tr/artikel/Das-Problem-der-diskriminierenden-Algorithmen-3780753.html

Koetse, Manya (2021): Luo Tianyi und das boomende Geschäft mit virtuellen Stars. In: Goethe-Institut Yi Magazin. We…Wie….What? #8, https://www.goethe.de/prj/yim/de/mag/www/22156042.html

Konecny, Jaromir (2018): Künstliche Intelligenz, künstliche Dummheit und der gesunde Menschenverstand. In: Spektrum/SciLogs, 21.09.2018, https://scilogs.spektrum.de/gehirn-und-ki/kuenstliche-intelligenz-kuenstliche-dummheit-und-der-gesunde-menschenverstand/

Krempl, Stefan (2017): Werbe-Tracking: Facebooks Kooperation mit Datenhändlern in der Kritik. In: heise online, 02.01.2017, https://www.heise.de/newsticker/meldung/Werbe-Tracking-Facebooks-Kooperation-mit-Datenhaendlern-in-der-Kritik-3585647.html

Krempl, Stefan (2018): Künstliche Intelligenz: Facebook sagt Nutzerverhalten voraus und verkauft damit Anzeigen. In: heise online, 14.04.2018, https://www.heise.de/newsticker/meldung/Kuenstliche-Intelligenz-Facebook-sagt-Nutzerverhalten-voraus-und-verkauft-damit-Anzeigen-4024377.html

Kulp, Patrick (2016): Uber knows you're more likely to pay surge prices when your phone is dying. In: Mashable, 21.05.2016, https://mashable.com/2016/05/21/uber-phone-batteries-surge-pricing/

Kurdi, Mohamed Zakaria (2016): Natural Language Processing and Computational Linguistics: speech, morphology, and syntax, Volume 1, London

Kurdi, Mohamed Zakaria (2017): Natural Language Processing and Computational Linguistics: semantics, discourse, and applications, Volume 2, London

Kurzweil, Ray (2005): The Singularity is Near, New York

Le, Hoang et al. (2018): Data-Driven Ghosting using Deep Imitation Learning, https://la.disneyresearch.com/publication/data-driven-ghosting/

Lewanczik, Niklas (2018): Audio Branding mit KI optimieren: Marken können den passenden Sound nun generieren. In: onlinemarketing, 04.07.18, https://onlinemarketing.de/news/audio-branding-ki-optimieren-marken-passenden-sound-finden

Lewis, Mike et al. (2017): Deal or no deal? Training AI bots to negotiate. In: Facebook Code, 14.06.2017, https://code.fb.com/ml-applications/deal-or-no-deal-training-ai-bots-to-negotiate/

Litzel, Nico (2016): Was ist Data Mining? In: Big Data Insider, 01.09.2016, https://www.bigdata-insider.de/was-ist-data-mining-a-593421/

Liu, Bing (2012): Sentiment Analysis and Opinion Mining, San Rafael

Liu, Yun et al. (2018): Artificial Intelligence-Based Breast Cancer Nodal Metastasis Detection. In: The American Journal of Surgical Pathology, https://doi.org/10.5858/arpa.2018-0147-OA/

Luber, Stefan / Litzel, Nico (2021): Was ist AIOps? In: Big Data Insider, 08.07.2021, https://www.bigdata-insider.de/was-ist-aiops-a-961230/

Lucini, Fernando (2017): Conversational AI: making technology more human. In: Wired, 31.10.2017, https://www.wired.co.uk/article/conversational-ai-making-technology-more-human

Magloff, Lisa (2020): Chinas hottest new Influencers are virtual. Springwise, https://www.springwise.com/innovation/advertising-marketing/virtual-livestreamers-china/

Marchionni, Eric (2018): Chatbot Marketing: Lead Generierung mit dem virtuellen Verkäufer. In: diginect, 11.06.2018, https://blog.hslu.ch/diginect/2018/06/11/chatbot-marketing-lead-generierung/

Meier, Christian J. (2018): Testfahrt durch den Datendschungel. In: Technology Review, 25.07.2018, https://www.heise.de/tr/artikel/Testfahrt-durch-den-Datendschungel-4093900.html

Metz, Cade (2016): AI Helps Facebook's Internet Drones Find Where the People Are. In: Wired, 22.02.2016, https://www.wired.com/2016/02/facebook-ai-shows-internet-drones-where-all-the-people-are/

Mitchell, Thomas (1997/2017): Machine Learning, New York

Montavon, Gregoire et al. (2019): Layer-Wise Relevance Propagation: An Overview. In: Samek, Woijciech et al. (Hrsg.): Explainable AI: Interpreting, Explaining and Visualizing Deep Learning. Lecture Notes in Computer Science, Vol. 11700. Springer

Moravec, Hans (1988): Mind Children. The Future of Robot and Human Intelligence, Boston/Mass.

Mordvintsev, Alexander et al. (2015): Inceptionism: Going Deeper into Neural Networks. In: Official Google Blog, June 17, 2015, https://research.googleblog.com/2015/06/inceptionism-going-deeper-into-neural.html

Müller, Fabian (2017): Das Rosenblatt Perzeptron – die frühen Anfänge des Deep Learnings. In: Statworx Blog, 08.12.2017, https://www.statworx.com/de/blog/das-rosenblatt-perzeptron-die-fruehen-anfaenge-des-deep-learnings/

Mulison, Marek (2018): A.I. writes itself a cheque as Phrasee eyes global marketing sector. In: Internet of Business, 31.08.2018, https://internetofbusiness.com/ai-copywriting-startup-phrasee/

Nair, Surag (2017): A Simple Alpha(Go) Zero Tutorial. In: Stanford Blog, 29.12.2017, https://web.stanford.edu/~surag/posts/alphazero.html

Nermerich, Oliver (2017): Wie künstliche Intelligenz den Journalismus verändert. In: Horizont, 05.04.2017, https://www.horizont.net/tech/kommentare/Bots-statt-Reporter-Wie-kuenstliche-Intelligenz-den-Journalismus-veraendert-157043

Nickel, Oliver (2017): Nasnet entwickelt selbstständig maschinelle Lernmodelle. In: golem, 10.11.2017, https://www.golem.de/news/googles-automl-nasnet-entwickelt-selbststaendig-maschinelle-lernmodelle-1711-131082.html

Nickel, Oliver (2017): Neuronales Netz bewertet Bilder auf Skala von 1 bis 10. In: golem, 21.12.2017, https://www.golem.de/news/google-neuronales-netz-bewertet-bilder-auf-skala-von-1-bis-10-1712-131811.html

Niesse, Astrid (2022): Wie KI zu einer nachhaltigen Energieversorgung beitragen kann. In: Digitale Welt, 10. November 2022, https://digitaleweltmagazin.de/wie-ki-zu-einer-nachhaltigen-energieversorgung-beitragen-kann/

Nitzel, Bico (2017): Was ist Predictive Maintenance? In: Big Data Insider, 06.09.2017, https://www.bigdata-insider.de/was-ist-predictive-maintenance-a-640755/

Noushad, Nazra (2018): Types of Machine Learning: Shallow. In: Becoming Human, 30.01.2018, https://becominghuman.ai/types-of-machine-learning-977b9c00b3ef

Mannes, John (2016): Cogito closes $15 M Series B to improve customer support with science. In: Techcrunch, 18.11.2016, https://techcrunch.com/2016/11/18/cogito-closes-15 m-series-b-to-improve-customer-support-with-science/

O'Reilly, Lara (2017): A Japanese ad agency invented an AI creative director — and ad execs preferred its ad to a human's. In: Business Insider, 12.03.2017, https://www.businessinsider.de/mccann-japans-ai-creative-director-creates-better-ads-than-a-human-2017-3

Osborne, Charlie (2017): Uber uses artificial intelligence to figure out your personal price hike. In: Zdnet, 22.05.2017, https://www.zdnet.com/article/uber-uses-artificial-intelligence-to-figure-out-your-personal-price-hike/

Pacholsky, Jens (2017): Big Data funktioniert nur mit semantischen Technologien – 5 Nutzungsszenarien. In: Industry of Things, 04.04.2017, https://www.industry-of-things.de/big-data-funktioniert-nur-mit-semantischen-technologien-5-nutzungsszenarien-a-592187/

Pathak, Shareen (2017): Who needs media planners when a tireless robot named Albert can do the job? In: Digiday, 09.05.2017, https://digiday.com/marketing/needs-media-planners-tireless-robot-named-albert-can-job/amp/

Patil, Prasad (2018): K Means Clustering: Identifying F.R.I.E.N.D.S in the World of Strangers. In: Towards Data Science, 20.05.2018, https://towardsdatascience.com/k-means-clustering-identifying-f-r-i-e-n-d-s-in-the-world-of-strangers-695537505d

Perez, Sarah (2016): Yala's new chatbot knows the best time to post to social networks. In: Techcrunch, 08.09.2016, https://techcrunch.com/2016/09/08/yalas-new-chatbot-knows-the-best-time-to-post-to-social-networks/

Perez, Sarah (2018): AiFi emerges from stealth with its own take on cashier-free retail, similar to Amazon Go. In: Techcrunch, 27.02.2018, https://techcrunch.com/2018/02/27/aifi-emerges-from-stealth-with-its-own-take-on-cashier-free-retail-similar-to-amazon-go/

Pimpl, Roland (2018): Eyeo rüstet mit Künstlicher Intelligenz gegen Werbung auf. In: Horizont, 28.06.2018, https://www.horizont.net/medien/nachrichten/neue-aera-des-adblockings-eyeo-ruestet-mit-kuenstlicher-intelligenz-gegen-werbung-auf-168055

Popomaronis, Tom (2017): Understanding Customer Experience: Artificial Intelligence May Be The Solution – Here's Why. In: Forbes, 21.03.2017, https://www.forbes.com/sites/tompopomaronis/2017/03/31/understanding-customer-experience-artificial-intelligence-may-be-the-solution-heres-why/#78443a554a42

Power, Brad (2017): How Harley-Davidson Used Artificial Intelligence to Increase New York Sales Leads by 2,930 %. In: Harvard Business Review, 30.05.2017, https://hbr.org/2017/05/how-harley-davidson-used-predictive-analytics-to-increase-new-york-sales-leads-by-2930

Quoc, Le et al. (2012): Building High-level Features Using Large Scale Unsupervised Learning In: Computer Science, https://arxiv.org/abs/1112.6209, https://arxiv.org/pdf/1112.6209.pdf

Ray, Susanna (2018): Can AI help brewers predict how new beer varieties will taste? Carlsberg says »probably«. In: Microsoft Transform, 16.07.2018, https://news.microsoft.com/transform/can-ai-help-brewers-predict-how-new-beer-varieties-will-taste-carlsberg-says-probably/

Rawson, Alex / Duncan, Ewan / Jones, Conor (2013): The Truth About Customer Experience. In: Harvard Business Review, https://hbr.org/2013/09/the-truth-about-customer-experience

Rheingold Institut (2017): Pilotstudie Alexa. Wie Alexa die geheimen Wünsche ihrer Nutzer erfüllt, https://www.rheingold-marktforschung.de/pilotstudie-alexa/

Rieger, Sarah (2018): At least two malls are using facial recognition technology to track shoppers' ages and genders without telling. In: CBC News, 26.07.2018, https://www.cbc.ca/news/canada/calgary/calgary-malls-1.4760964

Rixecker, Kim (2018): Visuelle Suche und Preisvorschläge – Facebook bohrt Marktplatz mit KI auf. In: t3n, 05.10.2018, https://t3n.de/news/visuelle-suche-und-preisvorschlaege-facebook-bohrt-marktplatz-mit-ki-auf-1115628/

Rixecker, Kim (2018): Diskriminierung: Deshalb platzte Amazons Traum vom KI-gestützten Recruiting. In: t3n, 11.10.2018, https://t3n.de/news/diskriminierung-deshalb-platzte-amazons-traum-vom-ki-gestuetzten-recruiting-1117076/

Rosenblatt, Frank (1958): The perceptron: a probabilistic model for information storage and organization in the brain. In: Psychological Review, Vol. 65 (6), Nov. 1958, S. 386-408

Rosenblatt, Frank (1958): The perceptron: a theory of statistical separability in cognitive systems (Project Para), Buffalo

Rotberg, Florian (2018): Alibaba präsentiert AI-Fashion Store of the Future. In: invidis, 06.07.2018, https://invidis.de/2018/07/fashion-digital-signage-alibaba-und-guess-eroeffnen-ai-store-of-the-future/

Roth, Philipp (2017): Die neuen Dynamic Ads mit Broad Audiences im Detail erklärt. In: allfacebook, 05.04.2017, https://allfacebook.de/fbmarketing/dynamic-ads-broad-audiences/

Russel, Stuart / Norvig, Peter (2004/2016): Artificial Intelligence: A Modern Approach, Essex

Salinger, Tobias (2017): Morgan Stanley digital chief: AI to help advisers, not ›cyborg bots‹. In: Financial Planning, 13.07.2017, https://www.financial-planning.com/news/morgan-stanley-merrill-lynch-tout-digital-advice-tools

Sandle, Tim (2017): Artificial intelligence is aiding dairy farming. In: Digital Journal, 16.07.2017, http://www.digitaljournal.com/news/environment/artificial-intelligence-is-aiding-dairy-farming/article/497765#ixzz4nwJ3kyG2

Sanjeevi, Madhu (2017): Different types of Machine learning and their types. In: Medium, 26.09.2017, https://medium.com/deep-math-machine-learning-ai/different-types-of-machine-learning-and-their-types-34760b9128a2

Schröder, Peter (2018): KI-Chatbots im Kundenservice: Diese Anbieter gibt es und das können sie. In: t3n, 30.10.2017, https://t3n.de/news/ki-chatbots-kundenservice-diese-868928/2/

Siegman, Alex (2017): The Future Of Match Preparation Lies In Artificial Intelligence. In: Sporttechie, 22.03.2017, https://www.sporttechie.com/the-future-of-match-preparation-lies-in-artificial-intelligence/

Simonite, Tom (2017): Google's Learning Software Learns to Write Learning Software. In: Wired, 10.03.2017, https://www.wired.com/story/googles-learning-software-learns-to-write-learning-software/

Stadler, Kathrin (2017): What Are Insight Engines? Background und use case. In: Outsourcing Journal, 15.12.2017, https://outsourcing-journal.org/what-are-insight-engines-background-and-use-case /

Stanley, Kenneth / Clune, Jeff (2017): Welcoming the Era of Deep Neuroevolution. In Uber Engineering, 18.12.2017, https://eng.uber.com/deep-neuroevolution/

Stimac, Miroslav (2018): Machine Learning anhand von drei Algorithmen erklärt. In: Golem, 15.10.2018, https://www.golem.de/news/random-forest-k-means-genetik-machine-learning-anhand-von-drei-algorithmen-erklaert-1810-136755.html

Stöcker, Christian (2016): Es geht um weit mehr als Go, In: Spiegel Online, 02.03.2016, http://www.spiegel.de/netzwelt/gadgets/alphago-sieg-wendepunkt-der-menschheitsgeschichte-a-1082001.html

Sullivan, Danny (2016): FAQ: All about the Google RankBrain algorithm. In: Search Engineland, 23.06.2016, https://searchengineland.com/faq-all-about-the-new-google-rankbrain-algorithm-234440

Swanson, Clare (2015): A Look Inside IBM Supercomputer Watson's New Cookbook. In: Publishers Weekly, 02.02.2015, https://www.publishersweekly.com/pw/by-topic/industry-news/cooking/article/65475-a-look-inside-chef-watson-s-new-book.html

Szegedy, Christian (2014): Building a deeper understanding of images. In: Google AI Blog, 05.09.2014, https://ai.googleblog.com/2014/09/building-deeper-understanding-of-images.html

Talebi, Hossein / Milanfa, Peyman (2017): Introducing NIMA: Neural Image Assessment. In: Google AI Blog, 18.12.2017, https://ai.googleblog.com/2017/12/introducing-nima-neural-image-assessment.html

Tanz, Ophir / Carter, Cambron (2017): Neural networks made easy. In: Techcrunch, https://techcrunch.com/2017/04/13/neural-networks-made-easy/

Truong, Alice (2016): Parents are worried the Amazon Echo is conditioning their kids to be rude. In: Quartz, 09.06.2016, https://qz.com/701521/parents-are-worried-the-amazon-echo-is-conditioning-their-kids-to-be-rude/

Vincent, James (2017): This startup is building AI to bet on soccer games. In: The Verge, 06.07.2017, https://www.theverge.com/2017/7/6/15923784/ai-predict-sport-betting-gambling-stratagem

Vincent, James (2018): Google's AI sounds like a human on the phone — should we be worried? In: The Verge, 19.05.2018, https://www.theverge.com/2018/5/9/17334658/google-ai-phone-call-assistant-duplex-ethical-social-implications/

Vincent, James (2018): Christie's sells its first AI portrait for $432,500, beating estimates of $10,000. In: The Verge, 25.10.2018, https://www.theverge.com/2018/10/25/18023266/ai-art-portrait-christies-obvious-sold

Vinge, Vernor (1993): The Coming Technological Singularity: How to Survive in the Post-Human Era. In: Vision-21: Interdisciplinary Science and Engineering in the Era of Cyberspace, G. A. Landis, ed., NASA Publication CP-10129, pp. 11–22, https://mindstalk.net/vinge/vinge-sing.html

Wagener, Andreas (2022): Corporate Digital Responsibility und KI-Bias. Hofer Beiträge zur digitalen Transformation, Okt. 2022, https://doi.org/10.57944/1051-131

Wagener, Andreas (2022): Künstliche Intelligenz und Datenökonomie. Befinden wir uns auf dem Weg in die Cyborg-Gesellschaft? In: Willmann, Tim / El Maleq, Amine (Hrsg.): Sterben 2.0. (Trans-)Humanistische Perspektiven zwischen Cyberspace, Mind Uploading und Kryonik, S. 95-120, Berlin/Boston, 2022, https://doi.org/10.1515/9783110761825-005

Wagener, Andreas (2022): Virtual Beings, Digital Humans und Avatare – eine Begriffsabgrenzung. In: Nerdwärts.de, 18.11.2022, https://nerdwaerts.de/2022/11/virtual-beings-digital-humans-und-avatare-eine-begriffsabgrenzung/

Wagener, Andreas (2022): Dimensionen des Metaverse: eine Begriffsbestimmung. In: Nerdwärts.de, 09.11.2022, https://nerdwaerts.de/2022/11/dimensionen-des-metaverse-eine-begriffsbestimmung/

Wagener, Andreas (2022): Churn Management und Kundenrückgewinnung mit KI. In: Nerdwärts.de, 29.96.2022, https://nerdwaerts.de/2022/06/churn-management-und-kundenrueckgewinnung-mit-ki/

Wagener, Andreas (2018): Künstliche Intelligenz & Blockchain – Chance für die Medienbranche? In: Nerdwärts.de, 13.01.2018, http://nerdwaerts.de/2018/01/kuenstliche-intelligenz-blockchain-ein-chance-fuer-die-medienbranche/

Wagener, Andreas (2018): Marketing 4.0. In: Wolff, Dietmar / Göbel, Richard (Hrsg.): Digitalisierung – Segen oder Fluch, Heidelberg, S. 125-150

Wagener, Andreas (2018): Politische Disruption: Die Digitalisierung der Politik und die libertäre Technologie der Blockchain. In: Liebold, Sebastian / Mannewitz, Tom / Petschke, Madeleine / Thieme, Tom (Hrsg.): Demokratie in unruhigen Zeiten, Baden Baden, 2018, S. 387-398

Waschbusch, Lisa Marie (2017): Forschungsprojekt bringt KI in die Fahrzeugentwicklung. In: Industry of Things, 24.09.2018, https://www.industry-of-things.de/forschungsprojekt-bringt-ki-in-die-fahrzeugentwicklung-a-758615/

Wiggers, Kyle (2018): Google AI claims 99 % accuracy in metastatic breast cancer detection. In: Venturebeat, 12.10.2018, https://venturebeat.com/2018/10/12/google-ai-claims-99-accuracy-in-metastatic-breast-cancer-detection/

Wilson, Dennis et al. (2018): Evolving simple programs for playing Atari games, https://arxiv.org/abs/1806.05695

Wimmer, Barbara (2018): Facebook prognostiziert und beeinflusst das Verhalten der Nutzer, In: Futurezone, 15.04.2018, https://www.futurezone.de/digital-life/article214019399/Facebook-prognostiziert-und-beeinflusst-das-Verhalten-der-Nutzer.html

Yao, Mariya (2017): 5 Ways Deep Learning Improves Your Daily Life. In: Topbots, 05.02.2017, https://www.topbots.com/5-ways-deep-learning-improves-your-daily-digital-ux-life/

Zehrt, Wolfgang (2018): »Der Begriff »Roboterjournalismus« lenkt von zu vielen Chancen ab. In: Digital Publishing Report, Nr. 19, 2018, https://tinyurl.com/4354udfj, S. 22

Zoph, Barret / Vasudevan, Vijay / Shlens, Jonathon / Le, Quoc (2017): AutoML for large scale image classification and object detection. In: Google AI Blog, 02.11.2017, https://ai.googleblog.com/2017/11/automl-for-large-scale-image.html

Zuboff, Shoshana (2015): Big other: surveillance capitalism and the prospects of an information civilization. In: Journal of Information Technology, 30(1), S. 75-89.

Stichwortverzeichnis

Der Autor

Andreas Wagener ist Politik- und Wirtschaftswissenschaftler und Professor an der Hochschule Hof für Digitales Marketing und Digitale Ökonomie (Berufungsprofil: eCommerce & Social Media).. Er betreibt zudem den Blog »nerdwärts.de« [https://nerdwaerts.de/], der sich mit dem digitalen Wandel in Wirtschaft und Gesellschaft befasst, und tritt regelmäßig zu diesen Themen als Referent und Keynote-Speaker auf einschlägigen Konferenzen und Kongressen auf [https://nerdwaerts.de/ueber-uns/].

Vor seiner Berufung an die Hochschule Hof war er in verschiedenen Führungspositionen im Medienumfeld tätig mit den Schwerpunkten Marketing und Sales sowie Entwicklung und Vermarktung digitaler Geschäftsmodelle.

Youtube: goo.gl/JNoxA2

Blog: https://nerdwaerts.de/

LinkedIn: https://www.linkedin.com/in/andreas-wagener-0b37495/

XING: https://www.xing.com/profile/Andreas_Wagener5/

Twitter: @wagenera / https://twitter.com/wagenera

PI13793990
9830546